DuMont Dokumente

Eine Sammlung von Originaltexten,
Dokumenten und grundsätzlichen Arbeiten
zur Kunstgeschichte, Archäologie,
Musikgeschichte und Geisteswissenschaft

Joseph Furttenbach, Stadtbaumeister in Ulm. 1635, in seinem 44. Lebensjahr.
Kupferstich, um 1635

Dieter Jetter

Das europäische Hospital

Von der Spätantike bis 1800

DuMont Buchverlag Köln

Umschlagabbildung vorn: Blick in das Sint Jans Hospital in Brügge. Ausschnitt aus dem Gemälde von Jan Beerblock. 1778 (vgl. Abb. 89)
Umschlagabbildung hinten: Berlin, Großes Lazareth, später *Charité* genannt. 1710 erbaut. Kupferstich
Vordere Umschlagklappe: Sevilla, Hospital de la Caridad. 1661–1664 erbaut. Kirchenfassade mit Keramik-Gemälden nach Entwürfen von Murillo
Vordere Umschlagklappe innen: Augsburg, Heilig-Geist-Spital. 1625. Architekt: Rathausbaumeister Elias Holl. Kupferstich von Simon Grimm
Hintere Umschlagklappe innen: Wien, Spital der Barmherzigen Brüder. 1614 gegründet. Ansicht der Westfassade vor 1724. Kupferstich von Salomon Kleiner, 1724

2. Auflage 1987

Satz und Druck: Rasch, Bramsche
Buchbinderische Verarbeitung: Bramscher Buchbinder Betriebe

Printed in Germany ISBN 3-7701-1560-0

LASSVS · SAEPE · FORIS ·
MANEAT · NE · FORTE · VIATOR ·
ID · CIRCO · HAEC · PATEAT ·
SOLE · CADENTE · DOMVS

Damit nicht der müde Wanderer
oft draußen bleibe,
darum stehe bei sinkender Sonne
dieses Haus ihm offen.

Inschrift am Eingang zum westlichen Querbau
des Juliusspitals in Würzburg, um 1585

Inhalt

Vorwort

Die Geschichte der Kriege und Könige, der Gewaltanwendung und der Vergeltungsaktionen kann als hinreichend erforscht gelten. Wer sich angewidert von soviel menschlicher Gemeinheit und Niedertracht erfreulicheren historischen Forschungsfeldern zuwenden möchte, der wird neben dem gleichgültig und neutral beobachtenden Menschen auch bald den Wohltäter der Armen und Kranken, den Freund der Witwen und Waisen, den Beschützer der Behinderten und Zurückgebliebenen entdecken.

Die segensreiche Tätigkeit einzelner Helfer der Menschheit konnte nie länger dauern als eine kurze Wirkenszeit von höchstens 20 bis 30 Jahren. Manche Wohltäter haben aber Einrichtungen geschaffen, die weit über die Spanne ihres kurzen Lebens hinaus bestanden und jahrelang Kindern und Kindeskindern immer wieder in den schwierigsten Stunden ihres Lebens zur entscheidenden Stütze wurden. Unter diesen menschenfreundlichen Institutionen nimmt neben den Pflegegemeinschaften oder den Unterstützungskassen das Hospital einen besonderen Platz ein.

Seine Wurzeln reichen weit zurück. Vielleicht muß man die ersten Anfänge der Hospitäler im Orient, bei den Juden oder in Indien suchen. Mit Sicherheit aber steht fest, daß die Zufluchtshäuser der Armen und Kranken nirgends so zahlreich sind und nirgends so groß und prunkvoll gestaltet wurden wie in den europäischen Ländern. Vor allem am westlichen Mittelmeer, am Atlantik, aber auch in Zentral-Europa hat sich eine bunte Fülle alter und uralter Hospitäler erhalten, die immer noch auf ihre Entdecker und Beschreiber warten.

Nachdem ich in den letzten beiden Jahrzehnten viele dieser ehrwürdigen Wohltätigkeitseinrichtungen suchen und finden, vor allem aber in mehreren Veröffentlichungen für einen kleinen Kreis von Ärzten beschreiben konnte, entstand schließlich der Wunsch, das Wichtigste in Kürze möglichst vielen Lesern zugänglich zu machen. Noch immer gehen die meisten Menschen achtlos an den alten Hospitälern vorüber, weil sie geblendet sind vom Schönen früher Zeiten oder weil sie entsetzt auf das Grausame starren müssen. Daß es aber außer den Massenabschlachtungen von Waterloo und Langemarck, daß es neben dem glühenden Farbenzauber der alten Glasfenster in Chartres und León noch Wesentlicheres zu beachten gibt, hätte schon längst viel deutlicher zum Bewußtsein gebracht werden müssen.

Dennoch geht es hier zunächst nicht um Wissen oder um das Festhaltenkönnen der vielen Namen und Jahreszahlen. Viel wichtiger ist es, sich den alten wohltätigen Institutionen und ihren Gründern überhaupt zuzuwenden.

Die Beschränkung auf die markantesten Spitäler in Europa durfte andererseits nicht übertrieben werden. Denn die progressiven Entfaltungsprozesse des historischen Ablaufs sollten genau wie die begleitenden ständigen Zerfalls- und Zerstörungsvorgänge deutlich sichtbar hervortreten. Vor allem aber galt es, die faszinierenden Entflechtungen zu zeigen, die aus älteren Hospital-Typen neue und oft wirkungsvollere hervorgehen ließen. Neben dieser ständigen Rücksichtnahme auf die Entwicklungsgeschichte waren zudem stets die geographischen Zusammenhänge zu beachten, die ein Schlüssel zum Verständnis alter Stiftungen sind.

Die Qual der Wahl begann aufs neue bei der Zusammenstellung der Abbildungen. Aus der Fülle der Bilder, die oft erst kürzlich entdeckt wurden und hier erstmals gezeigt werden können, waren zunächst jene auszuwählen, die dazu aufforderten, nicht mehr in Flächen und Grenzen zu denken, sondern in Würfeln und Hohlräumen. Deshalb wurde keine Mühe gescheut, zu jedem wichtigen Grundriß eine Ansicht oder sogar eine Vogelschau zu finden. Zur Blässe der gedanklichen Vorstellung sollte damit die zwei- und dreidimensionale sichtbare und fast tastbare ›Anschauung‹ treten. Nur ausnahmsweise konnte eine weitere Stufe erreicht werden, wenn es gelang, dem Grundriß und dem alten Kupferstich eine Fotografie der heutigen Wirklichkeit zur Seite zu stellen. Daß hier noch viel zu tun bleibt, sei ausdrücklich betont.

Obwohl von vornherein beabsichtigt war, auf diesen Blättern keine neuen Forschungsergebnisse und keine erst kürzlich geglückten Entdeckungen bekanntzugeben, wird nun dennoch manches zum ersten Mal hier veröffentlicht, weil sich dadurch vielleicht die Entfaltung der Typologie des Hospitals oder der überregionale Einfluß überzeugender zeigen läßt.

Niemals war eine öde Baugeschichte des Hospitals geplant. Da sich aber die Architekturformen als Beweisstücke für Thesen und Theoreme heute viel mehr anbieten als fremdsprachliche Urkundenbruchstücke, trat dennoch immer wieder die Morphologie als Funktionenlehre der Baukunst in den Vordergrund.

Am wenigsten sollte das Hospital als Kunstwerk gewürdigt werden. Wer aber bei den Häusern für die Armen höchstens minderwertige Armenhausarchitektur erwartet, wird erstaunt sein. Denn oft baute man keineswegs nur im Interesse der Hilfsbedürftigen, sondern zum Wohl der Seele einens reichen Gründers, dem nichts zu teuer und kein Meister gut genug war.

Nur selten erwiesen sich die alten Hospitäler in Europa als Spiegel der Heilkunde wie die späteren Krankenhäuser nach 1800. Viel häufiger waren sie Instrumente der Politik der Kirche oder des Staates, der Soldaten und Arbeitskräfte benötigte oder Bettler und Verbrecher unschädlich machen wollte. Immer aber galt das Hospital, von außen betrachtet, als eine Einrichtung zum Wohle der Armen und Kranken.

Besonderen Dank schulde ich meinen Mitarbeitern Inge Ottersbach, die mit großer Genauigkeit die Reinschrift des Handgeschriebenen übernahm, und Theodor Jäger, der mir bei der Übersetzung von Texten aus dem romanischen Sprachbereich behilflich war. Zu danken habe ich vor allem dem DuMont Verlag in Köln, der mir in jeder Hinsicht freie Hand ließ.

Köln, im November 1985 Dieter Jetter

Einführung

Das Thema dieser Untersuchung, die »Geschichte des Hospitals in Europa«, muß zunächst deutlich ins Blickfeld gerückt werden. Wer nach Art der Sprachenkenner vorgehen will, sollte beachten, daß die Bezeichungen *Hospital* und *Spital, Spitel* und *Spytl* auf das lateinische Wort *Hospes* zurückgehen. Man kann es mit Gast oder Gastfreund, aber auch mit Fremder übersetzen. *Hospes* darf aber nicht mit dem zunächst vielleicht ähnlich klingenden *Hostis* verwechselt werden, das mit Feind manchmal aber auch mit Fremdling wiederzugeben ist. Diese zweite Übersetzungsmöglichkeit hat viel Verwirrung angerichtet.

Hospes kann zu *Hospitium* gestellt werden, einem Wort, das manchmal mit Gastfreundschaft meistens aber lieber gleich mit Herberge wiedergegeben wird. Aus dieser Bezeichnung der alten Römer wurde in der französischen Sprache *Hôpital* (Hospital, Krankenhaus) und vielleicht auch *Hospice* sowie *Hôtel*, was nicht nur Gasthaus heißt, sondern in der Kombination *Hôtel de Ville* (Rathaus), *Hôtel-Dieu* (Hospital des Bischofs an der Kathedrale) und *Hôtel Royal des Invalides* (Königliches Invalidenhaus) in vielen Varianten zu finden ist.

Im Englischen wurden aus dem *Hospitium* der Römer *Hospital* (Hospital, Krankenhaus, Klinik) und vielleicht auch *Hostel* (*Youth Hostel* = Jugendherberge). *Hotel* entspricht dagegen unserem Begriff Gasthaus. Daß diese Verwandlungsspiele auch in zahlreichen anderen Sprachen noch lange fortgesetzt werden könnten, versteht sich von selbst. Leider wird dabei aber oft nicht deutlich, was mit *Hospes* (Freund) und was besser mit *Hostis* (Feind) zusammenzustellen ist, weil einst beide Wörter dieselbe neutrale Bedeutung (Fremder) hatten.

So oder so hilft diese Methode des Wörterordnens kaum weiter, wenn man erfassen möchte, was mit diesen Bezeichnungen in den einzelnen Sprachgebieten und in den verschiedenen Jahrhunderten konkret gemeint war. Vielleicht sollte man sich hier an Galen erinnern. Dieser ›Fürst der Ärzte und Arzt der Fürsten‹ (Galen war Leibarzt des Philosophen-Kaisers Marc Aurel, vor 200) meinte nämlich, wegen der medizinischen Terminologie brauche man sich keine Sorgen zu machen, wenn man nur die Sache als solche erfaßt habe. Daß andererseits einer Wissenschaft vom Hospital mit einer Bezeichnungswillkür wenig geholfen wäre, versteht sich von selbst. Dennoch kann man Galen nur zustimmen, daß es sinnlos sein würde, trennscharfe Benennungen für Hospitaltypen festzulegen, solange man diese noch gar nicht klar gegeneinander abgrenzen kann.

Auf den folgenden Seiten sollte deshalb zunächst alles erfaßt und zusammengestellt werden, was jemals mit dem Wort Hospital bezeichnet wurde. Um die Anfänge der Institutions-Typen deutlicher zu zeigen, wurden sogar hospitalähnliche Herbergen der Alten Welt und römische *Valetudinarien* mit hinzugenommen.

Für byzantinische Hospitäler bietet sich der Ausdruck *Xenodochium* an, der aber den Nachteil hat, daß er noch um 1700 in Deutschland in gelehrten lateinischen Bauinschriften benutzt wurde, dann aber einen gänzlich anderen Hospital-Typ bezeichnete.

Bei Klöstern sollte man mindestens drei Hospitäler streng unterscheiden, nämlich das *Hospitale Pauperum* für Arme und Pilger, das *Hospitium* für Reiche oder oft für den König und das *Infirmarium* für kranke und alte Mönche. Wenn hier Begriff und Benennung fast deckungsgleich zusammenfallen, so verdankt man dies der Strenge, mit der die Benediktiner-Regel lange Zeit eingehalten wurde. Bei den Hospitalgründungen der Bischöfe und des Adels, der Bürger und der Städte war dies ganz anders. Die Benennung Hospital änderte sich kaum, obwohl die Institutionen einer ständigen Wandlung und vor allem einer typologischen Auffächerung unterworfen waren. Nur die besonderen Spitäler für Lepröse und Pestkranke, für Blinde und Irre trugen vom Augenblick ihrer Entstehung an völlig neuartige Bezeichnungen, weil sie grundsätzlich andere Einrichtungen gewesen sind.

Die Abgrenzung des Themas ist möglichst genau festgelegt worden: Die Geschichte des Hospitals in Europa kann nicht vor dem Christentum und damit nicht vor der Spätantike (um 400) einsetzen. Für die Zeit vorher sollte besser nur von Herbergen oder von hospitalähnlichen Einrichtungen die Rede sein. Weil mit der Aufklärung um 1800 das Hospital zurücktritt und dem Krankenhaus Platz macht, ist auch hier eine hinreichend genaue Zeitbegrenzung möglich.

Schwieriger war es zu entscheiden, was noch als Hospital gelten kann. Gewiß gehören Kirchen und Rathäuser eindeutig nicht zum Thema. Andererseits wäre es aber verlockend, die nächstverwandten Bautypen mit dazuzunehmen. Teilweise lassen sich diese Gründungen nämlich direkt auf genau bestimmbare Hospitalgruppen zurückführen. So entstanden die ersten Reformgefängnisse um 1700 im Schatten wohltätiger Stiftungen, zu denen sie damals gezählt wurden, was heute manchen Betrachter erstaunen wird. Auch die College-Architektur in Oxford und Cambridge, in Salamanca oder Bologna kann als eine besondere Form des Hospitals verstanden werden. Daß auch der Palast des Königs im Schatten des Klosters eine seiner Wurzeln hatte, sieht man in Spanien besonders deutlich. Denn was damals in Guadalupe und in Yuste begann, läßt sich über den Escorial bis nach Versailles verfolgen. An den Thronsaal in der Mitte mit dem weiten Blick ins Land hinaus, wurden rechts die Zimmer des Königs und links die der Königin angefügt. Noch Ludwig I., König von Bayern, ließ dieses Schema anwenden, als sein Landhaus in der Pfalz als königliche Herberge errichtet wurde.

Aber hier sollen gar nicht alle Bautypen genannt werden, die sich vom Hospital ableiten lassen. Viel lohnender ist die umgekehrte Frage, ob nämlich Hospitäler von anderen Bauten in ihrer Form oder Funktion und vielleicht sogar in ihrem Sinn und Zweck beeinflußt worden sind. Auch hier öffnet sich für spätere Studien ein breites Spektrum lohnender Themen, das von den Kasernen und Strafanstalten bis zu den Hotelpalästen und Tbc-Sanatorien reicht. Auf den folgenden Seiten soll aber all dies außerhalb des Gesichtsfeldes bleiben. Nur so kann es gelingen, den ohnehin fast uferlosen Begriff Hospital auszuloten.

Schließlich soll auch die räumliche Begrenzung des Themas auf Europa noch in den Blick genommen werden. Gewiß ist es stets bedauerlich, wenn man die Einschränkung auf unseren Kulturkreis bei wichtigen Studien selbst verschuldet. Aber andererseits sind in großen Teilen der Welt keinerlei Hospitäler vor 1800 bekannt geworden. Im präkolumbianischen Amerika oder im alten Australien scheinen sie ganz zu fehlen. Auch in Afrika sind nur die islamischen Gebiete zu beachten. Aus Japan und China liegen für die ältere Zeit nur halb legendäre Nachrichten vor.

Was bleibt, sind nur die vielen handfesten, aber fast stets ungenauen Nachrichten über die Hospitäler des Islam. Obwohl die Schwerpunkte dieser Entwicklung in Damaskus und Bagdad, in Kairo und Marrakesch liegen, hat es andererseits lange Zeit prächtige islamische Hospitäler in vielen europäischen Randgebieten gegeben. Istanbul und Edirne gehören dazu, genauso wie Córdoba und Granada, wo man sogar heute noch baufällige allerletzte Reste bewundern kann. Da der Einfluß all dieser Hospitäler auf die christlichen Gründungen in Mittel- und West-Europa aber gering war und stets mehr behauptet als belegt oder gar bewiesen wurde, lag es schließlich am Ende der Überlegungen nahe, auf diesen allzu problematischen islamischen Fragenkomplex fürs erste ganz zu verzichten.

Fast hätten ähnliche Erwägungen dazu geführt, auch den Osten des europäischen Kontinents abzutrennen und nicht zu den Kulturstaaten zu rechnen. Denn leider ist in den riesigen Weiten bis zum Ural kaum ein erwähnenswertes Hospital aus der Zeit vor 1800 bekannt geworden. Noch ist ungeklärt, ob dies nur der ›starren Ostkirche‹ oder mehr dem antichristlichen Atheismus der neueren Forschung in Osteuropa angelastet werden muß.

Die Abtrennung der nicht-europäischen Länder legt es nahe, von dort über die Grenzen auf die alten christlichen Gebiete zurückzublicken. Dabei kann man wichtige Regeln der Entwicklung erst deutlicher erkennen. Offensichtlich sind Hospitäler in katholischen Gebieten häufiger, dichter und prächtiger gebaut worden als in allen anderen. Erst nach der Aufklärung verschiebt sich das Bild, weil nun auch Menschenfreunde und Freimaurer die Gründungsinitiative ergriffen oder weil Romantiker mittelalterliche Hospitäler der vorreformatorischen Zeit nachahmten. So lag es schließlich nahe, die überhebliche Behauptung aufzustellen, man könne die kulturelle Entwicklung einer Bevölkerung an ihren Hospitalgründungen noch zuverlässiger beurteilen als am Seifenverbrauch.

Bedenkt man, daß die meisten Menschen dieser Erde ohne Hospital leben und sterben müssen, dann stellt jede einzelne dieser nützlichen Gründungen in Europa wie in Übersee eine besondere und sehr spezifische Höchstleistung dar. In jedem Fall ist es der Mühe wert, zunächst vor allem in den christlichen Ländern jedes Hospital genau zu untersuchen.

Zur Methodik hospitalgeschichtlicher Studien kann hier nur das Wichtigste gessagt werden. Am Anfang stand fast immer eine einzelne Stiftung oder die Abbildung eines längst abgetragenen Hauses. Besonders anregend waren alte Spitalpläne, Grundrißzeichnungen und Ansichten aus der Vogelschau. Hier wurde der Wunsch besonders stark empfunden, mehr über diese Gründungen zu wissen.

Obwohl viele Untersucher meinen, man müsse ein Spital nach dem anderen kennenlernen, um dann erst später aus diesen Steinen und Werkstücken ein umfassendes Lehrgebäude einer weitergespannten Hospitalentwicklung zu errichten, sei vor einem solchen Vorgehen dringend gewarnt. Nichts führt schneller in die Sackgasse, als die alleinige Beschäftigung mit nur einem einzigen Haus. Wenn es trotzdem einige wenige Monographien gibt, die geglückt sind, dann nur deshalb, weil es manchmal gelang, das einzelne Spital in vielerlei Hinsicht in einen umfassenden Zusammenhang zu stellen.

Dies aber wird viel sicherer erreicht, wenn man von Anfang an bestrebt ist, zwei oder drei Hospitäler zu einer Gruppe zusammenzufassen. Die wohltätigen Gründungen einer Stadt oder eines Landes bilden stets eine besonders natürliche Einheit. Vor allem kann man dabei lernen, wie ein Spital das andere ergänzt oder erweitert.

Günstig sind aber auch zeitlich begrenzte Gruppenbildungen, vor allem dann, wenn hinter mehreren Hospitälern derselbe Fürst steht oder wenn die gleiche geistesgeschichtliche Strömung eine Gruppe von Gründungen geprägt hat. Auch gemeinsame Ziele binden die Hospitäler zu Gruppen zusammen (Pesthäuser, Marinelazarette).

Sinn und Zweck aller Gruppierungsbemühungen ist aber nicht die Überwindung der oft öden Monographie, sondern die Herausbildung einer Typologie des Hospitals. Nur so werden weitergespannte Gesetzlichkeiten deutlich sichtbar und in ihren entscheidenden Zügen verfügbar gemacht.

Außer diesen grundsätzlicheren Regeln gibt es aber noch andere beherzigenswerte Empfehlungen für die Reihenfolge der Schritte. Es leuchtet ein, daß es kaum sinnvoll ist, mühsam Handgeschriebenes in fernen Archiven zu entziffern, wenn alles schon gedruckt vorliegt. Zeitraubende, altertümliche Texte sollte man nur lesen, wenn geklärt wurde, daß sie nicht längst mit modernen Lettern neu gesetzt worden sind. Man beginne deshalb stets mit dem Konversationslexikon und mit den neueren gedruckten Schriften. Nur wer die Bücher gut kennt, sollte im Archiv und in der Plankammer, im Kupferstichkabinett und in der Privatsammlung weitersuchen. Dabei droht die Gefahr, daß die Berührung mit der Wirklichkeit schnell verlorengeht. Auch deshalb ist es günstig, alte Hospitäler immer wieder zu zeichnen, zu fotografieren und als Realität festzuhalten.

Zur historiographischen Übersicht sollen hier nur einige Hinweise gegeben werden, weil das alphabetische Literaturverzeichnis ohne große Mühe chronologisch geordnet werden kann. Dadurch ergibt sich, was man zuerst bemerkt und beschrieben hatte und was später zum Bild der Hospitalgeschichte hinzugefügt worden ist.

Wer aber lieber mit dem Konversationslexikon beginnt, wird – auf ältere Ausgaben zurückgreifend – bald die lehrreiche Darstellung von Ersch und Gruber (1834) finden, die sich nur wenig von dem unterscheidet, was Krünitz schon 1789 schrieb. Wichtige Ergänzungen bieten die Wörterbücher alter Baumeister, wie z. B. von Viollet-le-Duc (1863).

Gesamtdarstellungen der Geschichte des Hospitals sind im letzten Jahrhundert häufiger versucht worden. In den deutschen Staaten eröffnete Haeberl 1813 als Krankenhausarzt in München die lange Reihe dieser Werke. Auf Haeser (1857) folgte in Frankreich Husson (1862) und dann nach Ratzinger (1868) und Uhlhorn (1882) der überragende Pariser Hospitalkenner Tollet (1889). Nach ihm wurde bald das ›Système Tollet‹, eine neue Lüftungsmethode, benannt, die aus der Beschäftigung mit alten gewölbten Hallen entstand. Nicht weniger bekannt war bald in England ein noch markanterer Hospitalexperte, der wegen seiner Verdienste geadelt wurde und als ›Sir Henry‹ Burdett (1891–1893) in die Geschichte der Geschichtsschreibung einging. Noch heute sind seine dicken, aber kaum geordneten Bücher eine unausschöpfliche Quelle wertvoller Nachrichten. Im Deutschen Reich versuchte Kuhn (1897) mit gutem Erfolg das Wissen um 1900 zusammenzufassen, während Lallemand (1902–1912) die Übersichtlichkeit seiner französischen Vorgänger kaum erreichte.

In unserem Jahrhundert kamen Gesamtdarstellungen aller Hospitäler nur noch in oberflächlicher Art zustande. Liese (1922) und Meffert (1925) breiteten noch einmal eine Fülle des Wissens aus, während Sigerist (1936) und Goldhahn (1941) mehr allgemein anregend und bewußtseinsbildend wirken wollten. Auch in den letzten Jahrzehnten mißlang manches. Pazzini (1958) vermochte kaum Neues zu bringen. Riquet (1961) wandte sich nur an katholische Leser in Frankreich. Erst Leistikow (1967) vermochte ein neues Kapitel der Historiographie zu eröffnen, weil es ihm gelang, eine vorhandene Lichtbildersammlung der Vorkriegsjahre in großem Format zu veröffentlichen, was eine unbekannte Welt plötzlich sichtbar machte. Dann folgte das Werk von Thompson und Goldin (1975), das in der Absicht entworfen war, die Geschichte der Krankenstation und der Behandlungsabteilungen hervorzukehren, hinter die das Hospital als Ganzes zurücktreten sollte. Während so die Entwurfsprinzipien (gesunde Umgebung, Individualzone, Übersicht und Kontrolle, Effizienz) erstmals deutlicher hervortraten, konnte die Übersichtlichkeit einer chronologischen Darstellung kaum gleichzeitig erreicht werden. Schließlich hat Pevsner 1976 im Rahmen einer Geschichte der Bautypen neben Banken und Rathäusern auch die alten Hospitäler mit in den Blick genommen, wobei jedoch kaum neue Zusammenhänge sichtbar wurden.

Die Verwaltungs- und Rechtsgeschichte des Hospitals hat Reicke 1932 mit ungewöhnlich sorgfältigen Archivstudien begründet. In Frankreich und Italien wurden vergleichbare Arbeiten erst Jahrzehnte später durch Imbert (1947) und Nasalli Roca (1956) vorgelegt. Eine Finanzgeschichte der Hospitäler, die ja oft Vorläufer der Banken waren, fehlt noch ebenso wie eine Geschichte der Liegenschaften. Schließlich wurden nicht nur in Beaune und in Würzburg die besten und teuersten Weinberge vor Jahrhunderten dem Spital geschenkt und deshalb nicht mehr zum Verkauf angeboten.

Wer Arbeiten sucht, die nur einen Hospitaltypus darstellen, ist auf weit verstreute Veröffentlichungen angewiesen und darf sich nie auf die Titel und Überschriften verlassen. Mit Geduld findet man aber Studien über Pilger zu Imhotep-Tempeln in Ägypten (Wildung, 1977) und zu Asklepios-Tempeln der Griechen (Walton, 1894; Edelstein, 1945; Kerény, 1956; Schouten, 1967). Das römische Militär-Valetudinarium wurde vor 1914 besonders beachtet (Haberling, 1909; Meyer-Steineg, 1912). Viele verstreute Berichte über Klosterspitäler im Osten (Orlandos, 1958) und im Abendland (Braunfels, 1969) wollen meistens einzeln zusammengesucht sein, während für England bereits geordnete Studien vorgelegt wurden (Talbot, 1961; Chazin, 1966).

Ähnlich ist die Lage der Geschichtsschreibung der Leprosen-Häuser. Jene Versuche, die Rudolf Virchow 1860 als ›Papst der Medizin‹ vorlegte, sind veraltet und ganz unvollständig. Besser glückten Studien, die Lepra-Kolonien nur in begrenzten Regionen wie im Rheinland darstellten (Klövekorn, 1929; Frohn, 1933). Was Virchow 1879 über Heilig-Geist-Spitäler vortrug, erwies sich bald als nachweisbar falsch. Dennoch ist nie versucht worden, Besseres vorzulegen. Denn alle Darstellungen der Hospitalgeschichte kleinerer Gemeinschaften beschränkten sich stets auf begrenzte Gebiete. Teilweise sehr zuverlässige Untersuchungen liegen vor über den Heilig-Geist-Orden in Deutschland (Baader, 1971) und den Deutschen Orden im Osten (Probst, 1969).

Besonders aufschlußreich waren Studien, die Architekturformen zum Leitmotiv der Gruppenbildung machten. Mittelalterliche Spitalhallen (Leistikow, 1967) und doppelgeschossige Hospitäler (Grunsky, 1970) wurden ebenso beachtet wie die auffallenden Kreuzhallen (Bascapé, 1936; Castelli, 1941; Zuazu Ugalde, 1948; Quadflieg, 1981).

Die Geschichtsschreibung der Seuchen- und Pesthäuser ist ebenfalls weit fortgeschritten, obwohl noch viel zu tun bleibt. Leider sind die Studien besonders weit zerstreut und seit fast 200 Jahren in verschiedenen Sprachen und Ländern verlegt worden (Howard, 1789; Bussolin, 1881; Rodenwaldt, 1953; Meyer, 1962). Auffallend sorgfältige Arbeiten hat man außerdem über Marine-Hospitäler veröffentlicht (Clavijo y Clavijo, 1925; Pugh, 1972).

Die Geschichtsschreibung der Hospitäler einzelner Zeitabschnitte ist leider viel weniger gefördert worden. Immerhin sind die älteren Perioden besser im Zusammenhang untersucht als die späteren. Das Hospital im Byzantinischen Imperium (Schreiber, 1948; Temkin, 1962; Philipsborn, 1962; Birchler-Argyros, 1981) und im frühen Mittelalter (Schönfeld, 1922; Sudhoff, 1929) wurde teilweise mit erstaunlicher Genauigkeit geschildert, obwohl zuweilen nur kümmerliche Nachrichtenbruchstücke vorlagen. Sehr viel weniger Veröffentlichungen findet man über das Hospital im hohen Mittelalter (Probst, 1966) und für die Zeit vor 1500 überhaupt (Dunaj, 1911; Craemer, 1963; Steynitz, 1969). Keinerlei zusammenfassende Studien gibt es über die zahllosen Spitäler des 16. und 17. Jahrhunderts. Hier muß alles aus den regional begrenzten Arbeiten zusammengesetzt werden.

Wer sich als Reisender auf die Hospitäler der einzelnen Länder vorbereiten will, hat sehr viel bessere Möglichkeiten zur Verfügung. Schon das ehrwürdige Reisehandbuch von Karl Baedeker ist wegen seiner Karten und einer sprichwörtlichen Zuverlässigkeit stets zuerst zu benutzen. Sorgfältig beschreibende Führer für Ägypten (Brunner-Traut, 1978) oder für Griechenland (Kirsten und Kraiker, 1957) bieten manche zusätzliche Nachricht.

Besonders gut ist die Hospitalgeschichtsschreibung einzelner Länder entwickelt. Über Gründungen in England (Clay, 1909; Godfrey, 1955; Dainton, 1961; Poynter, 1964; Talbot, 1967) und in Frankreich (Wickersheimer, 1928; Imbert, 1958) liegen zahlreiche Bücher vor. In Italien (Castelli, 1941) und in Dänemark (Herrlinger, 1964) sind die Anfänge gemacht. Auch für die Hospitäler wichtiger Landesteile wie für Burgund (Bolotte, 1964) oder für Süd-Niedersachsen (Griep, 1960) gibt es zusammenfassende Veröffentlichungen.

Kaum überschaubar sind die vielen Bücher über die Spitäler einzelner Städte. Tenon 1788 eröffnete die lange Reihe für Paris mit einer heute gewiß gänzlich veralteten Studie, die leider wegen der Revolution abgebrochen wurde. Die Arbeiten über Hospitäler in Berlin und Wien können hier gar nicht aufgezählt werden. Auffallend genau ist jedoch eine Studie, die über München vorgelegt wurde (Kerschensteiner, 1939). Bis in die letzte Zeit hinein wurde immer wieder versucht, die alten Hospitäler in Düsseldorf (Schadewaldt und Müller, 1969) und in München (Wolf, 1970), in Paris (Seidler, 1971) und in Berlin (Brandenburg, 1974), aber auch in Padua (Fichtner und Siefert, 1978) aufs neue zu erschließen.

Fast die Hälfte der hospitalgeschichtlichen Veröffentlichungen ist einzelnen Gründungen gewidmet. Daß dabei wieder die berühmten Häuser öfter und breiter beschrieben wurden, zeigt einerseits, daß diese wichtiger waren als die kleineren, macht aber auch deutlich, wie schwierig es sein kann, über ärmere Hospitäler in Provinzstädten zuverlässige Nachrichten zu finden. Als Beispiel sei in London das St. Bartholomew's Hospital (Moore, 1918) und in Rom das Erz-Spital des Heiligen Geistes (Canezza, 1933; Angelis, 1947) herausgegriffen, über die mehrbändige dicke Bücher geschrieben wurden. In Paris hat man erst kürzlich alle älteren Arbeiten über das Hôtel-Dieu zusammengefaßt (Coury, 1969). In Mailand ist das Ospedale Maggiore besonders oft untersucht worden. Trotzdem hielt man es für richtig, in einem prunkvollen Bildband noch einmal alle Pläne zusammen mit einem lückenlosen Schriftennachweis vorzulegen (Grassi, 1958).

Zur Historiographie des Hospitals gehören auch die alten Texte, die von Hospitälern berichten. Sie müssen sorgfältig gelesen und abgeschrieben, gedruckt und teilweise erläutert werden, damit nicht immer wieder die ursprüngliche Handschrift hervorgeholt werden muß. Am wichtigsten ist für die Hospitalgeschichte gewiß das Typikon des Pantokrator-Klosters in Istanbul (ehem. Byzanz, um 1136), eine Hausordnung, die genau über das Kaisergrab und die Klausur der Mönche und schließlich auch über das Spital berichtet. Der griechisch-russischen Wiedergabe (Bezobrazov, 1887) folgte kürzlich eine sehr viel besser erreichbare französische (Gautier, 1974).

Wichtig ist auch die Schrift, die Averlino seinem Fürsten in Mailand (um 1450) vorlegte, nachdem er ein zu errichtendes Ospedale Maggiore genau beschrieben hatte. Einem lückenhaften Abdruck (Öttingen, 1890) folgte später ein viel genauerer Text (Spencer, 1965).

Andere Theoretiker-Schriften werden heute noch vorwiegend in Form der alten Originalwerke gelesen (Furttenbach, 1628, 1635, 1655; Geiger, 1649; Sturm, 1720), obwohl auch hier teilweise Neudrucke vorgelegt wurden. Schwieriger sind manche Schriften nach 1700 einzuordnen. Denn wenn in Berlin die Charité beschrieben wird (Eller, 1730) oder wenn Militärhospitäler zu schildern sind (Pringle, 1752), dann lesen sich diese ›Primärquellen‹ zuweilen wie frühe hospitalgeschichtliche Arbeiten.

Abschließend sie noch auf die gedruckten Aktenverzeichnisse der Hospitalarchive hingewiesen. Obwohl sie hier nur am Ende genannt werden können, stehen sie dennoch am Anfang aller wissenschaftlichen Untersuchungen der alten Hospitäler.

A Hospitäler vor 1500

1. Hospitalähnliche Herbergen der Alten Welt

Am Anfang aller hospitalgeschichtlichen Betrachtungen steht die große Überraschung, daß es in der Antike keine Hospitäler gegeben hat. Wenn man die Heilkunde über die Römer und Griechen bis zu den Pharaonen in Ägypten zurückverfolgen kann und sogar bei den steinzeitlichen Höhlenmenschen nachzuweisen vermag, wie wirkungsvoll Kranken geholfen wurde, dann ist das Fehlen aller Hospitäler in den antiken Hochkulturen zunächst unverständlich.

Weder griechische Demokratie noch römische Staatskunst haben Hospitäler für Arme und Kranke geschaffen. Erst das Christentum brachte diese neuartige Einrichtung hervor, und zwar weil die Nächstenliebe und das Erbarmen mit den Leiden des Armen und Kranken einen zentralen Platz im Leben dieser Glaubensgemeinschaft einnahmen.

Trotz all dieser Überlegungen entsteht immer wieder der Wunsch zu überprüfen, ob Römer und Griechen tatsächlich keinerlei Hospitäler hatten. Denn eine Welt ohne diese Einrichtungen ist heute kaum vorstellbar. Außerdem dienen die Krankenhäuser unserer Zeit keineswegs nur dem Patienten. Massive Interessen des Staates und der Stadt, des Militärs und der Industrie zwingen dazu, wirkungsvolle Behandlungsstätten zu unterhalten. Erdbeben und Seuchengefahr, Gasvergiftungen und Explosionsunfälle lassen uns alle immer wieder zuerst an die Notwendigkeit des Krankenhauses denken. Daß die Weltstädte der Antike, daß Memphis und Karthago, Rom und Trier, zukünftige Katastrophen ohne große Vorsorge, vor allem aber ohne Hospitäler erwarteten, ist immer wieder unwahrscheinlich.

Aber die alten Nachrichten sprechen eine deutliche Sprache: Als in der Stadt Fidenae[1], nördlich von Rom, im Jahre 27 n. Chr. ein Theater einstürzte, mußten ein paar hundert Verletzte in Privathäuser verteilt werden! Tacitus (»Annales« 4,62f.) und Sueton (»Tiberius« 40) berichten darüber. Aber sie tun dies, ohne der Empörung über eine so rücksichtslose Vernachlässigung jeglicher Unfallvorsorge irgendwie Ausdruck zu geben.

Was aber geschah mit ansteckenden Patienten, die in dichtbesiedelten Stadtgebieten immer eine große Gefahr für die Allgemeinheit bildeten? Zwar berichtet schon die Bibel beiläufig von einzelnen Lepra-Kranken, die in besonderen Hütten lebten. Aber eine römische Leproserie wurde noch nicht entdeckt. Und wie half sich die Gesellschaft antiker Großstädte, wenn sie von geisteskranken Brandstiftern oder von gewalttätigen Narren bedrängt wurde? Obwohl manche Römer (wie Celsus, um 40 n. Chr.) erstaunlich genau über Bewußtseinsstörungen und Gemütserkrankungen berichteten, kennt man immer noch kein einziges Irrenhaus, weder am Nil, noch am Olymp oder am Tiber.

Dennoch wäre es falsch, die antiken Hochkulturen und die klassische Welt der Griechen und Römer gar nicht mehr zu beachten. Immerhin gibt es einzelne Herbergen für Pilger und seltene frühe Ansatzpunkte künftiger Institutionen der Nothilfe. Vielleicht sollte man von ›hospitalähnlichen Vorläufern‹ sprechen und sich dabei deutlich vor Augen halten, daß die typischen Entflechtungsprozesse der späteren Zeit noch nicht abgelaufen sein konnten. So wie sich das Krankenhaus aus dem Hospital herausgebildet hat, so entwickelte sich in noch früherer Zeit das Spital aus kleinen, provisorischen Einrichtungen.

Schon im Ägypten der Pharaonen gab es Orte, an denen Heilungsuchende von weither zusammenströmten. Oft war es Imhotep[2], der Gott der Kranken, auf den die Patienten ihre Hoffnung gesetzt hatten. Seine Tempel in Memphis bei Kairo oder auf der Nil-Insel Philae bei Assuan müssen zwangsläufig mit irgendwelchen Herbergen verbunden gewesen sein, auch wenn sie keine Spuren hinterlassen haben. Aber auch andere Götter vermochten zu heilen. Ptah, der Schöpfer der Welt, oder Re, die alles belebende Sonne, hatten die Kraft, jedes Übel zu überwinden. Sekmet, die löwenköpfige Göttin, schickte zwar Seuchen, vermochte aber auch gerade deshalb ansteckende Krankheiten zu heilen. An ihren Tempeln in der alten Hauptstadt Memphis in Unterägypten oder in Theben, der Metropole des Neuen Reiches am oberen Nil, gab es Ausbildungsstätten für heilkundige Priester. Dies aber setzt Patienten und damit auch hospitalähnliche Krankenherbergen voraus, von denen aber leider keinerlei Spuren zu erkennen sind.

Bedenkt man schließlich, daß Thot, der Ibis-ähnliche Gott mit dem langen Schnabel, als ›Arzt der Götter und Gott der Ärzte‹ verehrt wurde, dann sind auch an seinen Tempeln in On (= Heliopolis) und in Hermopolis Kranke zu erwarten. Bei schweren Geburten half die kuhköpfige Hator, die ihren wichtigsten Tempel in Dendera[3] hatte, während bei Brustentzündungen die milde Muttergottheit Isis in Adydos ihre beiden Flügel wie einen Schutzmantel über die Kranken ausbreitete. Gewaltig ragt heute noch der Tempel des Falkengottes Horus in Edfu empor. Als besonderer Beschützer des Pharao verstand es dieser Sohn der Isis vor allem, Augenleiden zu heilen. Dennoch sind in Ägypten keinerlei Augenkliniken oder Gebäranstalten entdeckt worden. Die Flußoase am Nil kannte zwar Ärzteschulen von Edfu in Oberägypten bis nach Sais im Delta (um 500 v. Chr.). Aber regelrechte Hospitäler und Krankenhäuser lassen sich in der Zeit der Pharaonen nicht nachweisen. Auch das sogenannte ›Sanatorium‹ in Dendera, westlich des großen Hator-Tempels, gehört in eine spätere Epoche.

Etwas günstiger ist das Bild in Griechenland. Dort galt der Sonnengott Apollo als besonders machtvoll. Sein altes Heiligtum in Delphi (um 600 v. Chr.) blieb jahrhundertelang ein Pilgerziel der Hilfesuchenden. Andere Apollo-Tempel aber, vor allem jene in Korinth und Epidauros (um 500 v. Chr.), wurden bald umgewandelt in Kultstätten des Asklepios, der fast 1000 Jahre lang der wichtigste Heilgott der Griechen und Römer blieb.

Man kennt heute etwa 200 *Asklepieien*[4], die in fast allen Mittelmeerländern entlang der Handelswege (von 500 bis 300 v. Chr.) entstanden sind. Ihre Gründung fällt in die ›Hochblüte der Klassik‹, als der Staatsmann Perikles (444 v. Chr.) sein Zeitalter prägte und als in Athen der Parthenon-Tempel (447–438 v. Chr.) über der Stadt errichtet wurde. Wer den edlen Marmor vor Augen hat, der damals auf der Akropolis in das tiefe Blau des griechischen Himmels getürmt wurde, der muß zunächst enttäuscht sein, wenn er nach Epidauros[5] kommt. Denn außer kniehohen Kalksteinmauern und vielen zerstreuten Steinen gibt es zwischen den Büschen der baumlosen Halbwüste nicht viel zu sehen. Manche Besucher bestaunen deshalb nur die runden Grundmauern des Hauses der heilsamen Schlangen und bewundern dann das ›schönste Theater der Welt‹, dessen edle Muschelform um eine kreisförmige Bühne aufsteigt. Dazwischen lagen aber die Hallen der Kranken und Hilfesuchenden. Heute sind es nur Steinhaufen, an denen ein nicht geschultes Auge kaum jene quadratischen Innenhöfe zu erkennen vermag, die später in so vielen Hospitälern immer wieder die Mitte bildeten.

Auch im nahegelegenen Troizen[6], das etwas später (um 400 v. Chr.) entstand, sieht man heute nur noch Reste der freigelegten Fundamente. Sie gaben dem Ausgräber aber einst genügend Anhaltspunkte, um eine der wenigen anschaulichen Zeichnungen vorzulegen, die man heute von einer griechischen Pilgerherberge zeigen kann. Man betrat den heiligen Hain, wie so oft im alten Griechenland, über eine ansteigende Rampe, die zur Vorhalle, dem Propylon, hinaufführte. Der ummauerte Bezirk umschloß mehrere Tempel, Brunnen und Denkmäler, die wahllos ausgestreut zu sein schienen, andererseits aber den natürlichen Geländeformen mit Geschick eingefügt waren. Es ist bezeichnend für griechische Kultstätten, daß es kaum künstliche Terrassenbildungen noch irgendwelche Symmetrieachsen gibt, die ja erst der Klassizismus nach 1800 für besonders echt und antik gehalten hat.

Im Heiligen Bezirk war Gelegenheit, sich zu waschen, um dann gesammelt vor den Heilgott zu treten. Als übliche Opfergabe brachte man Asklepios einen Hahn, der meistens auf dem Altar vor der Giebelseite des Tempels ehrfürchtig verbrannt wurde. Dann war der Augenblick gekommen, die sehnlichsten Wünsche nach langen Wochen des Wartens und Wanderns endlich vorzutragen. Darüber ging der Tag zu Ende. Wer über Nacht bleiben wollte oder eine Heilung im Schlaf erhoffte (Inkubation), begab sich in Troizen zum Gästehaus, das hangaufwärts die heilige Stätte abschloß (Abb. 1a/b).

Ein kurzer Gang, der zwischen zwei Zimmern hindurchführte, leitete den Pilger in einen rechteckigen Innenhof. Er war von Säulen umgeben, die ein allseitig umlaufendes Dach trugen. Geborgenheit und kühlender Schatten nahmen den Kranken auf, während die Hitze und die Helle des Tages zurückblieben. Rechts des Hofes lag die lange Südhalle (9 × 30 Meter), deren offener Dachstuhl von drei dicken Säulen gestützt wurde. Ihre Fundamente kann man heute noch in regelmäßigen Abständen klar erkennen. Eindeutig sichtbar sind aber auch auffallend lange Steine, die konisch geformte Einschnitte zeigen. Sie dienten als Basis für die Ruhelager. Mit ihrer Hilfe gelang es, die Aufstellung der Betten genau zu rekonstruieren. Sie standen keineswegs, wie man zunächst erwarten möchte, parallel zueinander an den Längswänden mit den Fußenden zur Mittelachse der Halle. Aber auch die im

1a Troizen, Herberge am Asklepios-Tempel. Um 400 v. Chr. errichtet. Blick in die Dreisäulenhalle

Mittelalter so beliebte Aufstellung Kopfende an Fußende (mit der Breitseite zur Längswand), läßt sich ausschließen. Vielmehr waren mit Hilfe mehrerer Betten nischenartige Buchten gebildet. Dies erlaubte es, den Raum optimal auszunutzen.

Die Anordnung der Liegeflächen war aber auch heizungsbedingt. Noch heute kann man den Platz der offenen Feuerstellen deutlich an quadratischen Feldern erkennen, die in den Boden der Halle eingesenkt sind. Auf diese Weise waren fast alle Betten gleich weit vom nächsten Feuer entfernt.

Statt Bett sollte man jedoch besser Liege oder *Kline* sagen, ein Wort, von dem später unsere Bezeichnung Klinik abgeleitet wurde. Man denke dabei aber nicht an Matratzen, Federkissen und Kopfpolster! Nachzuweisen sind nämlich nur zwei Steine, auf denen in Kniehöhe ein Holzbrett in konisch geformten Einschnitten verkeilt war.

An den Formen des Grundrisses lassen sich aber noch weitere Funktionen ablesen. So wurde das Regenwasser, das von den Dächern in den Innenhof tropfte, von einer breiten Rinne aufgenommen. In diese mündeten auch die Abflüsse, die aus der Südhalle und aus den vier Zimmern kamen, wobei die Schwellen der Türen sorgfältig unterkreuzt wurden. Ausdrücklich sei hervorgehoben, daß alle Betten-Zimmer keinerlei Fenster hatten und nur über Türen mit dem Innenhof verbunden waren. Diese heute so fremdartige Eigentümlichkeit findet man aber in der älteren Spitalarchitektur in allen Mittelmeerländern immer wieder.

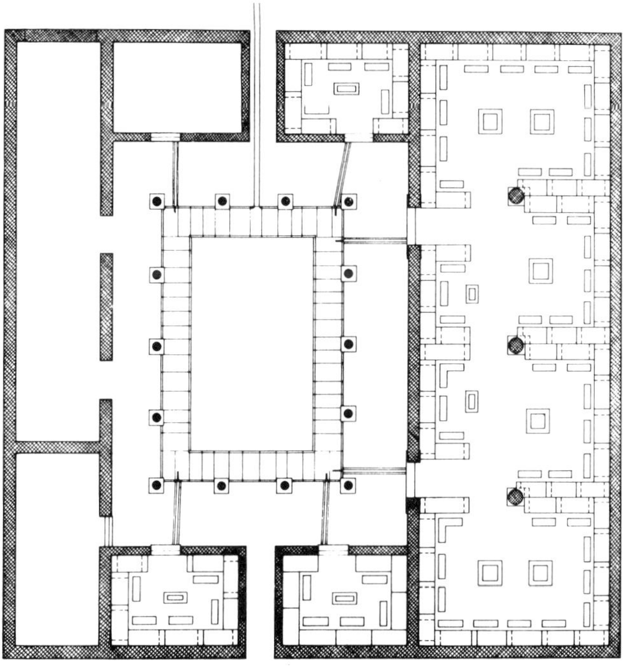

1b Grundriß des Asklepios-Tempels

Auch der islamische Maristan in Granada (1365–1367) und das Hôpital général de la Charité in Marseille (1641) gehören zu jenen eigentümlichen Hofhäusern oder Wohnhöfen, die kaum ein Fenster nach außen und zudem nur einen einzigen Eingang haben (vgl. S. 148).

Um die weitere Entwicklung verfolgen zu können, ist es unumgänglich, die wichtigsten Ereignisse der antiken Heilkunde ins Auge zu fassen:

Das alte Griechenland brachte mindestens drei wichtige ›Ärzteschulen‹ hervor, die etwa gleichzeitig mit den Asklepios-Kultstätten entstanden. Man unterscheidet die Schulen von Kroton (um 500), Knidos (um 450) und Kos (um 400 v. Chr.). Während die Tempel des Heilgottes aber zuerst auf den Kern des griechischen Siedlungsgebiets um Athen beschränkt blieben, lagen die Schulen von Anfang an am Rande. Im unteritalienischen Kroton (heute: Crotone, an der Fußsohle des Stiefels) wirkten die Ärzte Alkmaeon und Demokedes. Hier entfaltete aber auch Pythagoras, der durch seinen Lehrsatz bekannte Zahlenspieler, jenen bedenklichen Einfluß auf die Heilkunde späterer Zeiten. Über Patienten, Herbergen oder gar Hospitäler ist in Kroton so wenig bekannt wie in Knidos. Dort entwickelten vor allem die Ärzte Euriphon und Chrysipp fast solidarpathologische Vorstellungen. Demnach hatten die Krankheiten einen Sitz in den festen Teilen des Körpers.

Ganz andere Überlegungen wurden im benachbarten Kos angestellt, wo der berühmteste Arzt unseres Kulturkreises, Hippokrates (um 400 v. Chr.), mehr humoralpathologisch orientiert war und zusammen mit seinem Schwiegersohn Polybos versuchte, die schlechte Mischung der vier Körpersäfte (Blut, Schleim, Gelbe und Schwarze Galle) wieder in das gesunde Gleichgewicht, die Eukrasie, zu verwandeln. Hospitalgeschichtlich betrachtet muß aber auch in Knidos und in Kos festgehalten werden, daß leider gar nichts über Patientenherbergen gesagt werden kann. Dies ist deshalb erstaunlich, weil es kaum Ärzteschulen in der Welt gibt, in denen der Kranke so sorgfältig im Bett beobachtet wurde.

Bevor wir den Blick auf Rom richten, muß noch gefragt werden, ob es in hellinistischer Zeit in Ägypten, vor allem in Alexandria, hospitalähnliche Einrichtungen gegeben hat. Diese Stadt am Westrand des Nildeltas war einst von Alexander dem Großen (333 v. Chr.) gegründet worden und hatte sich dann unter den Nachfolgern seines Feldherrn Ptolemaios rasch zu einem Schmelztiegel der Kulturen entwickelt. Wenn damals so gewaltige Bauten errichtet wurden wie der Leuchtturm Pharos (283 v. Chr.), den man zu den Sieben Weltwundern zählte, warum gibt es dann keinerlei Hinweise auf Häuser für Pilger und Arme, für Kranke und Sterbende?

Außerdem stellte die ›Alexandrinische Ärzteschule‹ einen neuen Höhepunkt der antiken Heilkunde dar. Damals erst wurden die älteren Schriften gesammelt und zum »Corpus Hippokraticum« vereinigt. Aus der Schar berühmter Ärzte ragten vor allem zwei besonders gelehrte Kenner der Krankheiten hervor, nämlich Herophilos, der in Kos geschult, und Erasistratos, der in Knidos herangebildet worden war. So wurde die humoralpathologische Richtung des Hippokrates genauso verkörpert wie die entgegengesetzte Lehre, die statt der vier Körpersäfte lieber die festen Teile zum Ansatzpunkt der Heilungsversuche machte. Viel wichtiger als diese gelehrten und ganz grundsätzlichen Überlegungen war aber die epochale Erfindung der »blutsparenden Alexandrinischen Operationskunst«[7], die es zum ersten Mal erlaubte, nicht nur »mit der Hand« die Knochen- und Wund-Chirurgie auszuüben, sondern nun auch »mit dem Messer« zu heilen. Vor allem Erasistratos betonte, daß es hilfreich sei, durch Bandagieren und Abschnüren Blut zu sparen. Gefäßunterbindungen galten seither als unerläßlich. Die Aderlaßbehandlung der Hippokrates-Freunde und Humoralpathologen schien falsch zu sein.

Trotz überzeugender Erfolge rief soviel gelehrter Streit die Reaktion praktisch tätiger Ärzte hervor, die als ›Empiriker‹ eine dritte Gruppe in der Alexandrinischen Medizin bildeten. Ihr (problematischer) Grundsatz war: »Probieren geht über Studieren!« Wie man dabei vorzugehen habe, wurde im ›empirischen Dreifuß‹ festgelegt: Eigene Beobachtungen an zeitgenössischen Kranken sollten ergänzt werden durch fremde Praxis-Erfahrungen früherer Ärzte. Schließlich aber wollte man auch die (oft falschen) Analogieschlüsse hinzunehmen. Damals entstand der Wunsch, »zurück zu Hippokrates« zu gehen, der wie kein anderer Patienten und Arzneimittelwirkungen beobachtet und ausprobiert hatte.

Es ist heute kaum verständlich, daß all diese Tätigkeit am Krankenbett ohne Hospital und ohne Krankenhaus zustandegekommen sein soll. Gewiß ist Alexandria immer wieder so gründlich zerstört worden, daß kaum noch Reste aus vorchristlicher Zeit erhalten sind. Aber auch in den Schriften der Ärzte oder in den späteren römischen Berichten gibt es keinerlei

Hinweise auf Krankenbehandlungsstätten, Operationssäle oder Experimentiereinrichtungen an bestehenden Hospitälern. So muß man sich damit abfinden, daß all diese epochemachenden Neuerungen der Alexandrinischen Heilkunde an Krankenbetten gemacht wurden, die in zahllosen Wohnhäusern verteilt waren.

Das einzige, was sich in hellenistischer Zeit in Ägypten an hospitalähnlichen Institutionen nachweisen läßt, sind wieder Tempel von Heilgöttern. Genannt sei das Asklepios-Heiligtum in Alexandria, das aber kaum Spuren hinterlassen hat. Erwähnt werden kann die kleine Asklepios-Kultstätte auf der Nil-Insel Philae bei Assuan, die neben einem Imhotep-Tempel entstanden war.

Viel wichtiger aber sind die Weihestätten, die dem griechischen Heilgott im Westen errichtet wurden. Aus ihnen ragt heraus der in Rom auf der Tiberinsel errichtete Aesculapius-Tempel (um 300 v. Chr.). Er wurde schon immer wegen seiner unvergleichlichen Lage im Zentrum der Weltstadt besonders beachtet. Man weiß, daß die Gründung dieser Kultstätte des Heilgottes während einer ›Pest‹ zustande kam, als die Römer besorgt in Delphi anfragten und dann vom griechischen Orakel den Ratschlag erhielten, Schlangen aus Epidauros an den Tiber zu bringen. Während die Tiere sich meist gerne um den Stab des Asklepios ringelten, entwichen sie am Ende der Reise und schwammen, wie überliefert wird, zielstrebig zur Insel, die in Rom den gefährlichen Flußübergang erleichterte.

Schon in der Kaiserzeit knüpfte man an diese Legende an und baute dem Asklepios einen Tempel auf der Tiberinsel, schuf um ihn herum einen heiligen Bezirk und ummauerte alles in Form eines Schiffes, das – aus Griechenland kommend – hier für immer festlag, damit auch in Italien eine Pflegestätte hippokratischer Heilkunst verankert sei. Über die römischen Herbergen und hospitalähnlichen Einrichtungen am Tempel des Aesculapius, wie die Römer Asklepios bald nannten, weiß man leider fast gar nichts. Die Insel im Tiber wurde seit über 2000 Jahren zu oft umgebaut. Auch bei meinem Besuch 1976 ratterten dort wieder Baumaschinen, um die damals fast 500 Jahre alten Hospitalbauten zu erneuern, die von den Barmherzigen Brüdern des heiligen Johannes von Gott als Mittelpunkt ihres weltumspannenden Krankenpflegeordens errichtet worden waren (Abb. 2, 3).

Gleichzeitig mit Rom, aber lange nach Hippokrates, erhielt auch Kos[8] ein Asklepiosheiligtum (um 300 v. Chr.). Es gilt als »eine der einfallsreichsten und wirkungsvollsten Schöpfungen der klassischen Architektur«. Wie am Totentempel der Pharaonin Hatschepsut in Der el-Bahari schritt der Gläubige einst auf Rampen und Treppen zu heiligen Hallen hinauf, die heute nur noch als kniehohe Mauern aus Steinhaufen ragen. Denn der Zerfall begann schon in der Antike. Zwar haben die Römer einer Mode der Kaiserzeit folgend um 150 an vielen Asklepieien großzügige Erweiterungen vorgenommen und dabei manches Brüchige noch einmal ausgebessert. Damals entstand das Aklepieion in Pergamon (um 350 v. Chr. und um 100 n. Chr.) erst in seiner vollen Pracht. Dann aber nahte mit dem Erstarken des Christentums das unaufschiebbare Ende der alten Götzentempel. Um 400 n. Chr. versanken die Kultstätten der heidnischen Antike endgültig in tiefe Vergessenheit. Dagegen läßt sich der ›Tempelschlaf‹ Hilfesuchender noch eine Zeitlang in christlichen Kirchen (in Konstantinopel, in Ägypten und im Zweistromland) nachweisen.

2 Rom, Herbergen am Aesculapius-Tempel. Um 300 v. Chr. errichtet. Blick auf die Tiber-Insel stromaufwärts

Epidauros wurde erst ab 1881 wieder ausgegraben. Weitere 20 Jahre vergingen, bis Rudolf Herzog 1902 in Kos den Spaten ansetzte und ein Asklepios-Heiligtum entdeckte, das trotz aller Hippokrates-Begeisterung der Ärzte völlig vergessen war. Der Asklepios von Ampurias[9] bei Barcelona in Spanien aber wurde erst 1909 wiedergefunden. Die stürmische Griechenbegeisterung, die auch dieses prachtvolle Marmorbildnis auslöste, reichte aber nicht aus, um nach den Weltkriegen auch die Krankenherbergen sorgfältig auszugraben. Nur in Troizen hat Gabriel Welter 1925 ein anschauliches Bild zeichnen können.

Die Römer haben während der ersten Jahrhunderte ihres Aufstiegs weder gute Ärzte noch hospitalähnliche Einrichtungen aus eigenem Antrieb hervorgebracht. In der Zeit, als der Senat und das römische Volk es für richtig hielten, Karthago zu zerstören (146 v. Chr.), behalf man sich immer noch mit einer empirischen Hausmedizin, die der Bedürfnislosigkeit der bäuerlichen Anfänge entsprach. Mancher Familienvater liebte die fast kurpfuscherische Kohl-Kur des Cato, der ja auch Bandwürmer mit Hilfe von Granatäpfeln zu vertreiben versuchte.

Später gehörte zur römischen Großfamilie ein *servus medicus*, ein aus Griechenland gekaufter Sklave, der ärztliche Kenntnisse besaß. Asklepiades (um 100 v. Chr.) ragte aus

3a

3b

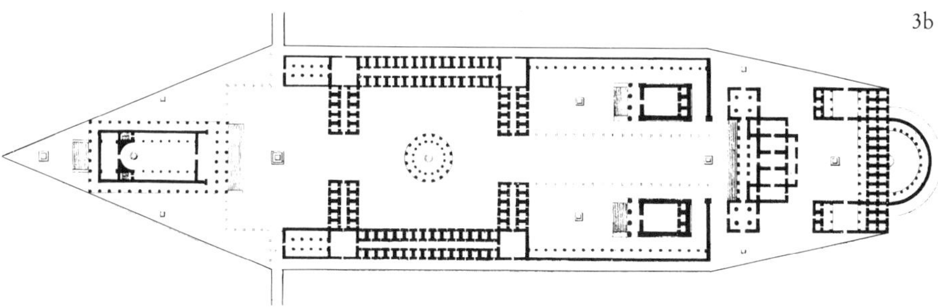

3 Rom, Herbergen am Aesculapius-Tempel. Um 300 v. Chr. errichtet. Ansicht und Grundriß von Piranesi, vor 1778. Kunstbibliothek Preußischer Kulturbesitz, Berlin (West)

dieser Gruppe von Heilern durch seine eigenwillige Persönlichkeit heraus. Von Erasistratos und der alexandrinischen Solidarpathologie beeinflußt, war er ein Gegner des reinigenden Blutabzapfens und des heilsamen Purgierens durch Abführmittel. Sein oft gerühmtes Prinzip lautete »cito, tuto, jucunde«; schnell, sicher und erfolgreich sollten die Latifundiensklaven mit Diät und Bädern, aber auch mit Wein (!) behandelt und wieder arbeitsfähig gemacht werden, damit sie ihren hohen Kaufpreis wert waren.

Diesem Ziel, der Erhaltung der Nutzungskraft und des Wiederverkaufswertes, diente bald auch manches landwirtschaftliche *Valetudinarium (valetudo* = Gesundheit). Doch leider sind diese frühen Sklavenbehandlungsstätten nur aus Schriften bekannt, in denen sie ganz beiläufig erwähnt werden. Es ist sehr bedauerlich, daß es niemals gelang, wenigstens ein einziges dieser Häuser zu entdecken.

Ein sehr viel genaueres Bild kann man dagegen von den Valetudinarien[10] römischer Legionen zeichnen. Sie bestanden keineswegs schon zur Zeit von Julius Caesar (44 v. Chr. ermordet), der sich während seiner Raubzüge in Gallien noch mit Improvisiertem beholfen hatte. Eines der ersten ›Militär-Lazarette‹, von dem man heute weiß, entstand aber während der Regierungszeit seines Nachfolgers Augustus (30 v. Chr. bis 14 n. Chr.), der als faktisch alleinherrschender Caesar und erster Kaiser einen markanten Platz in der Weltgeschichte einnimmt. Dem frühen Valetudinarium in Aliso[11] bei Haltern in Westfalen (vor 14) folgten bald andere auf dem linken Rheinufer in Novaesium[12] südlich Neuss (um 50) und in Vetera[13] bei Xanten (um 54). Aber auch in Vindonissa[14] bei Brugg in der Schweiz, dort, wo die Aare und die Reuss zusammenfließen, wurde damals (nach 14) ein erstes Valetudinarium errichtet.

Besonders typisch sind die Bauformen eines zweiten, jüngeren Legions-Krankenhauses, das in Vetera[15] bei Xanten (vor 70) errichtet wurde. Ausgrabungen haben (seit 1928) ergeben, daß das Valetudinarium an der Hauptstraße, der *via principalis*, stand und nicht, wie üblich, hinter dem Praetorium, dem Sitz des Kommandanten im Zentrum des Lagers. Man betrat das Haus der kranken Legionäre durch eine Vorhalle, die zu einem querliegenden Saal führte. Sein Dach wurde von Säulen getragen, die diesen zentralen Hauptraum in drei Zonen teilten. Vermutlich stand hier ein Kultbild des Heilgottes, an dem jeder vorbeigehen mußte, der irgendein Krankenzimmer betreten wollte. Hinter dem Säulensaal dehnte sich ein fast quadratischer Hof. Er war von drei Gebäuden umgeben, die von auffallend breiten Mitteldielen durchzogen wurden. Beiderseits dieser geräumigen Gänge lagen die Zimmer der Patienten. Dabei hatte man fast immer zwei Krankenräume mit Hilfe einer Eingangs- und Wärterzone zu einer Trias zusammengefaßt, die heute als markantes Kennzeichen gilt, wenn es in den Ruinenfeldern darum geht, das Valetudinarium sicher zu erkennen. Ärztlich betrachtet, erinnert dies alles bereits an die vieltürigen Schleusensysteme moderner Kliniken. Denn man betrat von der breiten Mitteldiele aus zuerst einen fensterlosen Innenraum, der zwar kein Tageslicht, dafür aber vier Türen hatte. Geradeaus gelangte man in ein kleines Pflegerzimmer, nach rechts und links aber in die Räume der Patienten.

Im Valetudinarium von Vetera konnte außerdem eine Besonderheit nachgewiesen werden, die man sonst nirgends wiederfand: eine Badeabteilung mit drei Räumen für heißes, lauwarmes und kaltes Wasser. Außerdem gab es Aborte, die mit Hilfe von Dachbehältern gespült werden konnten. Diese Technik hatte bereits der römische Architektur-Theoretiker Vitruvius aus Verona, der Hippokrates der Baumeister, während der Regierungszeit des Kaisers Augustus zur Nachahmung empfohlen. Auch eine Küche ist zu vermuten. Sie ragte wahrscheinlich (in der Verlängerung der Eingangsachse) in den Innenhof hinein. Jedenfalls fand man dort einen Herd, der allerdings an dieser auffallenden Stelle auch als Brandopferal-

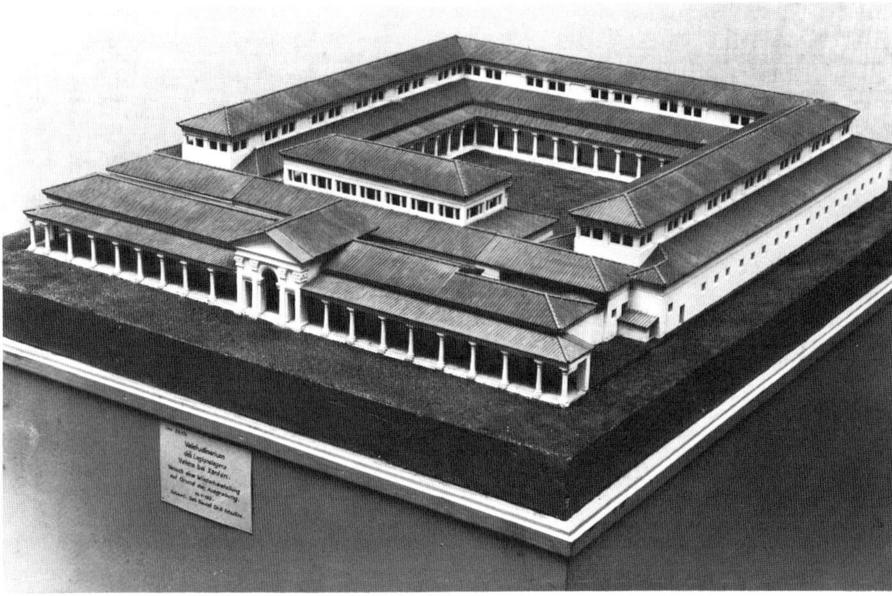

4a

4b

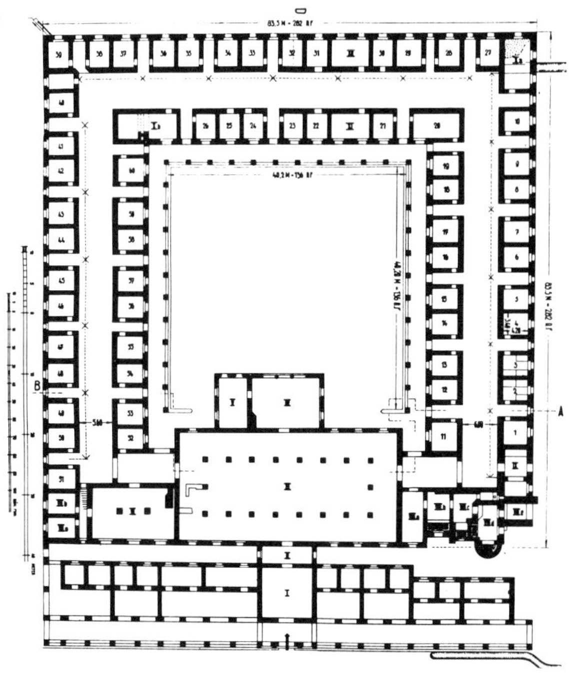

4 Vetera bei Xanten, Valetudinarium im Römerlager. Vor 70 errichtet. Modell (a) und Grundriß (b) von Rudolf Schultze. Rheinisches Landesmuseum, Bonn

tar gedient haben könnte (sicherlich aber nicht zum Auskochen von Instrumenten, wie einer der Ausgräber allzu phantasiereich vermutete!).

Valetudinarien gab es keineswegs nur am Rhein und seinen Nebenflüssen, sondern auch am rechten Donauuufer in Lauriacum beim heutigen Lorch und in Carnuntum, östlich von Wien. Ein besonders überlegt gestaltetes Legions-Lazarett stand in Inchtuthil[16] bei Dundee in Schottland. Aber auch in Lambaesis bei Timgad im Grenzgebiet zwischen Tunesien und Algerien kann man mit Hilfe von Inschriften ein noch nicht gefundenes römisches Valetudinarium eindeutig nachweisen.

Die meisten dieser Häuser entstanden nach der Mitte des 1. Jahrhunderts. Damals regierte der finstere Kaiser Nero (54–68), der als Brandstifter und Muttermörder in die Geschichte einging. Für die Ärzte wichtiger ist Celsus (um 40), der als Herrscher im Reich des Wissens alles Erdenkliche sammelte und in einem frühen Konservationslexikon besonders klar in schönem Latein zusammenstellte. Ein Zufall hat es gewollt, daß gerade die medizinischen Schriften des Celsus erhalten blieben. Sammelnd und ordnend war auch Dioskurides (um 60) tätig, der als römischer Marinearzt fast alle Mittelmeerländer kannte und überall Pflanzen nach der Natur gezeichnet und genau beschrieben hat.

Sie alle wurden überstrahlt von Galen, der als ›Arzt der Fürsten und Fürst der Ärzte‹ wie ein römischer Imperator das Reich des medizinischen Wissens und Könnens jahrhundertelang als größte Autorität beherrschte. Er stammte aus dem griechischen Pergamon in Kleinasien und war vom Gladiatoren- und Zirkuschirurgen schließlich in Rom zum Leibarzt des Philosophen und Kaisers Mark Aurel (161–180) aufgestiegen. Als Freund der Viersäftelehre war er von der günstigen Wirkung des Aderlasses überzeugt. Er begrüßte auch jede Eiterung mit dem jahrhundertelang gültigen (heute aber absurden) Ruf »pus bonum et laudabile« – guter und lobenswerter Eiter –, weil er als ›Teleologe‹ meinte, die Natur mache nichts ohne Sinn und sei auch hier bestrebt, die durch die Kochung im Fieberschub der Krisis abgetrennte Krankheitsmaterie (*materia peccans*) aus dem Körper auszuscheiden. Es ist heute kaum vorstellbar, daß Galen all diese Überzeugungen und alle seine jahrhundertelang gültigen Lehrsätze nur an Krankenbetten erworben hat, die in der Hütte oder im Palast standen.

Denn immer noch kennt man im antiken Rom kein einziges Krankenhaus! Als damals das kreisrunde Pantheon (115 begonnen) in unvergleichlicher Großzügigkeit halbkugelig überwölbt wurde, als Geld für zahllose Aquädukte und immer riesigere Badepaläste vorhanden war, hielt man es keineswegs für geboten, Kranke unter einem Dach zu sammeln, um ihre Leiden vergleichend zu beobachten und zielstrebig zu beheben. Wer solche Erwartungen hegt, zeigt nur, wie schwierig es heute ist, die Denkweise der Römer in der Antike nachzuvollziehen.

2. Frühe Xenodochien im Orient und im Abendland

Die Geburt des Jesus aus Nazareth kündigte eine neue Epoche an. Als damals »ein Gebot von dem Kaiser Augusto ausgieng, daß alle Welt geschätzt würde« (Lukas 2,1), da reisten auch Maria und Josef – tagelang auf einem Esel reitend – vom Norden des Landes an Jerusalem vorbei bis in das mehr als 100 km entfernte Bethlehem im Süden. Die Weihnachtserzählung ist hospitalgeschichtlich deshalb so lehrreich, weil sie eindeutig zeigt, daß offensichtlich kaum Herbergen bereitstanden. Sogar hochschwangere Frauen, die nach heutigen Vorstellungen zu Hause bleiben sollten, zogen den nomadischen Gepflogenheiten des Volkes Israel entsprechend auf sonnendurchglühten Straßen dahin und übernachteten dann, wenn keine Freunde in der Gegend wohnten, in leerstehenden Ställen. Da Kinder schon immer meist nachts entbunden wurden, dürfte die Geburt Jesus' auf einem Strohlager neben Futterkrippen normale Reiseschwierigkeiten widerspiegeln.

Daß aber trotzdem Herbergen damals nicht gänzlich fehlten, zeigt eine andere Nachricht, die wieder Lukas, dem Arzt und Evangelisten, zu verdanken ist: »Es war ein Mensch, der gieng von Jerusalem hinab gen Jericho, und fiel unter die Mörder, die... ihn halb todt liegen« ließen (Lukas 10,33). Obwohl die Straße zwischen den Städten viel begangen war, hielt schließlich ein völlig unbeteiligter Mann aus Samaria an und leistete erste Hilfe, indem er barmherzig die Wunden verband. Dann »hub (er) ihn auf sein Thier, und führete ihn in die Herberge«. Daß diese nicht nur ein leerstehender Stall war, zeigt der Hinweis, der Samariter habe vor seiner Abreise am nächsten Morgen »dem Wirthe« Geld gegeben und ihm gesagt »Pflege sein; und so du was mehr wirst darthun, will ich dirs bezahlen, wann ich wieder komme« (Lukas 10,35). Wie nachahmenswert und vorbildlich der Retter war, weil er »die Barmherzigkeit an ihm (dem Verunglückten) that«, hob Jesus selbst mit wenigen schlichten Worten hervor, indem er sprach: »So gehe hin, und thu desgleichen«. Daß damit ein zentrales Thema des Christentums und ein Leitmotiv der Hospitalgeschichte hervortritt, soll erst später gezeigt werden. Hier geht es zunächst nur darum festzustellen, wie wenig die Antike Hospitäler gekannt hat, obwohl es andererseits durchaus hospitalähnliche Einrichtungen gab.

Wie langwierig es war, die neue Lehre des »Liebet einander!« zu verbreiten, zeigt die Tatsache, daß erst drei Jahrhunderte nach der Kreuzigung des Jesus aus Nazareth ein Kaiser als *totius orbis imperator* zum Christentum übertrat. Konstantin der Große (306–337) empfing die Taufe jedoch erst auf dem Sterbelager und gewiß auch unter dem Einfluß seiner Mutter Helena, die ja das wahre Kreuz so leidenschaftlich gesucht und schließlich gefunden hatte. Wie großartig die Bautätigkeit der Römer damals immer noch war, kann man heute noch in Trier bewundern, wo sich die Basilika des Konstantin erhalten hat. Im südfranzösischen Arles erinnern die Konstantinsthermen an ihn. Unvergessen wird sein Name aber auch deshalb bleiben, weil er schließlich Konstantinopel zur Hauptstadt des Reiches machte. Aber weder an der Mosel oder an der Rhône noch am Goldenen Horn des Bosporus gibt es irgendwelche Hospitäler aus konstantinischer Zeit. Auch die Ärzte dieser Zeit, aus denen Oreibasios (325–403) herausragt, drängten nicht dazu, Häuser für Kranke zu gründen, sondern beschränkten sich darauf, als gelehrte ›Kompilatoren‹ aus dem unüberschaubaren medizinischen Erbe lesbare Texte für die Praxis zusammenzustellen.

So haben weder Fürsten noch Gelehrte die ersten Hospitäler gegründet, sondern Einsiedler. Ihr Leitbild war Johannes der Täufer, der sich einst in die menschenleere Halbwüste am Jordan zurückgezogen hatte, um dort ein unbegrenztes Gespräch mit Gott zu führen. Seit 300 verließen immer häufiger einzelne Christen am Nil die üppige Flußoase und die Fleischtöpfe Ägyptens. Zu ihnen gehörte auch Antonius (um 305), der als Einsiedler und ganz auf sich selbst gestellt in gefährlicher Bedürfnislosigkeit Hunger und Hitze in der östlichen Wüste in Kauf nahm, nur um endlich allein sein zu können.

Doch Weltflucht wirkte damals ansteckend. Die Lust alleine zu sein, erwies sich als eine betörende Droge, die immer mehr Einzelgänger anzog. So bildeten sich bald schnell wachsende Einsiedler-Gruppen, vor allem im Natrontal (das man heute auf der Straße von Alexandria nach Kairo durchkreuzt) und in der Umgebung der damals schon fast verlassenen Weltstadt Theben, die in alten Gräbern im Westen manches Versteck zu bieten hatte.

Der Ruf dieser frommen Gemeinschaften, die sich anfangs nur zum Gebet vereinigten, verbreitete sich rasch. Viele Pilger besuchten nicht nur auf den Spuren der Kaiserinmutter Helena die heiligen Stätten in Jerusalem, sondern kehrten anschließend über Ägypten zurück, um dort die modischen Formen einer neuen Frömmigkeit kennenzulernen. Zu den Nil-Touristen jener Jahre gehörte auch Basilius[17] der Große (um 330–379), der jedoch bald wieder in seine Heimat nach Kleinasien zurückkam und dann bei der Stadt Caesarea (370), dem heutigen Kayseri in Ost-Anatolien, eine Einsiedler-Gemeinschaft nach ägyptischer Manier bildete. Zwar lebte jeder in einer zellenartigen Behausung alleine und für sich. Trotzdem kam man aber manchmal zusammen, um miteinander zu beten und den Lobgesang zum rauschenden Chor anschwellen zu lassen. Da die Einsamkeit der Weltflüchtigen nicht durch Vorbeiziehende gestört werden sollte, umgab man alles mit einer hohen Mauer und schuf so eine künstliche Insel, ein Stück ägyptischer Wüste oder jenen eingefriedeten Zaubergarten, der das Sprechen mit Gott erleichterte.

Es wird berichtet, daß entweder in diesem ›Mönchsdorf‹ oder in einem zweiten in seiner Nachbarschaft zahlreiche Hilfsbedürftige lebten, so daß von »einer großen Krankenanstalt« gesprochen werden konnte. Während Basilius der Große Rhythmus und Regel in die Gemeinschaften hineintrug und so die jahrhundertelang in der Ostkirche gültige Basilianer-Ordnung schuf, enstanden im Westen andere Lebensregeln, die anstelle des Alleinseins mehr die Gemeinschaft der Weltflüchtigen hervorhoben. Bevor jedoch auf die nordafrikanische Augustiner-Regel (388) oder auf das *ora et labora* – das Bete und Arbeite – der italienischen Benediktiner-Regel (529) eingegangen werden kann, die beide zur Basis zahlloser Hospitäler wurden, sei zunächst die Entwicklung im Osten des Reiches weiterverfolgt.

Denn offensichtlich war es dort im Anschluß an Caesarea (370) zu weiteren Gründungen gekommen. Neben Edessa (375) und Antiochia (vor 398) ist Ephesus (451) zu nennen. Dann hatten Mitglieder der unerwünschten christlichen Sekte der Nestorianer auch außerhalb des byzantinischen Reichsgebietes erste Fremden- und Krankenherbergen errichtet. Aus ihnen ragt Gondischapur (um 540) heraus[18], von dem nur ein kaum besuchter Steinhaufen am

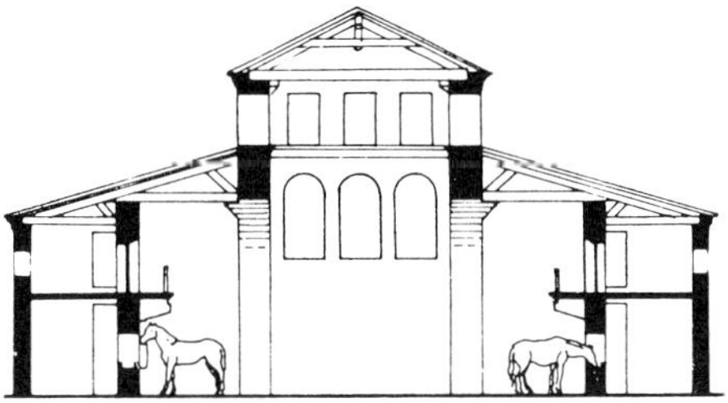

5a

5b

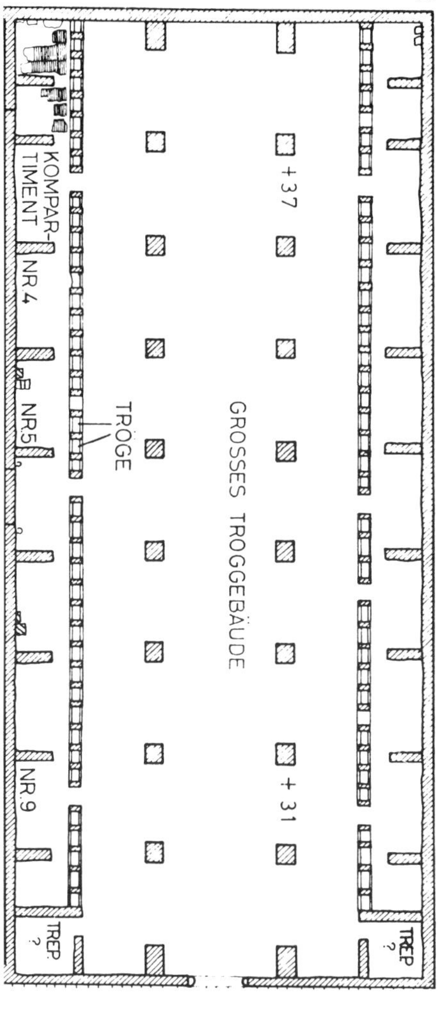

Persischen Golf, zwischen Iran und Irak, übriggeblieben ist. Zahlreiche weitere Nestorianer-Herbergen sollen der Seidenstraße entlang durch ganz Innerasien zu finden gewesen sein; vielleicht bis nach Peking.

Wichtiger sind die Pilgerhäuser am Ostrand des Mittelmeers. Leider können hier die damals weltberühmten syrischen Wallfahrtsorte in Qalat Siman (um 479), wo der Einsiedler Simeon auf einer Säule lebte, oder das benachbarte Der Siman nur genannt werden.[19] Dort sind große, aber verwirrende Herbergsruinen zu sehen, die fast unerforscht heute mitten im Kriegsgebiet liegen. Erwähnt sei noch ein Hospital, das an der Marienbasilika von Jerusalem (570) lag. Auch nordafrikanische Pilgerziele hatten größere Hospize, wobei jene in Alexandria und am Menas-Heiligtum in der Wüste zur libyschen Grenze hin besonders genannt seien. Doch all diese Gründungen sind kaum untersucht oder warten darauf, überhaupt erst entdeckt und gefunden zu werden.

Ein deutliches Bild läßt sich dagegen schon heute in Tebessa (um 500) in Tunesien gewinnen. Zwar sprechen die Ausgräber in scheuer Zurückhaltung nur vom »großen Troggebäude«[20]. Dann aber beschreiben sie doch eine Basilika, die an ein heutiges Motel erinnert. Der langen Mittelhalle waren niedrigere Seitenschiffe unter Pultdächern angefügt worden. Hier standen an steinernen Trogreihen etwa 80 Tiere, die fast wie Motorfahrzeuge abgestellt waren. Die Gäste ruhten direkt darüber in zellenartigen Kammern, zu denen wenige Treppen und vorspringende Laufgänge führten.

5 Tebessa in Tunesien, Herberge an der Pilgerkirche. Um 500 errichtet. Schnitt (a) und Grundriß (b)

Die Bauformen anderer byzantinischer Hospitäler sind jedoch alle fast unbekannt geblieben. Zwar gehört die Regierung von Justinian und Theodora (527–565) zu den glanzvollsten überhaupt. Damals entstand in Konstantinopel die atemberaubende Riesenkuppel einer Reichskirche, die der heiligen Weisheit, der Hagia Sophia (532–537), geweiht war. Auch tüchtige Ärzte sind bekannt, von denen Alexander von Tralles (525–605) hervorgehoben sei, der die Tradition der Kompilatoren fortsetzte.

Dennoch muß zugegeben werden, daß dieses vielschichtige Byzanzwissen nicht ausgereicht hat, um wenigstens ein einziges der vielen namentlich bekannten Hospitäler zu finden oder gar freizugraben. Eine seltene Ausnahme bietet immer noch in Istanbul (ehemals Byzanz) ein Komplex von drei Kapellen, der sich als Moschee erhalten hat. Sie bilden den Kern des alten Pantokrator-Klosters (um 1136), das Kaiser Johannes II. Komnenos (1118–1143) als Erbgrabstätte seines Hauses errichten ließ. Dank einer erhaltenen Hausordnung oder Klosterregel, dank des berühmten »Typikon des Pantokrator« (-Klosters), weiß man, daß hier eine markante Trias von Institutionen geschaffen worden war.[22] Um eine ewige Fürbitte an den Gräbern der kaiserlichen Toten in der Kirche zu gewährleisten, sollten ein Kloster des Herrscherhauses und ein Hospital hinzugefügt werden. Das fast ständige Beten der Mönche wäre so dank der Hospitalbewohner an festgesetzten Tagen zu einem vielstimmigen Chor des »Herr erbarme Dich!« verstärkt worden.

Diese Steigerung der Fürbitte war bei der Gründung des Spitals viel ausschlaggebender als die christliche Absicht, Gutes zu tun. Ausdrücklich muß heute aber betont werden, daß das Hospital des Pantokrators keine ›Sozialeinrichtung‹ war, in der den Armen im Zuge einer ausgleichenden Gerechtigkeit geholfen werden sollte. Vielmehr bediente man sich der Hospitalbewohner, um so für das Ohr jenen kaiserlichen Prunk zu entfalten, der heute noch für das Auge an der *Pala d'Oro* erfaßbar ist. Diese goldene Altar-Vorsatzplatte, reich mit kostbaren Steinen und edler Emailarbeit besetzt, kann heute in Venedig in der Markuskirche bewundert werden, weil plündernde Kreuzfahrer sie einst aus dem Pantokrator-Kloster dorthin verschleppt haben.

Über die Hospitalbauten aber ist gar nichts bekannt. Alle Versuche, einen Grundriß aus dem Text des Typikon abzuleiten, müssen als gescheitert und als lächerlich abgelehnt werden. So bleibt nichts anderes übrig, als sich 50 Betten vorzustellen, die in fünf Abteilungen untergliedert gewesen sind: für chirurgische und für akute Krankheiten, für Männer und für Frauen sowie für gynäkologische Erkrankungen. Es gab Ärzte und Chirurgen, Pfleger und Diener, die vielfach gestaffelt verschiedenen ›Chefärzten‹ unterstellt waren. Das Hospital des Pantokrator hatte seine eigene Apotheke und seine eigenen Bäder. Mühle und Bäckerei waren nicht vergessen und sollten dafür sorgen, daß auch in Hunger- und Krisenzeiten die ewige Fürbitte am Grab der Kaiser nicht unterbrochen werden mußte.

Leider läßt sich der Pantokrator auch im Osten fast mit nichts vergleichen. Das abendländische Christentum hatte kaum etwas danebenzustellen. Denn in Rom gab es keinen Kaiser mehr, sondern nur einen Patriarchen des Westens, der den Anspruch erhob, als Papst ein väterlicher Vertreter des Herrn auf Erden zu sein. Den Schutz der Kirche und die Verteidigung des Glaubens hatten, zunächst mehr aushilfsweise, die Könige in Gallien übernom-

6a

6b

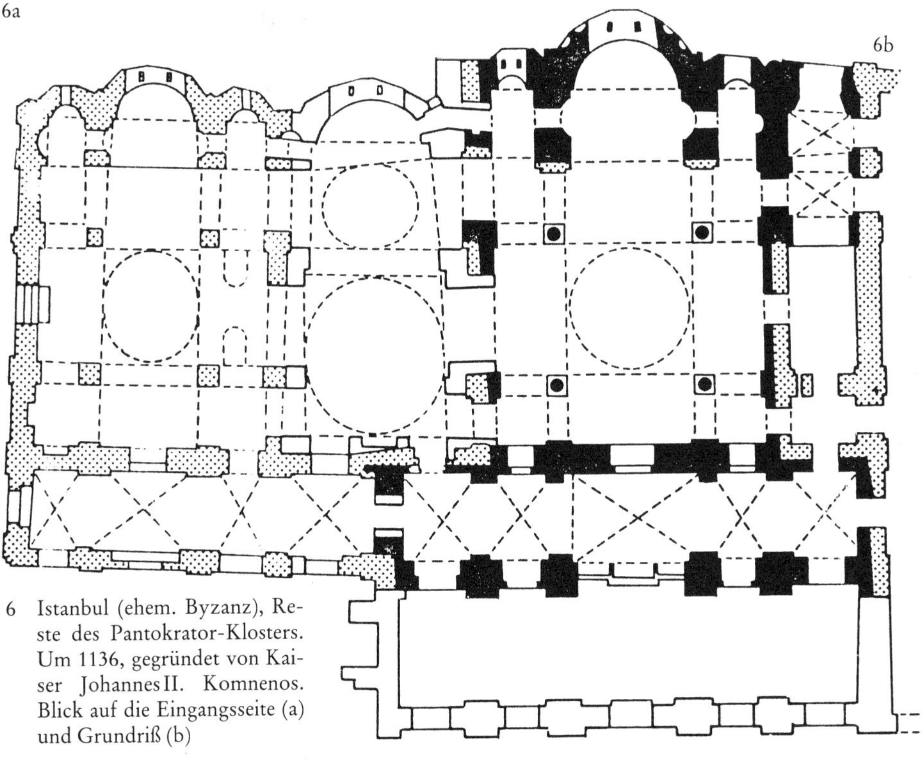

6 Istanbul (ehem. Byzanz), Reste des Pantokrator-Klosters. Um 1136, gegründet von Kaiser Johannes II. Komnenos. Blick auf die Eingangsseite (a) und Grundriß (b)

men, denen im Jahre 800 sogar eine zweite Kaiserkrone aufgesetzt wurde. Bei den Grabklöstern der Karolinger in St. Denis bei Paris, in Aachen oder auf der Reichenau sind aber niemals deutlich faßbare Hospitäler entstanden. Auch die späteren Kaiser haben zwar in Bamberg und in Speyer, in Palermo und in Wien prächtige Kirchen gebaut. Aber die Klöster für den Totenkult waren stets so unwichtig, daß auch auf Spitäler verzichtet werden konnte.

Erste abendländische Hospitäler[23] sind nicht durch die Herrscher, sondern durch Pilger und Mönche längs der Seerouten und an den Handelswegen verbreitet worden. Zu den frühesten gehört eine Fremdenherberge, ein *Xenodochium*, das in Rom (399) entstand. Ein zweites lag in Ostia (395), dem Hochseehafen der Ewigen Stadt, dort, wo die Schiffe aus dem Orient ankamen und wo andere nach Marseille und nach Spanien abgingen.

So erstaunt es nicht, daß die nächsten Gründungsnachrichten aus Arles (um 500) und Lyon (542), aus Châlon-sur-Saône (um 550) und aus Autun (vor 600) vorliegen.[24] Wie fremdartig die neue Institution damals immer noch war, zeigt eine der wortkargen Urkunden der Zeit, die ohne Umschweife von einem »xenodochium ... orientalium more secutus«[25] spricht.

Auch aus Spanien gibt es eine faszinierend frühe Nachricht. Demnach errichtete Masona (571–606), Bischof in der alten Römerstadt Merida[26], ein Xenodochium (nach 589?), das damals zu den prächtigsten Hospitalgründungen des Abendlandes gehörte. Reiche Stiftungsmittel wurden durch besondere Verwalter klug genutzt. Es gab sogar Ärzte, die im Xenodochium wie in der Stadt Patienten behandelten. Erst über ein Jahrtausend später werden in Westeuropa nach langer Pause wieder vereinzelt Ärzte[27] im Hospital genannt. Weitherzig ließ der Hirte alle aufnehmen, nämlich Pilger und Kranke, Sklaven und Freie. Ja, sogar Juden wurden mit den Christen zusammen mit einer Bereitwilligkeit behandelt, die gerade in Spanien später gänzlich verlorenging, als das Land um 1500 mit wüster Gewalt dem Islam entrissen und von allen Nicht-Christen ›gereinigt‹ wurde.

3. Hospitäler der Mönche

Aus den frühen Einsiedlergemeinschaften, die dem Leitbild des Ur-Mönchs Antonius (um 320) in der ägyptischen Wüste folgten, entwickelten sich in fast zwei Jahrtausenden zahllose Klöster in allen Teilen der Christenheit. Gewiß sind viele dieser Lebensgemeinschaften, ihre Ordnungen und ihre steinernen Gehäuse sehr genau untersucht. Trotzdem kennt man die Anfänge immer noch wenig. Vor allem kann man oft kaum sagen, ob frühe Einsiedlerdörfer oder nur Hütten für Kranke und Hilfsbedürftige durch eine Mauer zusammengefaßt worden sind.

Dies gilt ganz besonders für die Gründung des Basilius (um 370) bei Caesarea[28], bei der vor allem die Abschließung zu beachten ist. Aus den verstreut (vor der Stadt) lebenden Menschen entstand eine neue Gemeinschaft, die an jene Zusammengehörigkeit von Mann und Frau in der Ehe erinnert. Spätere Basilianer-Klöster der Ostkirche lassen immer wieder die Frage entstehen, ob sie primär als *Coenobium* und *Monasterium* (als Kloster) gegründet wurden oder doch mehr als *Xenodochium* und *Nosocomium* (als Herberge und Haus für Kranke).

Sicher ist nur, daß im griechischen Osten wie im lateinischen Westen alle Mitglieder der neuartigen Gemeinschaften in Höhlen und Zellen lebten – jeder für sich. Nur an besonderen Tagen, am Osterfest oder an Pfingsten, lobte man Gott gemeinsam. Nur ausnahmsweise waren die Einzelgänger bereit, sich zum Essen zusammenzusetzen, um schweigend das wenige zu teilen, das sie hatten.

In Nordafrika kann man dies deutlich an jener Hausordnung und Lebensregelung sehen, die Augustinus als Bischof von Hippo dortigen Einsiedlergemeinschaften gegeben hatte. Nach Lehrjahren bei Ambrosius in Mailand, der erste italienische Klöster gründete, hatte dieser zweite wichtige Kirchenvater die Augustiner-Regel (388) entwickelt.[29] Damit war eine Ordnung gefunden, die durch Jahrhunderte zu den beliebtesten gehörte. Wie der Basilianer, so lebte auch der Augustiner für sich abgeschlossen in seiner Zelle. Aber auch frühe iro-schottische Mönchsdörfer oder Eremitensiedlungen, die Martin von Tours, der Mantelteiler, in Frankreich gegründet hatte, bestanden stets aus einzelnen Häuschen, die verstreut um eine kleine Kapelle lagen und ihre Einsamkeit durch Mauern schützten.

Völlig neue Möglichkeiten gemeinsamer Weltflucht zeigte erst Benedikt von Nursia aus Norica bei Spoleto, der auf dem Monte Cassino (529), einem beherrschenden Bergklotz südlich von Rom, ein Kloster schon halb in den Himmel baute.[30] Seine Regel – *ora et labora* – sprach nicht nur wie viele andere von Gehorsam, Armut und Keuschheit, sondern verzichtete fast ganz auf Einsamkeit. Sie erlaubte es, an die Stelle verstreuter Einzelzellen eine neue Ordnung gemeinsamer Einrichtungen zu setzen. Benediktiner verbrachten die Nacht gemeinsam in einem Schlafsaal (Dormitorium; *dormire* = schlafen), sie beteten gemeinsam in der Kirche (Oratorium; *orare* = beten), so wie sie auch gemeinsam schwere und schwierige Arbeiten auf sich nahmen, die vom Wälderroden und Sümpfetrockenlegen bis zum Lesenlernen der Heiligen Schrift reichten. Nicht nur den Ort und die Zeit des Betens und Arbeitens, des Schlafens und Essens legte Benedikt fest. Er zeigte auch, wo und wann man Freunde beherbergen und Kranke pflegen, Hungernde speisen und Nackte bekleiden soll. So entstanden die ersten Orte, an denen die Werke der Barmherzigkeit immer wieder getan werden konnten. Wie sehr aber auch dies im einzelnen geordnet und an besonderen Stellen festgelegt war, läßt sich für die ersten Benediktiner-Klöster kaum erahnen.

Deutlicher sieht man dann drei Jahrhunderte später. Damals entstand (um 820) der Plan[31] von Sankt Gallen (Abb. 7). Um der stets drohenden Verweltlichung der Benediktiner entgegenzuwirken, hatte Kaiser Karl der Große schon vor seiner Krönung (am Weihnachtstage des Jahres 800) die Reformbestrebungen des Mönches Benedikt von Aniane (um 750–821) unterstützt. Er wurde nach Cornelimünster, dem damaligen Inden, gezogen, das nahe der Kaiserpfalz und dem Mittelpunkt des Reiches lag, der in Aachen entstanden war.

Zu den ersten Klöstern, die jene belebenden Impulse eines erneuerten Christentums aufnahmen, gehörte auch eine Gründung der Karolinger auf der Insel Reichenau im Boden-

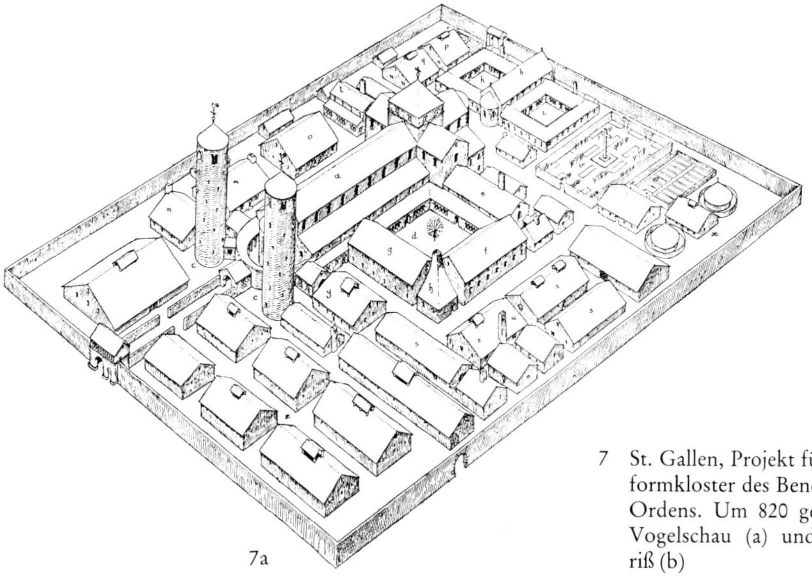

7a

7 St. Gallen, Projekt für ein Reformkloster des Benediktiner-Ordens. Um 820 gezeichnet. Vogelschau (a) und Grundriß (b)

7b

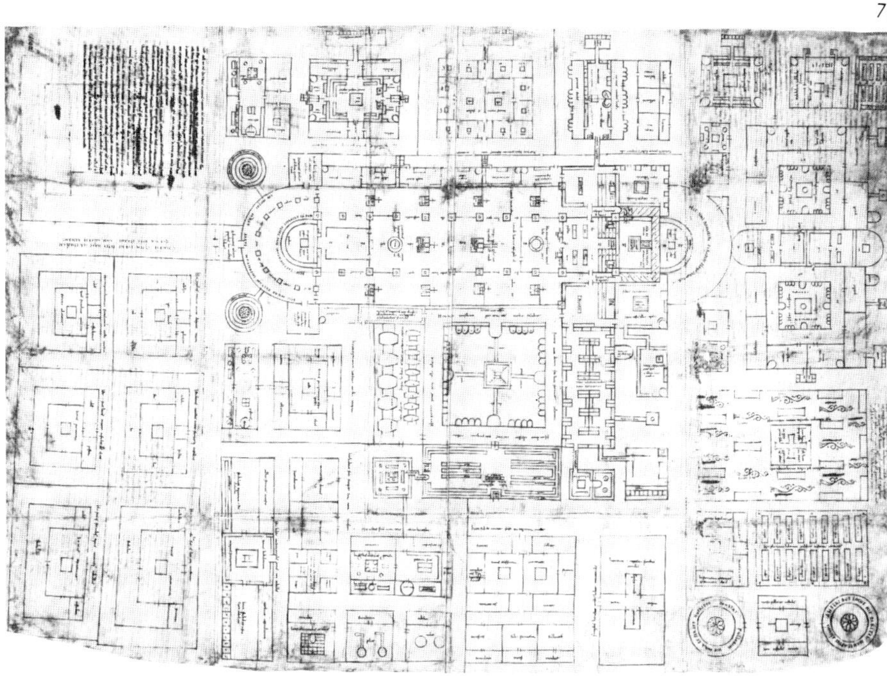

see. Wie später bei den Komnenen in Byzanz, so wurden auch hier kaiserliche Tote im Chor der Klosterkirche des Herrscherhauses in den Boden gesenkt, damit sie unter der ständigen Fürbitte der Mönchsgemeinschaft dort warten konnten, bis die Trompeten der Engel sie zum Gericht rufen würden.

Wie wohlgeordnet das Haus der Benediktiner auf der Reichenau damals bald war, kann man gut am Beispiel des Klostergartens sehen. Zahlreiche Pflanzen und Heilkräuter wurden dort von kenntnisreichen Mönchen gepflegt. Einer von ihnen, der Schwabe Walahfried, beschrieb in seinem Gedicht »Hortulus« (um 842) zahlreiche Einzelheiten. Andere Benediktiner der Reichenau bemühten sich in diesen Jahren aber auch um eine bessere Ordnung des Klosterlebens und der Klostergebäude. So entstand jener (verlorene) Plan, dessen alte Kopie heute noch in der Bibliothek der Benediktiner in Sankt Gallen, südlich des Bodensees in der Schweiz, erhalten ist.

Der Besucher steht dort vor zusammengenähten Tierhäuten, die fast so groß wie ein Tischtuch sind. Mit roter Tinte wurden Grundrißformen gezeichnet und lateinische Benennungen hinzugefügt, so daß das Auge bald die Zusammenhänge erfassen kann. Als erstes sieht man die große Klosterkirche mit dem U-förmigen Vorhof zwischen den beiden runden Westtürmen. Der quadratische Kreuzgang südlich der Kirche erlaubte es den Mönchen, auch im Gehen zu beten und dadurch im Ambulatorium (*ambulare* = umhergehen) dieser vier Wandelhallen Rhythmus und Regel in den Wechsel von Ruhe und Bewegung zu bringen. Der Kreuzgang diente aber auch als Verkehrsweg zwischen den wichtigsten Gemeinschaftseinrichtungen der Benediktiner.

Im Westen lag der Keller (Cellarium), dessen flüssige Vorräte in großen und kleinen Fässern aufgereiht waren, bevor sie in der Küche im Südwesten unter einem großen Abzug mit hohem Schornstein zu den Speisen des Tages bereitet wurden. Wieder direkt anschließend, ganz im Süden, war der Speisesaal (Refektorium; *refacere* = wiederherstellen) mit seinen langen Bänken eingefügt, den der Mönch jedoch erst betrat, nachdem er sich die Hände in einem Brunnenhaus gewaschen hatte, das später stets in den Kreuzgang hineinragte.

Dem Lagern und Aufnehmen der Nahrung in der Gemeinschaft entsprach auch ein Verdauen und Ausscheiden der Stoffwechselprodukte, bei dem der Benediktiner keineswegs allein war. Östlich des Kreuzgangs lag der Schlafsaal, dessen raffinierte Bettenaufstellung den Platz optimal ausnutzte. An der Südostecke stand der vielsitzige Gemeinschaftsabort, der wassergespült und gut gelüftet war, was beim Zusammenleben so großer Gruppen auf kleinem Raum als unerläßlich galt.

Der Plan von Sankt Gallen zeigt leider nicht, daß der Schlafsaal als einziger Raum grundsätzlich im ersten Obergeschoß lag. Dies hatte den Sinn, die Bodenfeuchtigkeit in einem Raum zu vermeiden, in dem fast die Hälfte des Lebens (schlafend) verbracht wird. Außerdem wurde die west-östliche Durchlüftung verbessert, und schließlich erreichten die Strahlen der aufgehenden Sonne die Breitseite des Bettensaales etwas früher. Da viele mittelalterliche Spitalhallen oft bewährte Anordnungen aus dem Dormitorium der Mönche übernahmen, lohnt es sich immer, gerade diesen Raum des Klosters besonders genau zu betrachten.

Die Verlegung des Schlafsaales ins Obergeschoß brachte aber auch (geringe) Nachteile mit sich. Da die Mönche auch nachts und in den frühesten Morgenstunden zum Gebet in den Chor gingen, mußte der Höhenunterschied durch eine Dormitoriumstreppe überwunden werden, die meist weit in das südliche Querschiff der Kirche hineinragte. Außerdem entstand unter dem Schlafsaal reichlich Platz, der zum Einfügen einer Sakristei und eines meist quadratischen ›Kapitel‹-Saales sehr geeignet war. In diesem Raum wurden stets zu festgesetzten Stunden die einzelnen Kapitel der Ordens-Regel vorgelesen und so wieder in Erinnerung gebracht, damit jeder nicht nur arm und keusch lebe, sondern auch gehorsam sei gegenüber den zwingenden Festlegungen der Mönchsväter.

Die bis jetzt beschriebenen Räume um den Kreuzgang bildeten zusammen den Kern des Klosters oder die Klausur, den abgeschlossenen Bezirk, den nur Mönche betreten sollten. Hier galt fast überall das Schweigegebot, bei Tisch und im Dormitorium, nicht aber bei den Beratungen, die im Kapitel-Saal unvermeidbar waren. Die Klausur hatte nur einen einzigen Zugang, der als innere Klosterpforte nicht mit der äußeren verwechselt werden darf. Man betrat die Zone des Schweigens stets von Westen her zwischen Kirche und Keller.

Die starre Festlegung aller Einzelheiten und das Redeverbot sind dem heutigen Menschen oft ganz unverständlich geworden. Statt gehorsam unter der Tyrannei eines Gesetzes und unter dem Zwang eines pedantischen Regelwerkes zu leben, gilt es jetzt vielmehr, die Freiheit zu erkämpfen. Wenn ›Gehorsam‹ und ›Armut‹ heute fast immer als unsinnige Auflagen abgelehnt werden, dann erst recht ›Keuschheit‹.

Wer aber Mönche und ihre Hospitäler verstehen will, wird hier gänzlich umdenken müssen. Es ist ein Mißverständnis anzunehmen, Alleinsein und Schweigen seien als solche erstrebenswert. Einsiedlertugenden helfen nur, jenes Ziel ins Auge zu fassen, das man sich zunächst als Selbstgespräch vorstellen kann, obwohl es ein Reden mit Gott ist. Diese Unterhaltung galt als höchst störungsgefährdet und überhaupt als schwer in Gang zu setzen. Man wußte aber aus Erfahrung, wie günstig es war, allein zu sein und daß es sich deshalb lohne, auf manches zu verzichten, was im Grunde durchaus auch für Mönche begehrenswert war.

Nur von diesen Zielsetzungen und von der Klausur her sollte man deshalb alles betrachten, was sonst noch um den Kern des Klosters herum lag. Neben Werkstätten und Ställen, den Gärten und anderen Versorgungseinrichtungen waren dies aber vor allem die Hospitäler im Westen und Osten. Es wäre völlig verfehlt, in diesen benediktinischen Herbergen und Zufluchtshäusern soziale Einrichtungen für Arme zu sehen. Auch der Bettler, der an die Pforte pochte, forderte keineswegs ausgleichende Gerechtigkeit, sondern bat um eine milde Gabe, die »um Gottes Willen« für Lohn in einer anderen Welt gespendet werden sollte. Wenn der Arme am Kloster immer wieder wie Christus selbst aufgenommen wurde, dann geschah dies keineswegs nur, um ihm zu helfen oder gar um die Bevölkerung zu versorgen, sondern damit der Spender der guten Taten und der barmherzigen Werke sein eigenes Guthaben im Jenseits vermehren konnte. Man sollte deshalb nicht die Selbstlosigkeit der Benediktiner loben, sondern ihnen lieber transzendentalen Egoismus vorwerfen. Nur wer so vorbereitet ist, hat eine Chance, die notorischen Mißverständnisse zu vermeiden, die mit Klosterhospitälern heute verbunden sind.

Die Einrichtungen selbst sind anhand des Planes von Sankt Gallen recht deutlich zu erfassen. Man unterscheide zunächst mindestens drei Institutionen, die streng gegeneinander abzugrenzen sind. Nämlich:

1. das *Hospitale Pauperum* für Arme und Pilger im Südwesten
2. das *Hospitium* für Reiche, die ›zu Pferde‹ kamen, im Nordwesten
3. das *Infirmarium* für kranke Mönche im Osten der Klausur.

Es sei sofort hinzugefügt, daß sich alle Lagebeziehungen umdrehen, wenn der Kreuzgang nicht im Süden liegt, wie im Plan von Sankt Gallen, sondern im Norden der Kirche.[32] Die Pilgerherberge ist dann im Nordwesten, also links des Eingangs, zu erwarten. Den Palast für den Herzog oder den hier amtierenden König hat man beim Nordtyp im Südwesten zu suchen. Auch die Infirmarien liegen keineswegs, wie man lange meinte, im Osten der Kirche, sondern sind an der Mittelachse der Kirche symmetrisch gespiegelt nach Norden verschoben.

Man präge sich diese Benediktiner-Topographie genau ein. Denn immer wieder erweist sich dieses Wissen als zuverlässige Suchhilfe, wenn es gilt, trotz der Behauptungen naiver Fremdenführer doch noch als kundiger Arzt die Hospitäler der Mönche zu finden. Weit über die Hälfte der unzähligen Klöster und Klosterruinen in ganz Europa entspricht diesem Schema oder ›befolgt‹ die Ordnung der Benediktiner-Regel mit einer erstaunlichen Zuverlässigkeit und Strenge.

Wer noch genauer hinzuschauen bereit ist, wird weitere Herbergen und Hospitäler finden können, die aber nicht an jedem Kloster verwirklicht waren. Der Plan von Sankt Gallen zeigt schließlich noch:

4. Zimmer für reisende Mönche am nördlichen Seitenschiff
5. Zimmer für kranke Novizen im Noviziat im Osten
6. Zimmer für Schwerkranke beim Kräutergarten im Nordosten, nicht sichtbar sind im Plan
7. das Haus der kranken Laienbrüder (selten) im Westen
8. das Haus der Lepra-Kranken, weitab vom Kloster.

Leider sind gar keine Hospitäler der Mönche aus der Zeit um 800 erhalten. So ist man auf spätere Bauten angewiesen, die jedoch alle im Zusammenhang mit neuen Reformwellen des Benediktinerordens stehen. Hier sind vor allem die Cluniazenser zu nennen. Ihr immer wieder erweitertes Zentral-Kloster Cluny[33] in Burgund hat allerdings eine so verwirrende Baugeschichte, daß sie hier nicht nacherzählt werden kann. Die Pläne der Ausgräber zeigen jedoch deutlich, daß keineswegs nur drei nebeneinanderliegende Kirchen und drei verschiedene Klausuren zu unterscheiden sind. Mindestens genauso oft ist das diagonal liegende Infirmarium im Osten erweitert worden.

Das Ur-Infirmarium östlich der kleinen Kirche Cluny I (910–927) ist kaum nachweisbar. Deutlicher läßt sich das später ebenfalls abgebrochene Alte Infirmarium (um 1040) mit seinen vier Acht-Betten-Zimmern beschreiben. Ihm folgte bald als Erweiterung das Infirmarium des Abtes Hugo (um 1082), das zusätzlich 24 Betten (doppeltes Apostelkollegium)

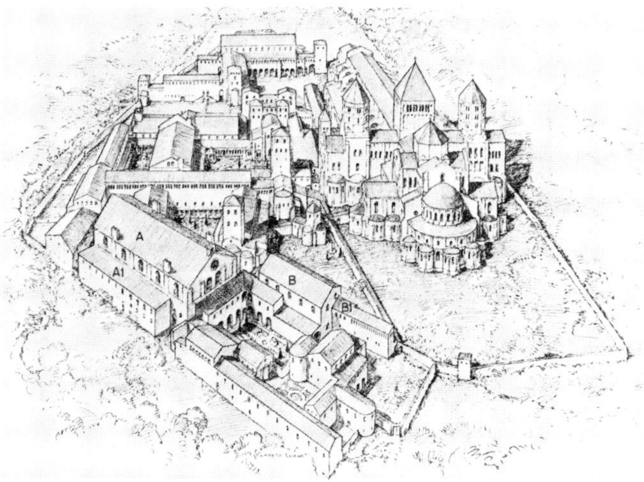

8a

8b

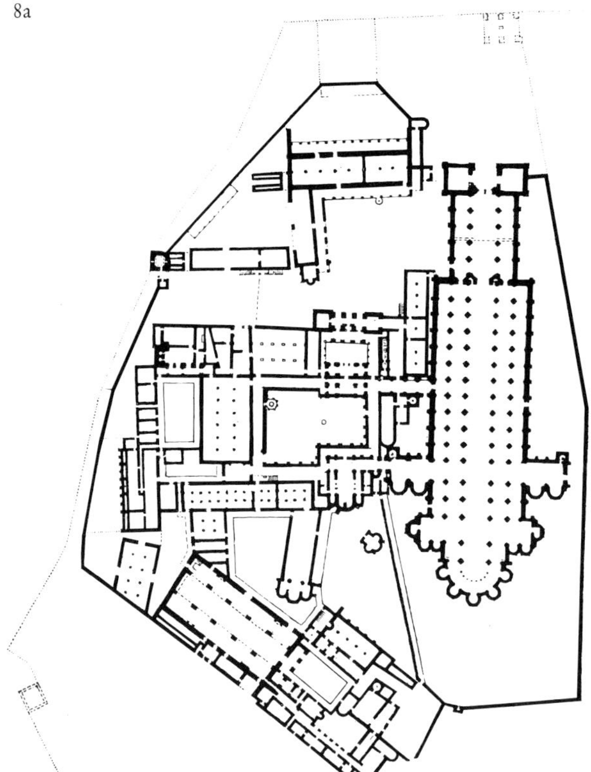

8 Cluny, Reformkloster des Benediktiner-Ordens. Ausbauzustand um 1156. Vogelschau aus Südosten (a) und Grundriß (b) nach Conant

bereitstellte. Dann erst entstand die hohe Halle des Großen Infirmariums des Petrus Venerabilis (um 1132), das mit 80 Betten und vier Feuerplätzen zu den ersten Groß-Krankenhäusern in Westeuropa gezählt werden kann.

Trotz dieser Einrichtungen haben die Cluniazenser weder in Frankreich noch in England oder in Nordspanien herausragende Ärzte hervorgebracht. Auch die Cluniazensische Reformbewegung in Deutschland, die von Hirsau im Schwarzwald ausging und bis nach Hersfeld und Paulinzella reichte, ist kaum mit besonders heilkundigen Mönchen in Verbindung zu bringen. Dagegen lebte damals im alten Stammkloster der Benediktiner auf dem Monte Cassino der vielleicht wichtigste Vertreter der Mönchsmedizin des Abendlandes: Constantinus Africanus! Das Sprachgenie hatte sein Leben als muslimischer Drogenhändler in Karthago an der Südküste des Mittelmeeres begonnen und war dann in Ägypten und im Orient weit herumgekommen. Er ließ sich in Salerno in Unteritalien taufen, wurde Benediktiner und übersetzte im Ur-Kloster des Mönchsvaters bis zu seinem Tode (1047) zahlreiche arabische Texte der islamischen Welt ins Lateinische.

Der damit eingeleitete Vorgang der ›Rezeption- und Assimilation‹, der Aufnahme und Verarbeitung der morgenländischen Heilkunde im Abendland, wurde später in Toledo, im Mittelpunkt von Spanien, fortgesetzt. Dort entwickelte sich um den Italiener Gerhard von Cremona (1187 gest.) eine zweite Übersetzerschule, der später eine dritte in Montpellier im südlichen Frankreich folgte.

In diesen Jahrzehnten wurde der schon wieder verweltlichte Benediktinerorden einer weiteren Reform unterzogen, die damals einige Mönche des neuen Zisterzienserordens in Gang brachten. Sie scharten sich um den aufwühlenden Kreuzzugsprediger Bernhard, der (1115) Abt im Kloster Clairvaux in Burgund geworden war. Aus den zahllosen Niederlassungen des neuen Ordens, die überall wie Pilze an schönen Herbsttagen aus dem Boden schossen, können nur wenige hier genannt werden. In Frankreich ist Fontenay (1118) besonders gut erhalten, während in England[34] die prächtigen Ruinen von Fountains Abbey (1135) dem Besucher in Erinnerung bleiben. In Italien seien Casamari (1140) und Fossanova als Beispiele genannt. In Spanien erreichte die Zisterzienserbaukunst in den aragonesischen Königsklöstern Poblet (1149) und Santes Creus (1152) neue Höhepunkte, die nur durch das kastilische Las Huelgas (1180) bei Burgos oder das portugiesische Alcobaça (1148) überragt wurden. Österreich besitzt in Heiligenkreuz (1135) südlich von Wien ein schönes Kloster der Zisterzienser. In Deutschland stehen in Altenberg (1133) und Maulbronn (1139) noch zwei gut erhaltene Filialen des Ordens, die ihrerseits zahlreiche Tocherklöster weit in den Osten vorschoben.[35]

Fast alle genannten Klöster hatten mehrere Hospitäler und Herbergen, von denen man mit geringer Mühe noch Reste finden kann. Gut erhalten ist aber nur das wenig besuchte Zisterzienser-Infirmarium in Ourscamp[36] nördlich von Paris, das um 1210 entstand. Ein fast gleichaltes Spital für kranke Klausurbewohner in Eberbach[37] im Taunus (um 1220) wird seit Jahren leider als Lager für Weinfässer mißbraucht. An beiden Orten sieht man eine dreischiffige Halle. Ihre neun und acht Joche sind durch Kreuzrippengewölbe überdeckt, die von bedenklich schlanken Säulen aufsteigen. Typischer für Infirmarien sind die Längswände. In

9a

9b

9 Ourscamp, Zisterzienser-Infirmarium. Um 1210 errichtet. Blick auf die Süd- und Westseite (a) und Grundriß (b), nach Viollet-le-Duc, 1863

Ourscamp ist die Mauer (fast wie an der Konstantinsbasilika in Trier) durch Nischen gegliedert, so daß die Wand oft ganz dünn wird. Man unterscheidet drei Fenstergruppen, kreisrund mit Sechspaßmotiven, unter denen je zwei Längsfenster eingeschnitten sind. Während all diese Wandöffnungen fest verglast waren, hatte die unterste Fensterreihe wahrscheinlich nur Holzläden, wodurch die Lüftung der Halle erleichtert wurde. Das Fehlen mancher Maueröffnungen rechts des Eingangs (nach Süden) ist mit dem dort nachweisbaren Feuerplatz erklärt worden. Ob das Infirmarium in Eberbach vergleichbare Fensterzonen hatte, bleibt noch zu klären. Auffallend ist bei beiden Häusern der asymmetrische Zugang in der westlichen Längswand. Er kann manchmal (in England) mit ebenfalls asymetrisch nach Osten vorspringenden Kapellen in Verbindung gebracht werden.[38] Denn bei fast allen Zisterzienser-Infirmarien ist immer noch unsicher, ob sie wie viele bürgerliche Hospitalhal len Altäre hatten. Der malerische Chor, der an der südlichen (!) Schmalseite der Halle in Eberbach heute zu sehen ist, wurde offensichtlich erst viel später angefügt. Vor vielen falschen Zeichnungen und irreführenden Ergänzungen sei ausdrücklich gewarnt. Sie zeigen, wie sehr sich die Bauforschung auf diesem Gebiet fast nur mit der linken Hand betätigt hat.

Kurz nach der Zisterzienser-Reform des Benediktiner-Ordens wurde Europa durch eine weitere religiöse Erneuerungsbewegung erschüttert, die sich besonders verwegen einer radikalen Armut verschrieb. Der Bettelmönch sollte gar nichts mehr besitzen außer seiner Kapuzenkutte und um die Hüften ein Stück Schnur, an die ein roh geschnitztes Kreuz geknotet war. Sein tägliches Brot sollte er in den Straßen, von Tür zu Tür gehend, als milde Gabe erbitten. Doch die hohen Ideale, die Franz von Assisi (1182–1236) in Italien und der Spanier Dominikus (1170–1221) den Franziskanern und Dominikanern vorlebten, ließen sich auch dieses Mal nur wenige Jahrzehnte durchhalten. Wieder führten fromme Spenden zu reichen Klöstern und damit zu Macht und Einfluß in dieser Welt. Während sich der Prediger-Orden des Dominikus vor allem der Bekehrung verweltlichter Städte zuwandte und in der Ketzerbekämpfung der Inquisitionstribunale in Frankreich und Spanien das Christentum im Innern festigte, brachten die Minoriten des heiligen Franz fast noch berühmtere Gelehrte hervor. Das Fernziel dieser Scholastiker war es, die christlichen Glaubenslehren mit der heidnischen Philosophie des Aristoteles in Einklang zu bringen. Überragende Lehrer wie Albertus Magnus (1193–1280), der jahrelang auch im Dominikaner-Kloster in Köln wirkte, schrieb neben seinen theologischen Werken auch zoologisch-anatomische Abhandlungen. Ob ihm jedoch auch die Schrift »De secretis mulierum« (Von den Heimlichkeiten der Frauen) und andere halb ärztliche Texte zuzuordnen sind, wurde immer wieder bezweifelt.

Wieder aber ist festzuhalten, daß all dieses Wissen vom Menschen kaum am Krankenbett ordenseigener Spitäler erworben war, sondern fast nur in Bibliotheken. Krankenhäuser der Bettelorden gehören zu den größten Seltenheiten. Auch hier sei als Beispiel nur das Infirmarium des Burgklosters der Dominikaner in Lübeck genannt. Die dreischiffige Halle, auf die später mehrere Stockwerke aufgesetzt wurden, ist jedoch nahezu unerforscht, obwohl sie als gut erhalten bezeichnet werden kann.

Zu den Hospitälern der Mönche gehören auch die karitativen Gründungen der Ritterorden. Während der Kreuzzüge hatten französische Adelige nach islamischem Vorbild versucht, den Einsiedler mit dem Glaubenskämpfer zu vereinen. So gelobten die Johanniter[39] unter ihrem ersten Ordensmeister Raimund de Puy (1120) neben Gehorsam, Armut und Keuschheit aber noch, sich dem Waffendienst und der Krankenpflege zu widmen. Beim Rückzug aus Jerusalem[40] mußte jedoch das dortige erste Ritterspital über Akkon[41] nach Zypern[42] (1291) und dann nach Rhodos[43] (1309) verlegt werden.

Dort entstand am Ende des Mittelalters eines der markantesten Häuser für Kranke überhaupt: das *Johanniter-Hospital* (1440–1489). Weil aber Rhodos schon 1523 endgültig türkisch wurde und der Orden nach Malta auswich, diente das Hospital seinem Zweck nur wenige Jahrzehnte. Es blieb dann aber als Kaserne erhalten, so daß man heute noch den zweischiffigen Saal besuchen kann, der wie ein Dormitorium der Benediktiner in das erste Obergeschoß verlegt war, andererseits aber wie ein Zisterzienser-Infirmarium einen asymmetrisch liegenden Eingang hatte. Links des Tores sieht man vier, rechts dagegen nur drei Gewölbe, deren Sinn nie geklärt werden konnte. Vielleicht wollte man Kaufläden vermieten oder Lagerraum schaffen. Vielleicht waren Pferdeställe geplant oder nur Substruktionen beabsichtigt, damit der Saal hoch lag (und auch von unten Luft erhielt?). Das prachtvolle holzgeschnitzte Tor haben übrigens die Türken später dem König von Frankreich geschenkt, so daß man es heute in Versailles in den Kreuzzugssälen des Schlosses bewundern kann.

Wichtiger ist es jedoch festzuhalten, daß über dem Eingang ein polygonaler Erker vorspringt, unter dessen reichem Rippengewölbe der Altar aufgestellt war. Die Vorbilder für diese eigentümlichen Bauformen sind immer in der Klosterbaukunst des Abendlandes gesucht worden. Wahrscheinlich hat man aber bei der Islambekämpfung im östlichen Mittelmeer wie ja auch in Südspanien absichtlich muslimische Gepflogenheiten übernommen. Während sich die bisherige Bauforschung zunächst besonders um Moscheen bemühte, sind erst in letzter Zeit auch islamische Klosterfestungen ins Blickfeld geraten. Zu ihnen gehören nicht nur wichtige religiöse Reformzentren in Marokko, sondern auch der klosterähnliche *Ribat* in Sousse[44] in Tunesien, in dem die Eroberung von Sizilien einst vorbereitet worden war. Vergleicht man dieses Bauwerk mit dem Johanniter-Hospital in Rhodos, so ergeben sich bestürzende Ähnlichkeiten, die wegen des großen Zeitabstandes der beiden Bauwerke dringend der Erklärung bedürfen.

Der Krankenhalle der Ordensritter entspricht die querliegende Moschee im Obergeschoß, deren Gebetsnische sich über dem Eingang vorschiebt. Auch der Ribat ist wie das Spital fast fensterlos und erinnert an Festungsarchitektur. Dem Eingangsflügel sind in Tunesien wie in Rhodos drei weitere Bauten angefügt, die um einen fast quadratischen Hof geordnet sind. In Sousse liegen hier Einzelzellen kampflustiger Mönche. Ob in ähnlichen Zimmern in Rhodos Ordensritter in gemeinsamer Todesverachtung geübt wurden, wäre zu prüfen.

Neben den Johannitern müssen wenigstens kurz die bald wieder untergegangenen Tempelritter genannt werden, weil aus ihnen in Portugal der Christus-Ritterorden hervorging. Er trug das Kreuz als erster um Afrika herum bis nach Indien und China.

Hospitalgeschichtlich wichtiger ist der Deutsche Orden, der vor Akkon (1190) gegründet wurde. Nach dem Verlust des Heiligen Landes verlegte man den Hochmeistersitz über Venedig (1291) auf die neuerbaute Marienburg in Ostpreußen (1309). Die Bekehrung der Slawen ging mit zahlreichen Hospitalgründungen einher, die in den letzten Jahren mit erstaunlicher Genauigkeit untersucht worden sind. Besonders wichtig war in Elbing[45] östlich von Danzig ein Deutschordensspital. Während im Osten in Thorn an der Weichsel, in

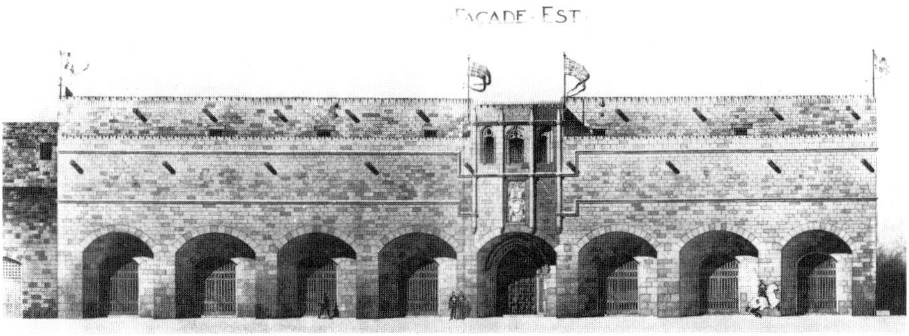

10a

10b

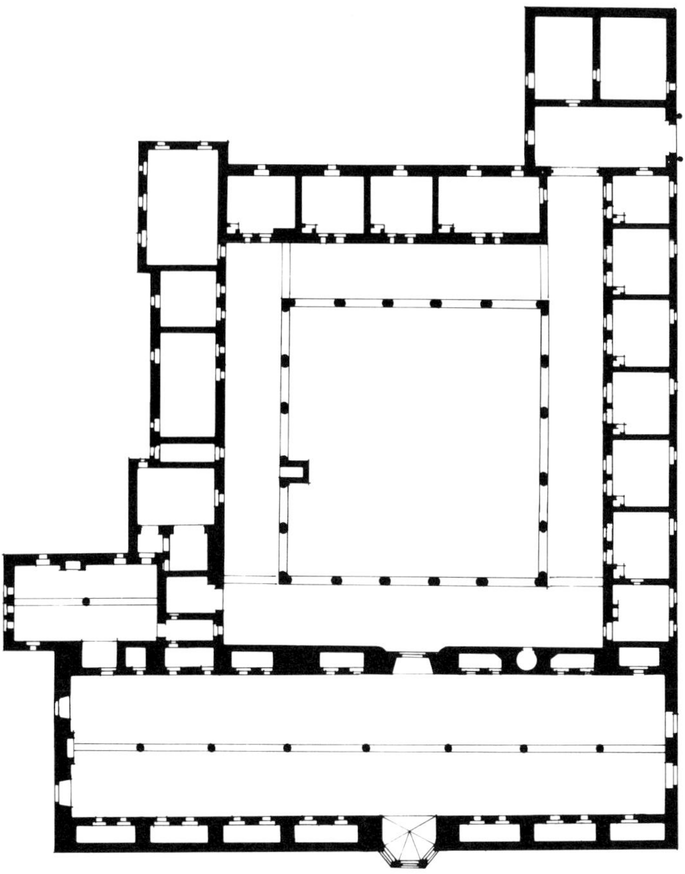

10 Rhodos, Johanniter-Hospital. 1440–1489 erbaut. Aufriß der Ostseite (a) und Grundriß (b) nach Gabriel, 1823

Riga und Reval große Hospitäler des Ritterordens segensreich wirkten, sorgten im Westen andere Häuser für die unverzichtbare Hilfe. In Nürnberg[46] ist das Elisabethspital des weitläufigen Deutschordenshauses (1209?) leider nur wenig erforscht. Ebenfalls ungenau ist man in Frankfurt-Sachsenhausen über das dortige Deutschordensspital (vor 1212) unterrichtet. Sehr umfangreiche Studien liegen dagegen für Marburg[47] vor, weil das dortige Elisabethspital (1229 gegr.) im Schatten der frühgotischen Elisabethenkirche (1235–1283) lag. In ihr ruhten die Gebeine der hochverehrten Landgräfin Elisabeth von Thüringen, die ein weithin leuchtendes Beispiel aufopfernder Krankenpflege gegeben hatte. Gerade sie vermochte weit über die Grenzen des Deutschen Ritterordens hinauszuwirken.

Nicht zu vergessen sind die spanischen Kampfmönche, die an einer anderen Front des Christentums gegen den Islam standen. Man unterscheide die Santiago-Ritter mit ihrem prächtigen Ordenshaus San Marcos in León, die Alcántara-Ritter, die nach einer Römer-Brücke zwischen Kastilien und Portugal benannt waren, und die schlagkräftigen Calatrava-Ritter, deren gewaltige Burg heute noch die weite Ebene der südlichen Mancha beherrscht. Diesen kastilischen Kampfgemeinschaften entsprach in Aragón am Mittelmeer der Montesa-Orden. Alle diese ritterlichen Gemeinschaften der iberischen Halbinsel haben Hospitäler errichtet, die hier nicht beschrieben werden können.

4. Hospitäler der Bischöfe und des Adels

Die Suche nach den Anfängen und dem Ausgangspunkt hat in der Krankenhaus-Geschichtsschreibung die phantastische Hoffnung entstehen lassen, vielleicht ein Ur-Spital finden zu können. So wie Johann Wolfgang von Goethe in Italien die Ur-Pflanze suchte, so wie unsere Großväter auf Java das fehlende Verbindungsglied, das *missing link*, zwischen Affe und Ur-Mensch entdecken wollten, so meinten christliche Historiker, die Herbergen und Rasthäuser der Mönche an den Beginn aller Entwicklung stellen zu können.

Doch stets widersprachen dann Juden.[48] Sie betonten mit Nachdruck, daß die Spuren der frühen Herbergen und Hospitäler des Volkes Israel noch viel weiter zurückverfolgt werden könnten. Ohne das hebräische Vorbild, das in uralten Texten deutlich faßbar sei, hätten die ersten christlich gewordenen Juden niemals ihre Häuser der Caritas und der Misericordia gründen können; und wenn Hospitäler der Christen erst 300 Jahre nach dem ersten Karfreitag nachweisbar sind, dann zeige dies deutlich, wie wenig die hohen Ziele der Ur-Gemeinden erreichbar waren und wie sehr man damals genötigt gewesen ist, zu den bewährten Einrichtungen des Alten Testaments zurückzukehren.

Dann aber wurden die sogenannten ›Krankenhäuser des Aschoka‹ in Indien[49] bekannt. Andere Forscher meinten, in Kaschmir am Himalaya noch ältere Ur-Spitäler in grauer Vorzeit entdeckt zu haben. Inzwischen weiß man, daß dies fast alles Wahnbilder gewesen sind, die den Suchenden immer dann genarrt haben, wenn sein Wunsch, das Erhoffte zu finden, ins Maßlose gestiegen war.

Ein ähnlicher Wettlauf mit dem Ziel, das Ur-Spital zu finden, kam aber auch unter Ausschluß der Heiden und Ketzer zwischen christlichen Geschichtsschreibern zustande. Als um 1850 der Staat auch die Spitäler der katholischen Kirche immer mehr zurückdrängte, betonte man gerne, daß es seit Ur-Zeiten immer schon die Aufgabe des Bischofs gewesen sei, als Hirte für die schwächeren Schafe seiner Herde zu sorgen. Gewiß habe der Krummstabträger vor allem von der *Kathedra,* vom Lehrstuhl aus, als Vater die noch Unwissenden zu lehren. Neben jedem Bischofssitz und neben jeder Kathedrale stehe aber seit eh und je eine Herberge, ein Gasthaus, das ja in Frankreich sogar heute noch *Hôtel-Dieu* genannt wird: Gasthaus zum lieben Gott! Viele sahen erst damals deutlich, wie sehr das christliche Hospital neben der monasterialen Wurzel einen zweiten episkopalen Ursprung hatte.

Hospitäler der Bischöfe reichen weit zurück. Im Osten seien Edessa im Zweistromland genannt, wo schon 460 ein Hirte der verfolgten Nestorianer eine Herberge gründete. Auch das Hospital des Patriarchen Johannes in Alexandria (vor 620) gehört in diesen Zusammenhang. Im Westen sei noch einmal an das Xenodochium in Arles (um 500) erinnert, das der Bischof Caesarius an der unteren Rhône gründete, oder an das spanische Merida (nach 589?), wo die Stiftung des Bischofs Masona stand.

Doch all diese episkopalen Herbergen haben den Nachteil, daß man nicht sagen kann, wo sie an der Bischofskirche standen und wie sie aussahen. Wer dies genauer wissen will, ist auf Bodenfunde in Mitteleuropa und besonders auf Ruinen an französischen Kathedralen angewiesen. Besonders deutlich sieht man das in Paris[50], wo die Insel in der Seine von Anfang an dem Bischof (und dem König) als Amtssitz diente. Hier überquerte man aber auch jahrhundertelang den breiten Fluß, der dank dieses natürlichen ›Trittsteins‹ halbiert zu sein schien. Östlich der Fernstraße, die vor allem durch Pilger von Nordeuropa nach Spanien benutzt wurde, lag die Kirche des Bischofs, die den Lehrstuhl, die Kathedra, enthielt und der Gottesmutter zum Schutz anvertraut war, nämlich die Kathedrale Nôtre-Dame. An ihrer südlichen Längsseite erhob sich das Wohnhaus des Bischofs, das – oft umgebaut – zu einem hallenreichen Palastbezirk geworden war.

Im Westen der Kirche fand man im Boden die Reste des uralten Hôpital St. Christophe (660) links des Eingangs. Es wurde später durch einen Neubau ersetzt, der sich rechts des Eingangs, also im Südwesten der Kathedrale, erstreckte und schließlich den Namen *Hôtel-Dieu* erhielt. Es gab kaum ein Hospital in Europa, das noch verwirrender und noch weitläufiger gebaut war. Parallel am Insel-Ufer liegende Hallen umschlossen Innenhöfe, griffen aber auch mit Hilfe von Brücken, die über den südlichen Seine-Arm führten, auf die andere Flußseite hinüber, wo das befestigte Stadttor der Pilgerstraße, das *Petit Châtelet,* von weiteren Spitalhallen halb umschlossen wurde. Das später (1772) abgebrannte und schließlich völlig abgetragene Hospitallabyrinth kann hier nicht im einzelnen rekonstruiert werden.

Beachtet sei nur die kurze Schauseite, mit der sich das monströse Gasthaus am Pilgerweg zeigte. Man sah dort nur zwei Giebelbauten. Der linke war erst spät (1533) der *Salle du Légat* vorgeblendet worden, einer krummen Halle, in der fünf Bettenreihen nebeneinander Platz hatten. Der Kranke blickte von seinem Lager aus nach Osten, wo (an der östlichen Schmal-

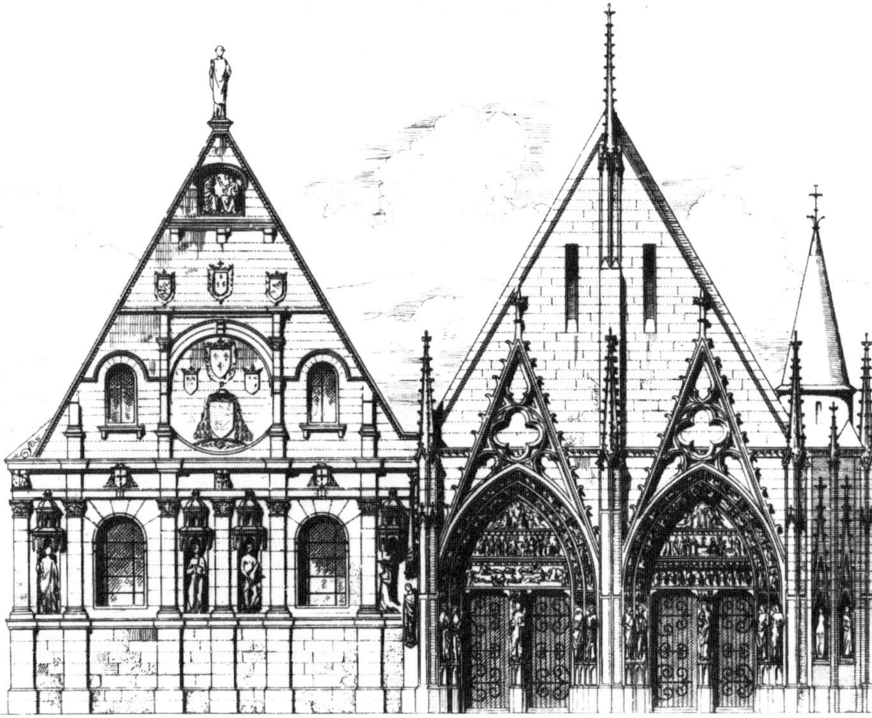

11a Paris, Hôtel-Dieu, Giebel am Jakobsweg. Rechts: Chapelle Ste Agnès und Salle St. Augustin, 1225–1250. Links: Salle du Légat, 1533. 1772 abgebrannt

seite) ein Altar stand, so daß jeder Patient bei Tag und Nacht, im Leiden, vor allem aber auch beim Sterben am Gottesdienst teilnehmen und so einen guten Tod haben konnte.

Diese Anordnung, die in vielen anderen Sälen des Hôtel-Dieu in Paris, aber auch in unzähligen Hospitälern in allen Ländern der christlichen Welt genauso gezeigt werden kann, findet man jedoch nicht hinter dem rechten Giebel. Schon die beiden Spitzbogentore unter den steilen Dreiecken zeigen deutlich, daß sich ein viertüriger Eingang nicht direkt in einen Saal öffnete, sondern in eine Kapelle (1225–1250). Sie bot Gelegenheit, hier die heilige Agnes zu verehren und gleichzeitig an Louis IX und Louis XI zu denken, die als Könige von Frankreich und als Nachbarn ihres wichtigsten Priesters das Hôtel-Dieu stets reich mit Zustiftungen und Sondermitteln versorgt hatten. Das Heiligtum am Jakobsweg der Pilger diente somit als Eingangshalle, als Ort des Dankes und der Fürbitte, als Stätte einer geistigen Reinigung. Nur wer diese Eingangszone wie eine Schleuse durchquert hatte, gelangte schließlich in die weiten Hallen des Hôtel-Dieu. Da die Altarzonen der Hospitalhallen fast immer im Osten liegen, lohnt es sich, diese typische ›Westkapelle‹ an einem Krankensaal als besondere Seltenheit deutlich hervorzuheben.

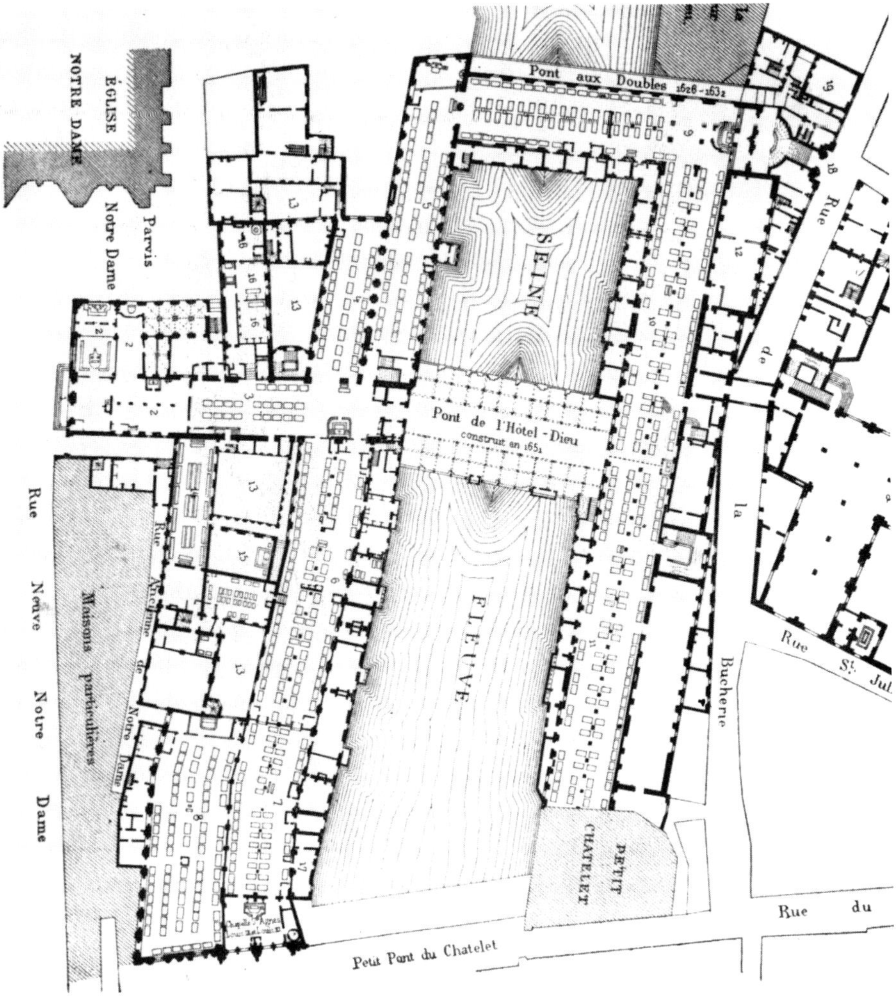

11b Paris, Hôtel-Dieu, Ausbauzustand um 1770

Das Hôtel-Dieu in Paris hat riesige Archive entstehen lassen, in denen immer wieder neue Stifter bestätigt erhielten, welche Wiesen und welchen Wald sie, dem erleuchteten Vorbild des Bischofs und des Königs folgend, den Armen hinterlassen hatten. Obwohl es in trockenem Stil ›nur ums Geld ging‹, lesen sich viele dieser Urkunden wie jene bedenklichen Ablaßzettel, die später die Reformation ausgelöst haben. Wie sehr aber mit diesen Zahlen christliche Tugenden und jene unendliche Erlösungssehnsucht gemeint war, wird dem heutigen Betrachter oft mehr an Randverzierungen deutlich.

12 Paris, Hôtel-Dieu. Vier Tugenden leiten auf dem schmalen Pfad zum Himmel. Aus der Handschrift des Maître Jehan Henry »Le livre de vie active des réligieuses de l'Hôtel-Dieu«, vor 1500. Bibliothèque Nationale, Paris

Zu ihnen gehört auch ein kleines Bild, das in leuchtenden Farben mit großer Sorgfalt gestaltet wurde (Abb. 12). Es steht am Anfang einer Handschrift[51], die Maître Jehan Henry ausführen ließ, um der kontemplativen Daseinsweise vieler Mönche das christlich ›aktive Leben‹ junger Mädchen entgegenzustellen, die Kranke und Sterbende pflegten. In marienhafter Reinheit und jugendlicher Neugier folgen die engelschönen Novizinnen und einige Nonnen, die bereits den dunklen Schleier genommen haben, ihren hohen Leitbildern. Ganz links steht die Tugend der *prudence,* deren Klugheit durch einen Stab sichtbar wird, die das Geradlinige der Meßschnur und des Maßhaltens verkörpert. Dann folgt die *adrenpence,* die *attempence,* die Mäßigung mit dem Zügel in der rechten Hand. Eine dritte Gruppe jugendlicher Aktivistinnen läßt sich von der christlichen Tugend der *force,* der Stärke (nicht der Gewalt!) leiten, die im festen Turm sichtbar gemacht wurde. Den Abschluß bildet die *justice,* die Gerechtigkeit mit der großen Waage.

Was hier in verschlüsselten Propaganda-Symbolen der Zeit um 1500 nur anklingt, wird im anderen Bild fast allzu konkret vorgeführt (Abb. 13). Hungernde müssen gespeist und

Dürstenden muß ein voller Becher gegeben werden (rechts), so lange sie leiden. Kranke und Sterbende aber soll man besuchen und trösten, vor allem dann, wenn der Priester die Sakramente für die letzte Wegstrecke bringt (links). Auch das Begraben der Toten, durch Einnahen der Leichen in Stoffsärge, ist ein gutes Werk und ein Akt der Barmherzigkeit, der wieder exklusiv der pflegenden Nonne reserviert bleibt (links). Wie vornehm das Haus der Armen geführt wurde, zeigen schließlich die ritterlichen Wappenschilder und gewiß auch Louis XII, König von Frankreich, der als einer der Stifter hier kniend sein Werk darbringt, und zwar direkt dem Gekreuzigten, der zwischen Maria mit dem Kind und Johannes mit dem Lamm ohnehin in der Spitalhalle stets anwesend war.

Gewiß werden auch Kranke gezeigt und auch arme Leute. Sie liegen meist ohne Nachthemd, aber mit Schlafmützen unter großen Decken in den oft kaum geheizten Sälen. Manche teilen sich ein Lager; andere haben ein Bett für sich allein. Aber all diese sozialen Züge der Bilder schieben die Maler als unwichtig in den Hintergrund. Es geht nicht darum, den Benachteiligten zu ihrem Recht zu verhelfen wie in einer sozialen Einrichtung späterer Zeit. Arme und Kranke waren nur Randfiguren. Sichtbar werden sollte vor allem, wie demütig der König als Amtsträger des Herrn im Vordergrund kniete und wie eifrig die Pflegerinnen jede Gelegenheit nutzten, barmherzig zu sein.

13 Paris, Hôtel-Dieu. Louis XII, König von Frankreich, bringt dem Gekreuzigten zwischen Maria und Johannes als Opfergabe ein Hospital dar, in dem bereits die Werke der Barmherzigkeit geübt werden. Holzschnitt, nach 1500

In Frankreich sind auch außerhalb von Paris bischöfliche Kathedralen-Spitäler bekannt geworden. In Chartres hat man wieder südwestlich der riesigen Kirche Fundamente eines dreischiffigen Hospitals (819) freigelegt. In Laon kann man noch Reste des Hôtel-Dieu in einer Kapelle rechts des Eingangs bewundern. Dagegen bieten Reims und Meaux kaum noch sichtbare Spuren. Auch in Straßburg ist nichts mehr zu sehen. Man weiß aber aus alten Stadtplänen, daß die Bischofsherberge rechter Hand an jener schmalen Gasse stand, die auf die Mitte der Münsterfassade zuführt. Sehr lohnend ist dagegen ein Besuch in Le Puy, wo das Hôtel-Dieu mit seiner prächtigen Giebelfront links neben der Kirchenfassade steht. Wenn Kathedralen nach Westen erweitert wurden, mußte man solche typischen Verschiebungen in Kauf nehmen. Sie dienen heute als Suchhilfe und erweisen sich als nützlich, wenn die Vorläufer bestehender Bischofskirchen zu beurteilen sind. Auch in Orleans und in Bordeaux sind die Bischofsspitäler von ihren markanten Stellen westlich der Kathedralen längst wegverlegt worden. Die Namen aber, Hôtel-Dieu und Hôpital St. André, haben sich bis heute erhalten.

In Deutschland sind bischöfliche ›Domspitäler‹ sehr viel schwieriger nachzuweisen. Immerhin hatten Köln, Augsburg und Regensburg episkopale Herbergen. Jene in Mainz wurde (1236) vom Dom an den Rhein verlegt, wo man heute noch rätselvolle romanische Reste bestaunen kann, die als Weinstube mißbraucht werden.

Auch in Spanien gibt es noch verbaute Ruinen zu sehen. In Tarragona steht an ungewöhnlicher Stelle, und zwar südlich des Chores der Bischofskirche, ein Hospital der Santa Tecla, das zur Kathedrale gehörte. In Toledo dagegen, wo der Primas, der oberste Priester des Landes, später saß, sind die Lagebeziehungen ganz verwischt. Deutlicher sieht man in Santiago de Compostela, wo ein *Hospital Viejo* nur deshalb heute nördlich der Bischofs- und Pilgerkirche zu suchen ist, weil hier am Ende des Pilgerwegs der Eingang zum Grab des Apostels Jakob war. Als später riesige Erweiterungshallen die Kathedrale weit nach Westen verlängerten, wurden die so krass verschobenen Lagebeziehungen noch einmal geordnet. Der Bischof ließ zum Abschluß eine neue, übergroße Herberge durch die Katholischen Könige Isabel und Fernando errichten. Der Name allerdings wurde geändert: Obwohl das Haus am Lehrstuhl des Bischofs stand, hieß es *Hospital de los Reyes Católicos* (1501–1511)!

Auch Italien sei kurz beachtet, weil ja in Rom der höchste Oberhirte vor dem Apostelgrab des Petrus im Vatikan auf dem rechten Tiber-Ufer schon immer Herbergen benötigte. Aus einem Rasthaus englischer Rompilger entstand schließlich das Erzspital der Christenheit, das *Arcispedale di Santo Spirito in Sassia,* ein Heilig-Geist-Spital für Leute aus (Angel-) Sachsen, dem heutigen Essex oder Wessex. Zwar ist die Peterskirche leider nicht geostet. Aber dies ist verständlich, wenn man bedenkt, daß alle Besucher des Apostelgrabes aus Rom und vom Tiber her kamen. Dann aber lag das Erzspital sehr regelrichtig am Zugangsweg zum Haupteingang der Kirche und außerdem, fast wie in Mainz, am Fluß.

Völlig normale Lageverhältnisse bietet dagegen das Hospital am Lateran, wo der Papst in seiner zusätzlichen Eigenschaft als Bischof von Rom amtierte. Die apostolischen Herbergen lagen immer im Westen der Kathedrale, obwohl durch uralte Taufkapellen, kaiserliche Wasserleitungen und verschleppte Obelisken manches unregelmäßiger geriet.

Mit Absicht wurde England an das Ende dieses Rundgangs durch die Länder gestellt. Denn dort hat man sich mit der zunächst befremdlichen Tatsache abzufinden, daß der Bischof einer Region zugleich Abt eines Klosters war. Auch die Kathedrale des Primas von England, des Erzbischofs von Canterbury[52], diente zugleich als Klosterkirche einiger Benediktinermönche. Man sollte sich deshalb den Grundriß der Pariser Kathedrale Nôtre-Dame und ihres Hôtel-Dieu durchsichtig vorstellen, damit man darunter den Plan von St. Gallen sehen kann. Zu erwarten wären dann am Sitz des obersten englischen Priesters, des Bischof-Abtes von Canterbury 1. das *Hospitale Pauperum* für Arme und Pilger im Südwesten und das *Hôtel-Dieu* im Westen der Kathedrale. Daß diese ähnlichen Einrichtungen zu einem Hospital zusammenflossen, dessen Tradition vielleicht heute noch in einem der uralten Gasthöfe inmitten der Stadt fortbesteht, ist nicht überraschend. Da fast alle Besucher nicht in analogen Institutionen zu denken gewohnt sind, wird die monasteriale Pfortenherberge des Benediktinerklosters Canterbury ebensowenig vermißt wie das episkopale Pilgerhospital des Erzbischofs. Außerdem ist zu erwarten: 2. das *Hospitium* für Reiche, die ›zu Pferde kamen‹, im Nordwesten. Tatsächlich steht hier heute noch neben dem *Site of the Almonry* die *New Hall* oder *North Hall* (AVLA NOVA) mit dem prächtigen *Court Gate* und einer eleganten Treppe ins Obergeschoß. Hier also residierte der Landesfürst oder ein Vertreter der königlichen Macht, wenn Amtshandlungen seine Anwesenheit erforderten. Ausdrücklich sei auf die Nachbarschaft zum Haus des Abtes hingewiesen, denn es ist wieder identisch mit ‹dem Palast des Erzbischofs‹. Zu erwarten ist schließlich 3. das *Infirmarium* für kranke Mönche im Osten der Klausur. Gerade diese Einrichtung ist in Canterbury ganz besonders prächtig und fast so groß wie eine heutige Gemeindekirche in mehreren Etappen ausgebaut worden. Die *Infirmary*, die manchmal nachlässig und irreführend nur *Farmery* (!) genannt wird, besteht aus einer dreischiffigen *Hall*, an deren östliche Schmalseite eine wieder dreischiffige, aber etwas kleinere *Chapel* angeschlossen war. Der Platz zwischen dem Infirmarium der Mönche und der weiter westlich liegenden Klausur blieb in Canterbury nicht unbebaut wie in Ourscamp oder Eberbach, sondern erlaubte es, ein *Farmery Cloister*, einen kleinen Kreuzgang für die kranken Mönche zu errichten. Auch dieser Bauteil ist jenen nicht unbekannt, die sich den Plan von Sankt Gallen eingeprägt haben oder Cluny kennen.

Das Besondere an Canterbury bleibt aber, daß man dank der *Norman Drawing*, eines Normannen-Planes von 1165, auch über alle Wasserleitungen und Abflußrinnen sehr genau berichten kann. Ein weiteres Klosterschema liegt hier vor, das über jenes in Sankt Gallen hinausgeht und als Schlüssel zu den alten Hospitälern der Britischen Inseln noch viel zu wenig genutzt worden ist (Abb. 14).

Auch hier kann dies nicht nachgeholt werden. Aber ein kurzer Blick auf die berühmte Westminster Abbey bei London, oder genauer ›westlich‹ der City of London, sei hier noch erlaubt.[53] Denn alles wiederholt sich, teils prächtiger und größer, teils aber den anderen Kapazitäten angepaßt. Während in Canterbury das Kloster nördlich der Kirche lag und damit ein ›Nordtyp‹ verwirklicht war wie in Eberbach, Maulbronn oder Poblet, folgte die Westminster Abbey dem ›Südtyp‹ und entspricht damit noch wörtlicher Sankt Gallen und Cluny, Ourscamp oder Santes Creus.

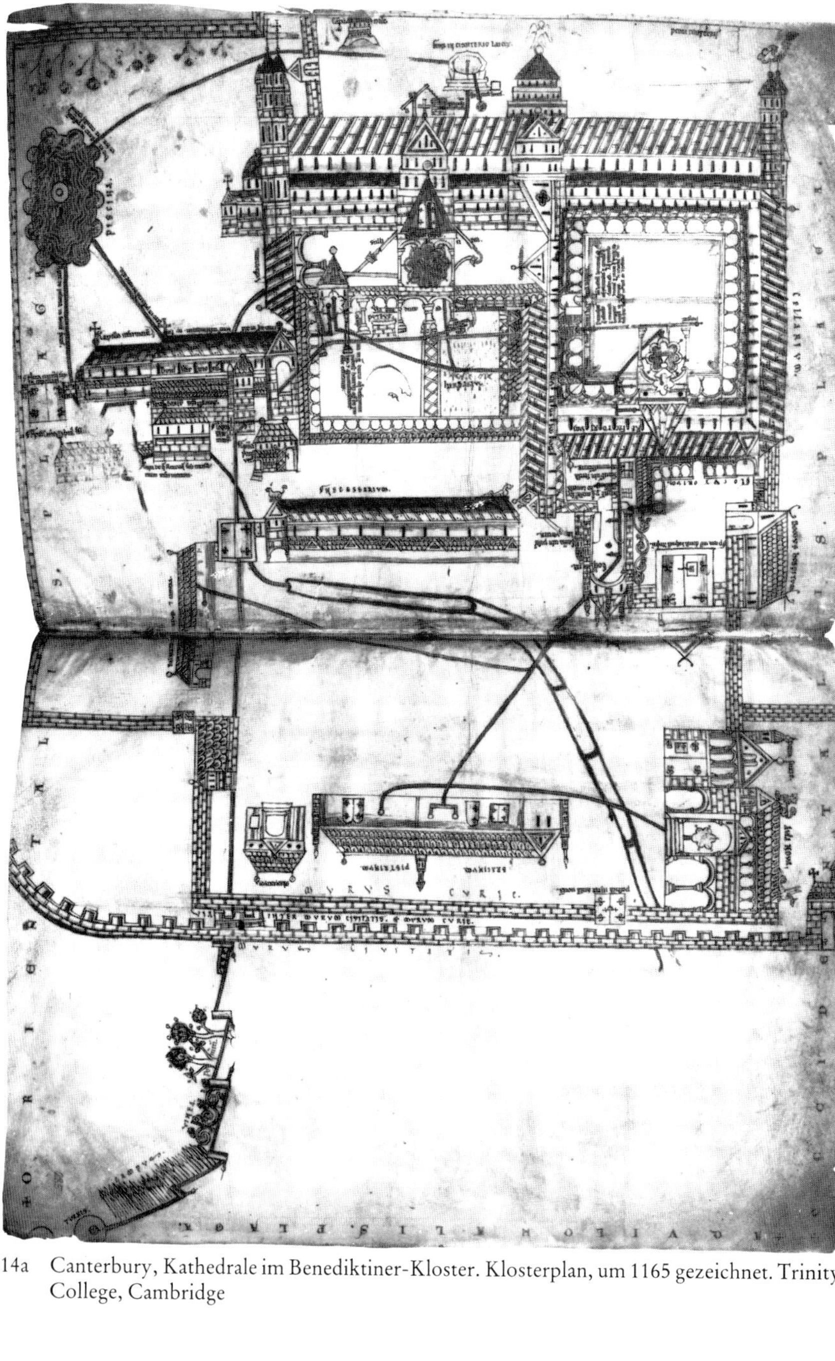

14a Canterbury, Kathedrale im Benediktiner-Kloster. Klosterplan, um 1165 gezeichnet. Trinity College, Cambridge

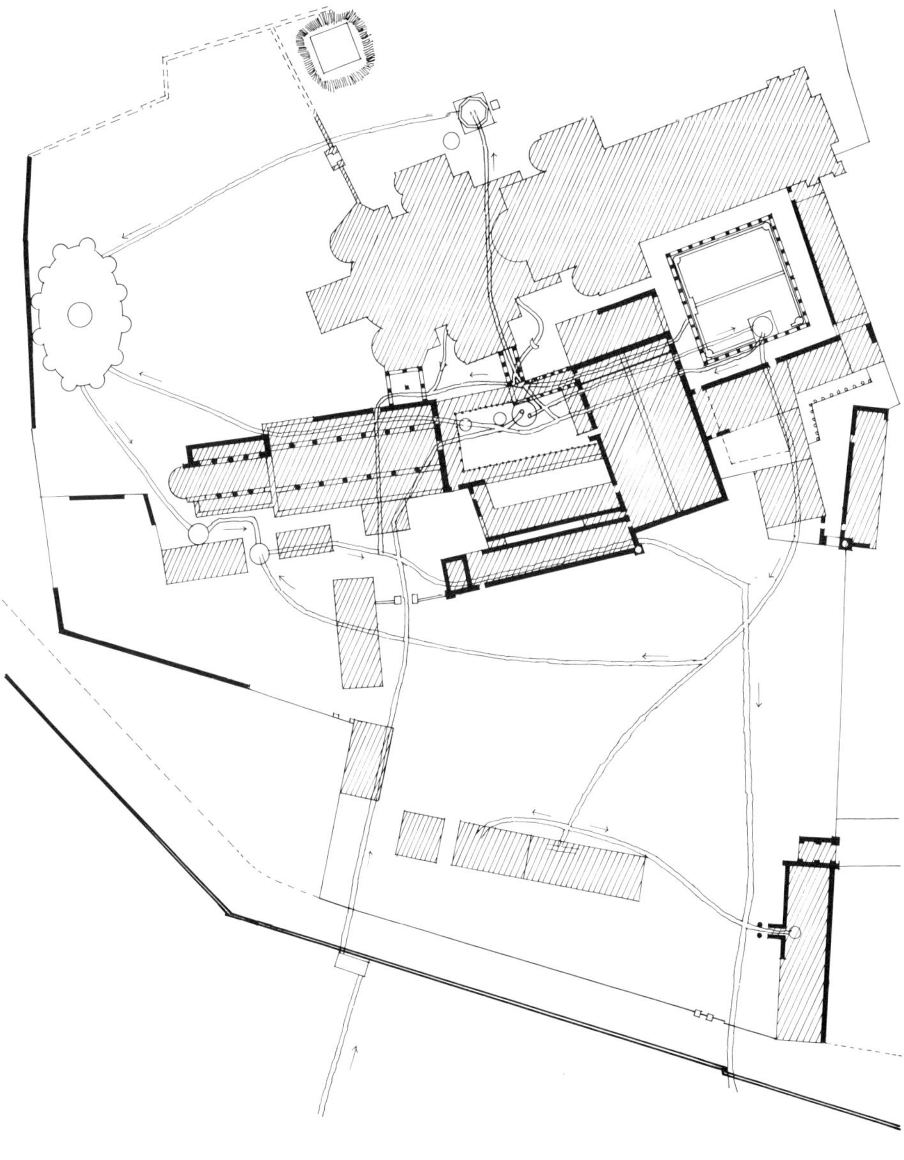

14b Canterbury, Kathedrale im Benediktiner-Kloster. Umzeichnung des Klosterplans von Cambridge

Leider kann man über das *Hospitale Pauperum* wieder wenig sagen. Man weiß aber, daß es im Westen an der Klosterpforte lag, dort wo später ein *Almshouse* stand, das jedoch nicht mit dem viel jüngeren Westminster Hospital in derselben Gegend verwechselt werden sollte.

Das *Hospitium* der Reichen ist nichts anderes als der königliche Palast von Westminster. Er lag zwar nicht im Nordwesten des Klosters, wie man aus Canterbury kommend erwarten möchte, sondern war nach Nordosten an das Ufer der Themse vorgeschoben. Die Raststätte wurde ständig mit königlichen Mitteln ausgebaut, so daß schließlich außer den Räumen des Königs und der Königin ein Kreuzgang und eine Palastkapelle und damit ein kleines Kloster am großen Kloster bereitstand. Dies erinnert lebhaft an Poblet, zumal ja auch der dortigen Capilla de San Esteban (1197) in London die St. Stephan's Chapel entsprach. In dieser königlichen Palastkapelle trat übrigens bald das erste Parlament zusammen. Weil die Halle sehr schmal war, saß man nicht im Halbrund, sondern auf geraden ›Bänken‹ den Längswänden entlang einander gegenüber, so wie heute noch im Englischen Unterhaus. Die anderen Hallen des königlichen Rasthauses aber hatten die Benediktiner dem Fürsten für wichtige Amtshandlungen errichtet. Da gab es die oft erneuerte *White Hall* und die größere, prachtvolle *Westminster Hall* (1099), die als einzige heute noch erhalten ist und inmitten der *Houses of Parliament* daran erinnert, wie gewissenhaft die Mönche ihre Verpflichtungen nahmen, den Gast wie Christus selbst zu beherbergen – egal, ob er als Bettler oder als König von England an die Pforte klopfte. Wer denkt heute noch beim Schlag des *Big Ben*, der großen Glocke im Uhrenturm über den Sitzungssälen der Volksvertreter, daß dies alles Folgen monasterialer Hospitalität gewesen sind?

Auch das *Infirmarium* ist in Westminster prächtig ausgebaut worden und tadellos erhalten. Es liegt an der zu erwartenden Stelle östlich der Klausur und besteht wieder aus einer dreischiffigen Halle (1160), an die ein östliches Altarhaus angefügt wurde. Der Zwischenraum zum Kloster oder zum Dormitorium ist auch hier erst später (vor 1400) durch ein *Farmery Cloister* ausgefüllt worden. So entstand am Ende eine geschlossene klösterliche Krankenanstalt der Benediktiner-Mönche, die es wert wäre, häufiger besucht zu werden.

Die Hospitäler der Bischöfe sind oft auch vom König beschenkt worden. In Paris und Santiago kann man dies besonders deutlich studieren. Da die Herzöge aber oft reicher und mächtiger waren als der König, findet man seit dem hohen Mittelalter besonders in Frankreich zahlreiche Hospitäler des Adels. Als Beispiel seien hier die Fürsten herausgegriffen, die als Lehensmänner der französischen Krone das Land an der Kanalküste regierten.

Wilhelm der Eroberer gründete noch vor seiner Landung in England in Cherbourg (1053) ein Hospital, dem weitere in Bayeux und in Caen sowie in Rouen folgten. Nach seinem Sieg bei Hastings wurde er in Westminster zum König von England gekrönt und gründete dann während seiner Regierungszeit (1066–1087) als souveräner Herrscher auf der Insel weitere Hospitäler.

Einer seiner Nachfolger hinterließ keinen Erben, so daß Mathilde als einzige Tochter (1135) drei Länder übernahm: England, die Normandie und die Bretagne. Sie hatte in zweiter Ehe (1128) einen Lehensmann des Königs von Frankreich geheiratet, nämlich Gott-

15 Angers, Hôpital St. Jean des Königs von England. 1175–1180 erbaut von Henri II. Plantagenet

fried von Anjou, der außer diesem prächtigen Land an der unteren Loire auch noch die Nachbargebiete Maine und Touraine besaß. Der Sohn und Erbe all dieser Länder war Henri II. Plantagenet (1154–1189), der durch seine Ehe mit Eleonore, Herzogin von Aquitanien, auch noch diesen Teil Frankreichs erhielt. So entstand das Angevinische Reich, das den angevinischen Hallenhospitälern ihren Namen gab, obwohl alles über die Anjou auf die Stadt Angers an der Loire zurückgeführt werden könnte.

Der Streit zwischen Kaiser und Papst, zwischen Heinrich IV. und Gregor VII., der ja in Canossa (1177) seinem Höhepunkt zustrebte, hatte in England ein Vorspiel gehabt. Der König – es war Henri II. Plantagenet – verlangte die Verurteilung verbrecherischer Priester. Der Erzbischof von Canterbury, der aber zugleich Kanzler des Königs war (1155), leistete Widerstand. Weltliche Gewalt stand geistlicher Herrschaft drohend gegenüber. Der Kampf zwischen Landesfürst und Bischof endete mit der Ermordung des Priesters in seiner Kirche: Thomas Becket wurde (1170) in der Kathedrale von Canterbury getötet. Zwar tat der König am Grab seines Opfers bald öffentlich Buße (1174). Trotzdem sollte ein königliches Sühnezeichen als Denkmal christlicher Reue errichtet werden.

Henri II. Plantagenet stiftete in Angers[54], dem Schwerpunkt seines Herrschaftsgebiets das *Hôpital St. Jean* (1175–1180), dem bald in Le Mans, im Vorort Coëffort, eine sehr ähnliche

16a

16b

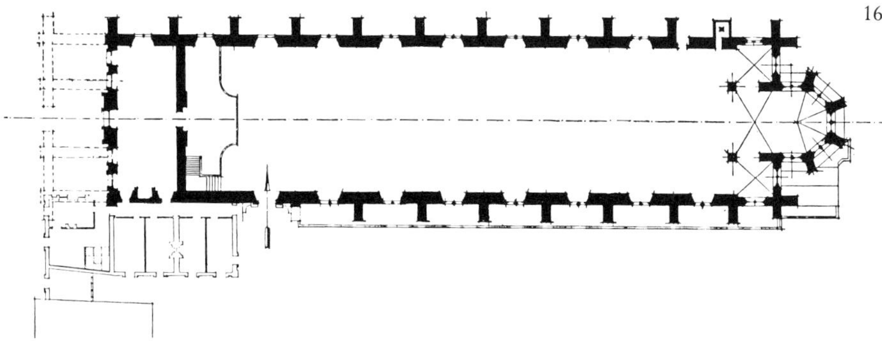

16 Tonnerre, Hospital der Königin von Jerusalem. 1293–1295 erbaut von Marguerite de Bourgogne. Blick auf den Ostchor (a) und Grundriß (b)

Gründung folgte, die den schönen Namen *La Maison-Dieu* (1180) erhielt. Beide angevinischen Hallenhospitäler stehen noch wohlerhalten und zeigen jedem Besucher, wie sehr ein gutes Werk demütiger Reue vor Gott zum trotzigen Siegesdenkmal auftrumpfender Fürstenmacht genutzt werden konnte.

Denn an beiden Orten wurden prächtige Hallen gebaut, die zu den größten mittelalterlichen Hospital-Sälen überhaupt gehören. Wie bei den fast gleichzeitigen Zisterzienser-Infirmarien hatte man dreischiffige Räume errichtet, die in Angers acht und in Le Mans sieben fast quadratische Joche hatten. Spitzbogige Kreuzgratgewölbe stiegen von schlanken Säulen auf, während große und sehr hoch liegende Rundbogenfenster Licht von allen Seiten einfallen ließen. Ein gewaltiges Dach, das fast bis zur doppelten Höhe der Gewölbe aufstieg, überdeckte alles. So ergab sich als Eingangsfront wieder das monumentale Giebelhaus mit drei festlich weiten Fenstern und einem breiten Portal in der Mittelachse.

Wenn man von den derben Kapitellen der Säulen absieht, sind alle Bauteile auffallend schlicht und leer. Irgendwelche Hinweise auf Heilige und Helfer, auf den Fürsten und seine Reue sucht man vergeblich. In Le Mans ist ohnehin nur die nackte Halle übriggeblieben. Aber auch in Angers wirkt der riesige Saal wie verödet, obwohl Reste einer verbauten Kapelle und eines Kreuzgangs malerische Winkel schaffen.

Schließlich sei noch eine weitere Halle genannt, die – zwischen anderen Häusern fast unauffindbar – in Falaise die furchtbaren Zerstörungen auch des letzten Krieges überdauert hat. Sie entstand jedoch erst nach 1200. Vermutlich hat sie der Sohn des Bischofsmörders, Richard Löwenherz, König von England (1189–1199) und Herzog von Anjou, beginnen lassen, als er mit dem Stauferkaiser Friedrich Barbarossa am 3. Kreuzzug (1189–1192) teilnahm. Weil der oberste Verteidiger des Glaubens unterwegs ertrank (1190) und sein Sohn vor Akkon starb (1191), sah sich Richard Löwenherz überraschend an die Spitze der christlichen Heere gestellt. Er verzichtete jedoch darauf, das Heilige Grab zu befreien, eroberte lieber Zypern (1191) und kehrte nach einem Waffenstillstand mit Sultan Saladin in die Heimat zurück. Dort hatte sich bereits sein Bruder, Johann Ohneland, die Krone aufs Haupt gesetzt. Erst der Tod des Kreuzfahrers (1199) öffnete Johann die Herrschaft endgültig. Als König von England (1199–1216) und Herzog von Anjou vollendete er schließlich das letzte angevinische Hallenhospital in Falaise.

Das Hospital[55] in Tonnerre (1293–1295), eines der schönsten des Mittelalters überhaupt, kann ebenfalls als Gründung des Adels gelten. Wer jedoch den Sinn und Zweck dieses Hauses erfassen will, muß sich wieder genau mit den politischen und religiösen Strömungen der Zeit beschäftigen. Stifterin war nämlich Marguerite de Bourgogne, Königin von Jerusalem, Königin von Sizilien und außerdem Gräfin von Tonnerre. Die hohe Frau besaß aber nicht nur Titel, sondern trug auf ihrer Brust ein Kreuz, in das eine der wertvollsten Reliquien eingeschlossen war: ein Splitter des *vera cruz*, des Kreuzes also, an dem Jesus gestorben war!

Vor allem aber hatte Marguerite viel erlebt und erlitten. Sie war mit Charles I. (1226–1285), dem politisch genialen Bruder des Königs Louis IX von Frankreich verheiratet, der (1226–1270) als der (Pest-)Heilige Ludwig auch in deutschen Spitälern viel um Hilfe angerufen wurde. Als sein Vater starb (1226) und sein Bruder geboren wurde, war Louis IX erst elf Jahre alt. Glühende Begeisterung für den christlichen Glauben veranlaßte den jungen König, die Dornenkrone (1239) zu kaufen, die die Venezianer gegen Leihgelder als Pfand aus Byzanz verwahrten. Um diese einmalige Reliquie würdig aufstellen zu können, wurde in das königliche Schloß auf der Seine-Insel eine neue doppelstöckige Palastkapelle eingefügt: die Sainte-Chapelle (1245–1248).

In diesen Jahren entschloß sich der fast 30jährige König (1244), »das Kreuz zu nehmen« und als Ritter das Grab des Herrn den Ungläubigen zu entreißen. Umsichtig wurde der 6. Kreuzzug vorbereitet. Da der Herrscher keinen geeigneten Hafen am Mittelmeer hatte, ließ er Aigues Mortes in den Sümpfen der Camargue anlegen und Schiffe in Genua bauen. Dann schickte Louis Vorräte nach Zypern voraus. Die Invasion begann 1248 mit dem Kampfruf »Dieu lo volt!« (Dieu le veut – Gott will es). Charles, der Bruder des Königs, inzwischen zum Comte d'Anjou ernannt und durch eine günstige Heirat auch Herr in der Provence, beteiligte sich begeistert.

Die Landung in Ägypten gelang im ersten Anlauf. Damiette am Nildelta wurde französisch (1249). Doch dann gerieten alle in einen Hinterhalt und in Gefangenschaft (1250). Unvorstellbare Geldsummen waren nötig, um den König freizukaufen. Charles erhielt damals trotz allem seinen ersten Königstitel, den von Jerusalem, einer Stadt, in der er nie regiert hatte. Dann belehnte ihn der Papst mit Sizilien (1256), wo die Nachfolger des Stauferkaisers Friedrich II. regierten. Charles, Comte d'Anjou et Roi de Jerusalem, besiegte sie 1266 und ließ den jugendlichen Konradin (1268) unter fragwürdigen Umständen enthaupten.

Doch wichtige Gegner entwichen nach Afrika, um von dort mit islamischer Hilfe auf die Insel zurückzukehren. Charles gelang es, den alternden König Louis zum 7. Kreuzzug zu bewegen, auf dem als Vorübung Tunis zerstört werden sollte. Im Jahre 1270 brach man auf – wieder von Aigues Mortes, wieder mit unvorstellbarer Begeisterung. Doch bevor Tunesien christlich wurde, starb Louis – an der Pest! Charles mußte Frieden schließen, regierte aber Sizilien so schlecht, daß (1282) die französische Herrschaft in jenem berüchtigten Blutbad hinweggefegt wurde, das als ›Sizilianische Vesper‹ in die Geschichte einging. Charles I., König von Jerusalem, König von Sizilien, entkam, starb aber wenige Jahre später (1285), fieberhaft mit sinnloser Nachrüstung beschäftigt.

Wie weit Marguerite ihren Gemahl auf all diesen Wegen begleitet hat, ist wenig geklärt. Als Witwe zog sie sich auf ihre abgelegenen Besitzungen im Herzen Frankreichs zurück, um sich in Ruhe ihr letztes Haus als Grab einzurichten. So entstand das Hôpital in Tonnerre. Es bot die Chance, noch einmal demonstrativ Gutes zu tun. Neben ihrer Grube erwartete die Fürstin das Ende; und als die Witwe fast ein Vierteljahrhundert später (1308) die Augen für immer schloß, tat sie dies im Bewußtsein, daß sie bald wiederauferstehen würde. Muß man hinzufügen, daß auch das Hospital in Tonnerre primär nicht für Kranke und Hilfsbedürftige errichtet wurde?

Dennoch (oder gerade deshalb?) hatte die Königin von Jerusalem dauerhaft und großzügig gebaut. Statt kreuzgewölbte Joche auf kleinliche Säulenreihen zu setzen, wie einst ihre Verwandten im Anjou, entschied sich die Stifterin für eine einzige riesige (Holz-) Tonne im reinen Halbkreis, um so die Weite der Halle zu überspannen.

Verlängert man die Seiten des hohen Daches bis zum Boden, dann zeigte sich, daß im Querschnitt alles in einem gleichseitigen Dreieck Platz hat. Ob auch diese Formen an den dreieinigen Gott erinnern sollten und damit als christliches Glaubensbekenntnis zu verstehen sind? Wenn diese Vermutung sich als zutreffend erweisen würde, wäre dann auch eine politische Absage an den Monotheismus der islamischen Länder hier abzulesen? Doch wer entschlüsselt die vergessene Botschaft alter Bauformen, ohne dabei von seinen eigenen Wünschen genarrt zu werden?

Sicher ist nur, daß im Osten, dort wo das schlanke Altarhaus etwas vorspringt, die Fenster noch höher hinaufreichen. Sie erlauben so der Sonne, die über Jerusalem aufgeht, ihre erste Lichtfülle dorthin zu richten, wo die tote Königin bis zum Ende der Zeiten darauf wartet, vor den Richterstuhl Gottes zu treten.

5. Hospitäler der Bürger und der Städte

Im Orient gab es während des ganzen Mittelalters zahlreiche große Städte. Byzanz und Alexandria, Damaskus und Bagdad waren als Fernhandelsplätze, als Sitz mächtiger Herrscher und als religiöse Ziele immer Schwerpunkte mit weitreichender Strahlkraft.

Ganz anders verlief dagegen die Entwicklung im Abendland.[56] Südfranzösische Römerstädte, aber auch Trier, die Residenz des Kaisers Konstantin an der Mosel, entleerten sich bereits während der Völkerwanderung und schrumpften noch unter der Herrschaft der Merowinger (um 500) so drastisch, daß viele als kaum bewohnte Ruinenfelder zurückblieben. Noch im Karolingerreich (um 800) lagen die politischen Schwerpunkte in den Pfalzen des Kaisers und den Burgen der Adeligen, während das religiöse Leben vor allem in einsamen Klöstern blühte. Nur die Bischöfe hatten die urbanen Traditionen gewahrt und ihre Lehrstühle meist auf den Ruinen der Römerstädte (Köln, Mainz und Trier) errichtet.

Als um 900 der Handel mit dem Orient zunahm und in Pisa und Genua, vor allem aber in Venedig und Marseille regelmäßig belieferte Märkte und große Stapelplätze entstanden, bildeten sich bald auch nördlich der Alpen in Augsburg, Ravensburg und Nürnberg reiche kommunale Gemeinwesen. Noch bevor die Fugger und Welser frühkapitalistische Wirtschaftsformen entwickelten, kam auch in Nordeuropa ein immer weiter ausgreifender Fernhandel auf. Englische Wolle wurde nach Flandern gebracht und dort zu wertvollen Stoffen verarbeitet. Noch heute erinnern die Tuchhallen in Gent und Brügge, in Ypern und in manchen kleineren Städten an die wachsende Kapitalkraft, die sich nun in den Händen der Bürger befand. Aber auch Salzhandel belebte die Wirtschaft. Zwar hatte in Salzburg der Bischof noch rechtzeitig die Geldströme in die Kirche leiten können. Aber in Schwäbisch Hall und vor allem im norddeutschen Lüneburg waren es Städter, die immer reicher wurden. Als sich die Fernhändler und Märkte dann zu Schutzgemeinschaften und zur Hanse zusammenschlossen, entstanden neue urbane Zentren im ganzen Ostseeraum, die sich bald mit den alten Tuchmärkten im Westen und mit den Stapelplätzen am Rhein verbanden.

17a Lübeck, Heiligen-Geist-Hospital. Vor 1287 begonnen. Blick auf die drei Giebel der Westkapelle

Zur ›Königin der Hanse‹ stieg schließlich Lübeck auf, obwohl die Stadt erst spät (1142) gegründet wurde und zunächst kaum wuchs. Als aber der Welfenherzog Heinrich der Löwe, der Gegenspieler des Stauferkaisers Barbarossa, im Zuge seiner Ostpolitik einen Bischofssitz nach Lübeck verlegte, änderte sich alles. Dem ›Dom‹ des Hirten stand bald die noch größere Marienkirche (1291) gegenüber, die deutlich die Macht der Fernhändler und des Rates der Stadt vor Augen führte.

Obwohl zunächst besonders der Bischof den Auftrag gehabt hätte, eine Herberge für die Armen bei seinem Haus zu eröffnen, gründeten die Bürger (vor 1228) aus eigenem Antrieb und vor allem mit ihren eigenen Stiftungsgeldern ein vorbildliches Hospital. Es wurde besonders fromm und den Bischof übertrumpfend nicht nur Gott oder einem heiligen Fürsprecher geweiht, sondern ausdrücklich unter den Schutz des Dreieinigen Gottes in Gestalt des Heiligen Geistes[57] gestellt. Endlose Streitigkeiten folgten. Das Haus wurde erweitert, brannte ab und mußte verlegt werden (vor 1287), und zwar an jenen Platz, an dem man heute noch eines der schönsten mittelalterlichen Spitalgebäude der Bürger bewundern und in Ruhe durchwandern kann.

17b Grundriß des Heiligen-Geist-Hospitals

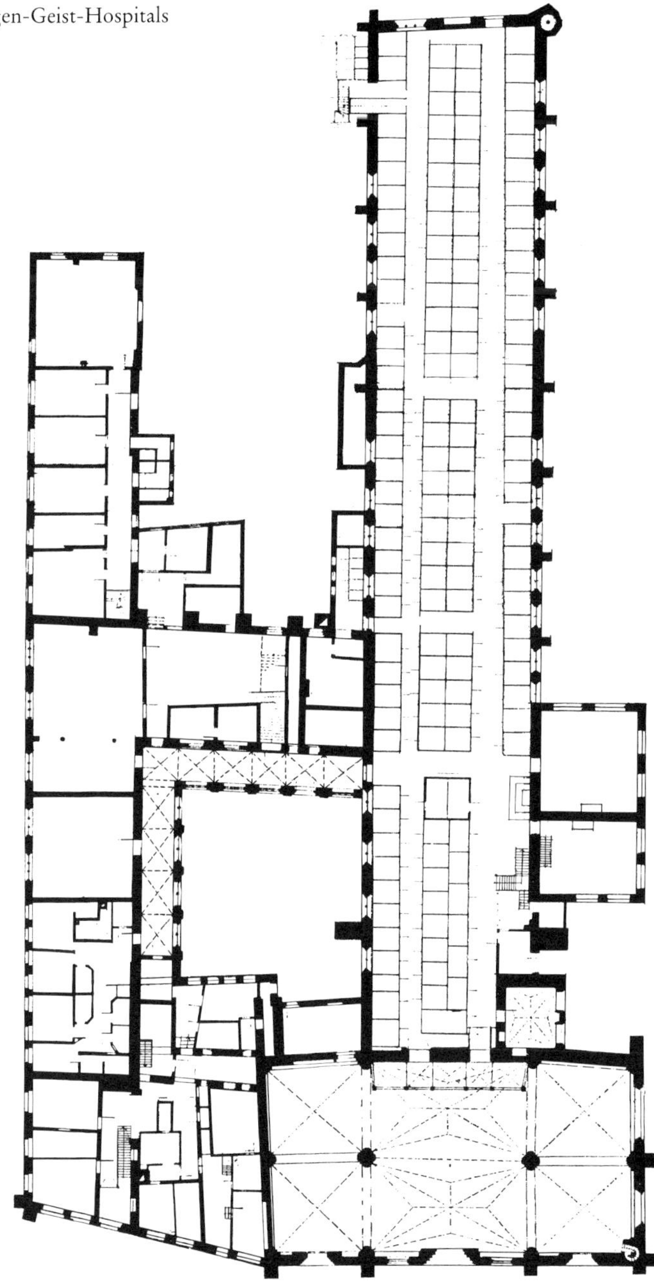

18 Salzburg, Bürger-Spital. 1327–1350, Empore um 1430. Ansicht von Osten. Kupferstich

Am meisten beeindruckt heute in Lübeck die Fassade des *Heiligen-Geist-Hospitals.* Wenn im Abendlicht die rötlichen Ziegel der drei großen Giebel in den hellblauen Ostseehimmel aufsteigen, ist dieses Bauwerk am schönsten. Dann aber sollte der Betrachter auch bemerken, daß er hier vor einer der wenigen Westkapellen steht, die man heute an alten Hospitälern kennt. Denn in der Regel stand der Altar im Osten, wie dies in Tonnerre und in Canterbury oder an zahlreichen anderen Gründungen gezeigt werden kann. Auffallend ist zudem die lange Halle, die einschiffig und nur von einer vielkantigen Holzdecke überwölbt weit nach Osten reicht und dort flach und ohne polygonales Altarhaus endet.

Man weiß, daß dieses ›lange Haus‹ mindestens einmal nach Osten erweitert wurde. Sein Abschluß im Westen aber ist nie eindeutig erklärt worden. Denn zum großen Erstaunen aller Besucher öffnet sich die Bettenhalle gar nicht in die Westkapelle hinein, sondern ist gerade hier durch eine dicke Wand völlig vom Heiligtum abgeschnitten. Noch ist ungeklärt, ob die optische und akustische Verbindung von Bett und Altar in Lübeck gar nicht gewollt wurde, oder ob man eine zunächst im Osten stehenden Kapelle nach Westen verlegte, um so die schlichte Ur-Giebelwand des Gründungsbaues hinter einem neuen prächtigen Heiligtum verschwinden zu lassen.[58]

Daß die Hospitalgeschichte noch so manches Rätsel zu bieten hat, kann man auch in Salzburg[59] zeigen. Zwar ist das dortige *Bürger-Spital* nicht von Bürgern gegründet worden, sondern vom Erzbischof, der (1327) nachweislich den Bauplatz bestimmt hat. Zunehmender

›Kommunalisierungsdruck‹ brachte die junge Gründung aber bald in die Entscheidungsgewalt der Stadt, nachdem vor allem bürgerlicher Besitz gestiftet worden war.

Obwohl die ältesten Teile des Bürger-Spitals heute als Blasiuskirche bezeichnet werden, gibt es keinen Zweifel, daß hier eine weitere mittelalterliche Bettenhalle gut erhalten ist. Drei parallele, fast gleich breite Schiffe, die zudem gleich hoch sind, verlaufen genau von Westen nach Osten, wo ein mächtiger Dreieckgiebel aufsteigt, um das steile Dach mitzutragen.[60] Dies alles erinnert an angevinische Hallenspitäler, aber auch an die Infirmarien der Zisterzienser. Von diesen scheint zudem der asymmetrische Eingang an der nördlichen Längsseite zu stammen, während die schlichten Spitzbogenfenster nicht mit den vielfältigen Wandöffnungen dieses Ordens übereinstimmen.

Schon ein Jahrhundert nach der Gründung baute man (um 1430) eine riesige ›Empore‹ ein, die vermutlich aber gar nicht Sänger und Orgeln aufnehmen sollte, sondern wahrscheinlich nur den Versuch darstellt, das Hospital zweistöckig zu machen, um so Männer und Frauen vor der gemeinsamen Ostkapelle besser zu trennen. Doppelgeschossige Hospitäler sind zwar selten, aber keineswegs ungewöhnlich, was man vor allem an den Johannitergründungen in Neckarelz und in Niederweisel in Hessen (vor 1300) beobachten kann.

Obwohl noch Hunderte deutscher Bürgerhospitäler zu beschreiben wären, sei hier als nächstes eine französische Gründung in Beaune[61] in den Mittelpunkt gerückt. Das dortige *Hôtel-Dieu* (1443–1451) wurde von Nicolas Rolin (1416–1462) gegründet (Abb. 19, 20). Dieser Emporkömmling war Kanzler der Herzöge von Burgund und damit der reichsten Fürsten, die es damals in Europa gab. Angeblich stammte der Stifter aus recht verrufenen Kreisen; jedenfalls betonten dies seine zahlreichen Neider, die das fast Kriminelle seiner listigen Kanzler-Taktik ebenso ärgerte wie die viel zu großen Geldsäcke, die er angehäuft hatte. Vielleicht war sein Vater als zwielichtiger Rechtsanwalt in Autun tätig. Seine Mutter stammte aber sicherlich aus Beaune.

Er begann seinen Weg als juristischer Berater des Jean-sans-Peur, des Johann ohne Furcht (1404–1419), und wurde anschließend von dessen Nachfolger Philippe-le-Bon, Philipp dem Guten (1419–1467), übernommen. Die großen Staatsverträge von 1419 und 1435 galten als das Werk Rolins, der damals die Herzöge von Burgund aus der Verbindung mit England löste und wieder an die französische Krone und König Charles VII (1422–1461) anschloß. In dieser Zeit heiratete der Kanzler. Er tat dies im Stil regierender Fürsten ganz unter dem Blickwinkel der Mitgift. Guigone de Salins brachte zwar kein Herzogtum mit in die Ehe, aber immerhin einige Salzbergwerke in Salins. (Noch am Vorabend der Revolution waren diese burgundischen Lagerstätten so wertvoll, daß einer der besten Baumeister Frankreichs, Claude Nicolas Ledoux, neue Salz-Fabrikgebäude, die ›Salines de Chaux‹, 1775–1779, im benachbarten Arc-et-Senans in unvergleichlichen Bauformen errichtete.) Der Ehe von ›N und G‹, von Nicolas und Guigone, zwei Buchstaben, die eng ineinander verschlungen bald zum Gütesiegel erfolgreicher Finanztransaktionen wurden, entstammten mindestens zwei Söhne. Einer von ihnen, Jean Rolin, wurde Bischof von Autun und starb als Kardinal.

Nicolas ließ sich bereits um 1436 malen, und zwar vom besten der besten Künstler, von Jan van Eyck, der kurz vorher das Wunderwerk des »Genter Altars« (1426–1432) vollendet

19a

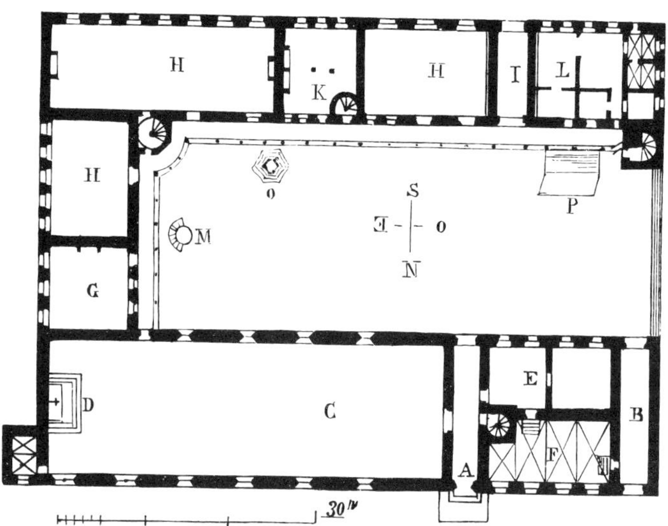

19b

19 Beaune, Hôtel-Dieu. 1443–1451, Architekt: Jacques Wiscrère. Vogelschau (a); Grundriß (b) nach Viollet-le-Duc

hatte. Beim gleichen Meister ließ auch der Herzog arbeiten. Philippe-le-Bon hatte sich aber betont schlicht porträtieren lassen, ganz in vornehmem Schwarz und nur mit dem Goldenen Vlies geschmückt, einem Ordenszeichen, das er (1430) gestiftet hatte, als er die Schwester von Heinrich dem Seefahrer heiratete. Rolin ließ sich dagegen in kostbarsten, leuchtenden Gewändern malen, wie er gerade die Jungfrau mit dem Kinde anbetend verehrte (1436). Wieder warfen Neider dem eitlen Kanzler pure Heuchelei vor; auch die Gründung des Hôtel-Dieu sei nur eine weitere niederträchtige Täuschung der Welt gewesen.

Dem Hochmut und Ehrgeiz des Kanzlers verdankt man auch eines der erstaunlichsten Bilder, das noch im Herbst des Mittelalters vollendet wurde. Denn Rolin beauftragte Rogier van der Weyden, den ›Stadtmaler‹ von Brüssel (seit 1435), das »Jüngste Gericht« zu malen (1443–1449). Das Bild sollte den Kern des geplanten Spitals bilden. Damals unterzeichnete der Kanzler auch die Stiftungsurkunde des Hôtel-Dieu in Beaune (1443).

Im Stil der Königsurkunden schrieb dieser ›Bürger als Edelmann‹: »Ich, Nicolas Rolin, Ritter, Bürger der Stadt Autun, Lehensherr von Authume, Kanzler von Burgund, lasse an diesem Tage ..., alle menschlichen Überlegungen beiseite und denke nur an das Heil meiner Seele. In dem Bestreben, die ... irdischen Güter gegen himmlische Schätze zu vertauschen und zwar durch eine glückliche Transaktion, gründe, errichte und erbaue ich ... ein Hospital.«[62] Niemand sage mehr, mittelalterliche Hospitäler seien ›soziale Einrichtungen‹ und primär für die Armen errichtet worden! Nicht das Wohl anderer, sondern das Heil des Stifters war entscheidend. Wörtlich bestätigte Rolin: »Zu diesem Zweck gebe ich alle die mir von Gott gewährten Güter.«

Als Baumeister holte der Kanzler Jacques Wiscrère aus Valenciennes, der sich das dortige Hôpital St. Jacques zum Vorbild nahm, und von dort kamen auch die ersten sechs Pflegerin-

20 Beaune, Hôtel-Dieu, großer Krankensaal

nen, als nach der Vollendung des Hôtel-Dieu (1451) der erste Kranke 1452 aufgenommen wurde. Dann (1453) erließ der Kanzler eine Hausordnung, der 1459 weitere Statuten folgten. Als der Stifter zehn Jahre nach der Eröffnung (1462) starb, pflegte seine Frau die Kranken. Weil Guigone de Salins nach ihrem Tod (1470) im Hôtel-Dieu beerdigt wurde, bleibt zu fragen, ob vielleicht sie es war, die dieses Haus als Grab gewünscht hatte.

Wer heute Beaune besucht, spürt immer noch den atemberaubenden Hochmut des eitlen Gründers. Nichts ist teuer und prächtig genug! Alles taugt nur dazu, den schwindelerregenden Erfolg eines Emporkömmlings zu zeigen.

Der Kern des Hôtel-Dieu in Beaune ist klar zu beschreiben. Wieder errichtete man, vielleicht im Blick auf das nahe Tonnerre, eine Halle, die keinerlei Stützen hatte. Wieder überwölbte eine prächtige Holztonne alle Betten in großer Gebärde von Längswand zu Längswand. Immer noch mußten die Querbalken in Kauf genommen werden, die den Blick nach oben behindern. Während in Tonnerre aber viele große Fenster genügend Licht in die Halle dringen ließen, gab es in Beaune nur acht sehr hohe Wandöffnungen, die paarweise einander gegenüberlagen. Höher hinauf ragte nur das große Maßwerkfenster hinter dem Altar am Ende der Halle. Seine bunten Glasscheiben waren fest eingefügt und trugen Bilder, die einer Kapelle angemessen waren. Weiteres Licht fiel von links aus zwei zusätzlichen Kirchenfenstern auf den Hauptaltar. So wurde allein durch die Wandöffnungen eine besondere Zone für den Altar geschaffen, nicht aber durch Rippengewölbe, größere Raumhöhe oder eine polygonale Apsis.

Es lohnt sich, dies alles zu bedenken. Denn hier stand ja bei der Eröffnung des Hauses der Altar des Rogier van der Weyden. Meist war er geschlossen, so daß man nur in gemalten Nischen Grau in Grau gestaltete Heiligenfiguren sehen konnte. Weil Rolin in seiner Gründungsurkunde von 1443 die »Kapelle zu Ehren Gottes und seiner Mutter, der Heiligen Jungfrau, und zum Gedächtnis des St. Antonius«[63] gestiftet hatte, deshalb sah man oben, wie ein Engel der knienden Maria das Ereignis verkündete. Darunter steht rechts Antonius, der Ur-Mönch aus Ägypten, mit einem Krückstock in Form des Lebenszeichens T (= TAU). Durch Glöckchen und Schwein zusätzlich markant bezeichnet, war dieser Krankheitshelfer für alle leicht zu erkennen. Man erflehte seine fürsprechende Bitte vor allem beim Heiligen Feuer[64], einer Pflanzen-Alkaloid-Vergiftung (wie man heute weiß), aber auch bei anderen ›Seuchen‹. Für typische ›Pestilenz‹ war es besser, den bewährten Helfer Sebastian anzuflehen, der links von (Krankheits-) Pfeilen durchbohrt an einen Stamm gefesselt fast wie Christus das Leiden auf sich nahm.

Längst war es Sitte geworden, trotz aller christlichen Demut die Bildnisse der Stifter ganz klein an einer der unteren Ecken mit ins Bild zu setzen. Tatsächlich sieht man jedoch das Stifterpaar auf Extratafeln viel zu groß und lebensnah vergegenwärtigt. Zwar trägt der Kanzler jetzt nicht mehr seinen farbigen Brokatmantel mit der auffallenden Musterung wie einst auf dem Bild des Jan van Eyck. Vornehmes Schwarz steht ihm besser und gibt noch mehr Adel, vor allem in Verbindung mit dem Wappenschild und seinen Schlüsseln, die in der Decke des Betpultes wiederkehren. Das erschreckende Gesicht des damals etwa Sechzigjährigen steht im Gegensatz zur eleganten Hochmütigkeit seiner noch jungen Frau. Auch ihr

21 Der Kanzler Rolin. Stifterbild an der Außenseite des Altars von Rogier van der Weyden (linke Seite)

22 Guigone de Salins. Stifterbild an der Außenseite des Altars von Rogier van der Weyden (rechte Seite)

steht die burgundische Haube nach neuestem Schnitt gut zu Gesicht. Auch sie scheint zu wissen, daß dieses Hôtel-Dieu viel mehr dem Heil ihrer Seele diente, als dem Wohl jener Kranken, von denen man immerhin 30 aufzunehmen bereit war.

Nicht der gequälte Leib des Armen und Kranken stand im Mittelpunkt der Aufmerksamkeit des Stifterpaares, sondern ein furchtbares Ereignis, das jeden Tag hereinbrechen konnte. Wie entsetzlich sich Rolin den Weltuntergang vorstellte, sieht man, wenn der Altar geöffnet wird (Abb. 23): Die Erde ist wüst und leer. Am Nachthimmel tobt ein Feuerstrom heran. Vor der Flammenwalze spannt sich ein letzter Regenbogen, auf dem der Richter sitzt. Posaunen unterbrechen den Schlaf der Toten, die wieder aufstehen müssen aus ihren Gräbern und dann getrennt werden in Gute und Böse. Wer seine Transaktionen nicht rechtzeitig getätigt hat, dem hilft jetzt höchstens noch die Fürsprache der Jungfrau oder des Täufers: denn alle Apostel sind nur Beisitzer und Zeugen vor dem Feuerball, wenn der Herr am Ende der Zeiten nicht alle erlösen wird, sondern ›nur‹ die Gerechten. »Seulle« (= nur) ist deshalb

auch das Motto, das in Beaune tausendfach wiederkehrt und überall nachhallt; auf allen Ziegeln des Fußbodens, an den Decken, über den Betten, immer wieder liest man »Seulle«. Aber leider ist kaum zu beurteilen, wo die echte Erlösungssehnsucht endete und listige Heuchelei begann.

Völlig frei von solch schnöden Verdächtigungen ist die lichtvolle Gestalt des Nicolaus von Cues. Er wurde als Sohn eines Schiffers an der Mosel geboren und wegen seiner bald erkennbaren hohen Begabung den Brüdern vom Gemeinsamen Leben anvertraut, die bekannt waren für die große Sorgfalt, mit der sie junge Leute zu echten Christen heranbildeten. Auch der Cusanus wurde Priester und stieg rasch zum Bischof von Brixen auf, einem Sitz, der südlich des Brenners auf halbem Weg nach Rom lag. Dort wurden vor allem seine (damals seltenen) griechischen Sprachkenntnisse benötigt, als mit der Ostkirche Wiedervereinigungsgespräche in Gang kamen, denn alle wußten, daß eine Verteidigung von Byzanz gegen die grünen Wogen des Islam auf lange Sicht nicht möglich sein würde.

23 Das Jüngste Gericht, zentraler Teil der Innenseite des Altars von Rogier van der Weyden im Hôtel-Dieu in Beaune. 1443

Noch wichtiger als diese diplomatische Tätigkeit des Cusanus ist aber sein Kampf gegen die Verweltlichung der Klöster und den Zerfall des Christentums überhaupt. Dadurch wirkte er oft wie ein Vorgänger des Martin Luther, der ja auch vorübergehend unter dem Einfluß der Brüder vom Gemeinsamen Leben stand.

Trotz all dieser Verdienste und Taten ist Nicolaus von Cues heute vor allem als Philosoph bekannt. Seine Vorstellung, Gott sei ein Zusammenfallen aller Gegensätze an einem Punkt im Unendlichen *(deus est coincidentia oppositorum),* hat über die Zeiten hinweg die Menschen immer wieder fasziniert. Ärzte schätzen manchmal mehr ein schlichtes Buch des Cusanus, das den zunächst kurios klingenden Titel trägt »Idiota de staticis experimentis«. Hier äußert sich nicht ein Unterbegabter über riskante Turmbauversuche, sondern Nicolaus der ›Laie‹ trägt, frei von Vorurteilen, »Versuche mit der Waage« vor, die in ihren quantitativen Messungen so weit gehen, daß sogar das Gewicht verschiedener Urinproben miteinander verglichen wird!

24a

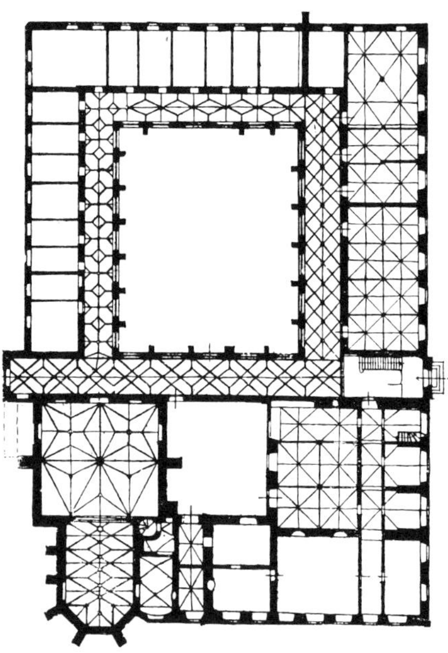

24b

24 Bernkastel-Kues, St. Nikolaus-Hospital. 1451–1458 erbaut. Ansicht von der Mosel aus (a); Grundriß (b) nach Vogts, 1927

25 Der Stifter Kardinal Nikolaus Cusanus, Bischof von Brixen in Tirol, und sein Bruder Johann, Pfarrer in Bernkastel. Ausschnitt aus dem Gemälde des Flügelaltars in der Kapelle des St. Nikolaus-Hospitals in Bernkastel-Kues

Doch hier geht es um den Kardinal Cusanus als Spitalgründer. Der Stiftungsbrief vom 3. Dezember 1458 liegt vor. Deutlich beginnt der Text mit »Nicolaus«. Auch an der Echtheit des ovalen Siegels, das mit einer Schnur am Pergamentrand befestigt ist, kann nicht gezweifelt werden. Gut erhalten ist im Heimatort Bernkastel-Kues[65] das liebenswert kleine St. Nikolaus-Hospital (1451–1458) selbst, das sich immer noch in den Wassern der Mosel spiegelt. Die Gründung war für 6 Geistliche und 6 Adelige bestimmt, die zusammen ein Apostelkollegium bildeten. Durch weitere arme alte Männer sollten aber insgesamt 33 Fromme hier zusammenfinden, eine Zahl, die den Lebensjahren Christi entsprach. Statt einer Halle ließ der Kardinal sechs Zellen im Westflügel und weitere sechs Zellen am südlichen Kreuzgang errichten. Die anderen Mitglieder der Gemeinschaft lebten im Obergeschoß, wo einst wahrscheinlich weitere Einzelzellen zum Studium bereitstanden. So konnte das gemeinsame Leben der Brüder rhythmisch von Perioden der Einsamkeit unterbrochen werden. Fast wie bei Kartäuser-Mönchen, die bekanntlich niemals irgendeiner Reform bedurften, sind die Orte der künstlichen Isolierung an der Außenseite eines fast quadratischen Hofes aufgereiht. Der verbindende Kreuzgang erlaubte wie bei Benediktiner-Klöstern ein Beten und Lesen im Umhergehen, wodurch allzu langes Sitzen rhythmisch unterbrochen werden konnte. Der Gang war aber auch Verbindungsweg zur Küche und zum Speisesaal, wie zu den beiden wichtigeren Zentren des gemeinsamen Lebens, nämlich der Kirche und der Bibliothek.

Die Begeisterung für Bücher, die in diesen Jahrzehnten zum ersten Mal dank Johannes Gutenberg im nahen Mainz mit beweglichen Lettern gedruckt und damit billiger hergestellt werden konnten, verdankte Nikolaus seinen Lehrern. Diese Brüder vom Gemeinsamen Leben hatten sich einst vor allem auch deshalb zusammengefunden, weil sie nur gemeinsam die damals noch teuren Bücher erwerben, lesen oder abschreiben konnten. Dennoch war ihr Ziel nicht sinnloses Wissen, sondern die Erneuerung der Kirche an Haupt und Gliedern.

Während die Bibliothek des Nikolaus-Hospitals später weitgehend dem Neubau einer Küche zum Opfer fiel, ist das zweite, aber wichtigere Zentrum des gemeinsamen Lebens, die zierliche Kapelle, unverändert erhalten geblieben. Sie besteht aus einem fast würfelförmigen Hauptraum, dessen Gewölbe von einer einzigen Mittelsäule gestützt wird, während sich zur Mosel hin ein polygonaler Chor vorschiebt, der den Altar umhüllt. Obwohl in Cues eine optische oder akustische Verbindung der Betten in den Zellen und der Kapelle wegen der Grundrißdisposition nie beabsichtigt gewesen sein kann (eine bemerkenswerte Ausnahme, vor allem bei der Stiftung eines Kardinals!), ist dennoch der Altarraum mit größtem Aufwand gestaltet und ausgeschmückt worden. Allein schon die reichen Rippengewölbe mit der engen Scheitelschere deuten dies an. Vor allem gibt es hier aber wieder einen prächtigen Flügelaltar, auf dem sich auch der Stifter zusammen mit seinem Bruder, Johann von Cues, einem Pfarrer des benachbarten Bernkastel, darstellen ließ. Hier gelang die Darstellung vorbildlich. Denn beide Priester knien (am Unterrand der Haupttafel) klein und barhäuptig auf nackter Erde und blicken in demütiger Erwartung hinauf zum Herrn (Abb. 25). Betpult und Wappen fehlen, obwohl der Cusanus sonst immer sein Zeichen, den Moselkrebs, so gerne vorgezeigt hat wie Rolin den Schlüssel, der seine Schatztruhen öffnete.

6. Besondere Hospitäler vor 1500

An erster Stelle sind hier die Häuser für ansteckende Kranke zu nennen. Daß Lepra[66] übertragbar ist, hat man bereits in biblischen Zeiten gewußt. Erste Leproserien[67] sind im Reich der Merowinger und Karolinger nachweisbar: in Metz (636), in Verdun (656) und in St. Gallen (736). Um so erstaunlicher ist es, daß immer wieder vermutet wird, die Lepra sei erst während der Kreuzzüge (um 1200) nach Westeuropa eingeschleppt worden. Sie war damals längst im ganzen Abendland verbreitet, hat aber in dieser Zeit noch einmal wie eine Volksseuche um sich gegriffen. Allein in Frankreich kann man um 1225 mehr als 2000 Leproserien nachweisen. Doch leider ist fast immer kaum mehr als ihr Name bekannt und dies meistens nur deshalb, weil der Sonnenkönig, Louis XIV, um 1700 nach dem immer noch rätselhaften, fast völligen Erlöschen der Seuche alle Stiftungen auflösen und alle Leprosenhäuser schließen ließ, nachdem sie oft nur lichtscheuen Gestalten als Unterschlupf dienten.

Die typische Leproserie lag nicht in der Einsamkeit, wie oft vermutet wird, sondern vielmehr an den großen Überlandstraßen und zwar meist ›einen Steinwurf‹ vor den Toren

26 Lübeck-Grönau, Leproserie St. Jürgen. Vor 1300 erwähnt, Kapelle 1409 erbaut. Ansicht von Westen. Radierung von J. C. Milde

der Stadt, wobei die Wegegabelungen besonders beliebt waren, weil man hier den Fernverkehr aus zwei Richtungen bettelnd anzapfen konnte. Niemals wurden Leproserien innerhalb der Stadtmauern errichtet. Größere Städte hatten aber oft zwei Häuser für Lepröse. Vor Nürnberg[68] gab es am Ende des Mittelalters sogar vier solcher Stiftungen in allen Richtungen der Windrose. Bei Köln und Aachen[69] erinnern heute noch die Namen ›Melaten‹ an jene, die *malade* waren und deshalb am großen Pilgerweg bettelten, der die Gräber der Heiligen Drei Könige (Köln) und Karls des Großen (Aachen) mit jenem des Remigius (Reims) verband, um an der Dornenkrone Christi (Paris) vorbei bis zum Grab des Jüngers Jakobus im fernen Santiago in Spanien zu ziehen. Überall gab es hier zahllose Leproserien, die zusammen mit den Pilgerhäusern zu jenen barmherzigen Werken gehörten, die ihre meist geringen Stiftungsmittel durch Straßenbettel aufbessern mußten.

Städte, die wie Köln am Fluß lagen, kannten zusätzlich noch eine weitere Finanzierungsform, die durch die Lage eines zweiten und dritten ›Siechenhauses‹ direkt am Ufer ober- und

27 Würzburg, Das Siechenhaus, mainabwärts. Vor 1500 erbaut. Ansicht von Norden, Lithographie, bez. Schöner

unterhalb der Mauern angedeutet wird. Man bettelte dort von einem Boot aus die reichen Schiffer an, damit sie »um Gottes Willen« eine »milde Gabe« – oft nur ein Stück Brot – in den Korb warfen.

Die Bauformen der Leprosensiedlungen erinnerten noch am Ende des Mittelalters an die archaischen Formen der Ur-Klöster vor der Zeit der Benediktiner. Aus Stein war lediglich eine kleine Kapelle errichtet, die als Mittelpunkt gelten konnte und heute oft das einzige Überbleibsel darstellt. Als besonders markantes Beispiel sei hier vor Lübeck an der alten Salzstraße nach Lüneburg die *Leproserie St. Jürgen* (= St. Georg) bei Grönau genannt (Abb. 26). Obwohl die einsame Siedlung bereits vor 1300 erwähnt wurde, entstand die ergreifend schlichte Backstein-Kapelle erst viel später (1409). Auch in den kommenden Jahren gab es nie Geld genug für einen Neubau, so daß die oft ausgebesserte Halb-Ruine nach 1800 einen besonders stimmungsvollen Anblick bot, während die moderne Denkmalpflege hier vielleicht des Guten zuviel tat.

Die Holzhütten der Leprösen lagen wahllos verstreut in willkürlicher Entfernung von der Kapelle, so wie ja auch die ersten Mönche in Ägypten, bei Tours oder in Irland ihre Zellen mit eigener Hand irgendwo zwischen die bestehenden einfügten. All diese Holzbauten sind längst verfault und meistens gänzlich abgeräumt. Wenn man heute noch Wohnstätten sehen kann, dann stammen sie meistens aus den letzten zwei oder drei Jahrhunderten und unterscheiden sich kaum von den üblichen Fachwerkhäusern der Dörfer. Als Beispiel sei hier eine Gründung gezeigt, die vor Würzburg errichtet wurde. Das *Siechenhaus* lag flußabwärts direkt am Main und zugleich an der Fernstraße nach Frankfurt, so daß nach beiden Seiten gebettelt werden konnte, obwohl der Sicherheitsabstand von der dichtbesiedelten Stadt eingehalten war. Wenn hier die Kapelle nicht freistand, sondern mit zweistöckigen Wohngebäuden in Fachwerktechnik verbunden wurde, während nach Osten ein vieleckiges Altarhaus vorsprang, so muß dies als ungewöhnlich bezeichnet werden. Vermutlich hat hier der (ältere) Südflügel des Juliusspitals mit seinen vergleichbaren Bauformen noch nachgewirkt. Während das Siechenhaus vor Würzburg dem Bau der Eisenbahnlinie geopfert werden mußte, ist die alte Leprasiedlung in Bardowik bei Lüneburg gut erhalten. Schweizer werden lieber vor Basel die *Leproserie St. Jakob an der Birs* (1319 erwähnt) besuchen, weil dieser Ort auch vaterländische Erinnerungen weckt und deshalb oft im Bild festgehalten wurde. Engländer können in Harbledown vor Canterbury und Franzosen in Meursault bei Beaune noch größere Reste alter Leproserien besuchen, obwohl auch diese Trümmer kaum den meist zeitraubenden Weg lohnen.

Oft ist die Mauer, die wie bei den frühern Mönchssiedlungen alles umgibt, das letzte, was man noch eindeutig sehen kann. Denn auch die Friedhöfe, die einst bei keiner Leproserie gefehlt haben, sind meist gänzlich verschwunden. Auch hier bildet Köln eine Ausnahme, weil der Friedhof von Melaten an der Aachener Straße noch immer benutzt wird, während die alte Leprosen-Kapelle oft ausgebessert als Leichenhaus Verwendung finden konnte.

Man sollte sich das Leben der Abgeschiedenen nicht allzu traurig vorstellen. Die Tage verliefen beschaulich und ereignislos in diesen halb-klösterlichen Bet- und Wohngemeinschaften. Meist sprachen die Gesunden vom ›Gutleuthaus‹. Der Ausdruck ›Feldsieche‹ und das schlimme Schimpfwort ›dauber Siech!‹ erinnern aber daran, daß es notwendig war, sich

28 Basel, Leproserie St. Jakob an der Birs. 1319 erwähnt. Stich von J. J. Falkeisen. Staatsarchiv Basel

verzweifelte Kranke bei ihren seltenen Wutausbrüchen vom Leibe zu halten. Erst in letzter Zeit gefiel es einer unkritischen Forschungsrichtung, auch diese barmherzige Einrichtung frommer Stifter systematisch zu verteufeln. Die Gesellschaft der Gesunden habe hier einen ›Kreis der Verdammnis‹ gezogen, in den das Böse ausgespuckt worden sei. Mit dem Aussterben der Lepra hätten Irre ihren Platz in den leerstehenden Siechenhäusern eingenommen, und so sei der Makel wie ein Kainszeichen auf die Geisteskranken einer späteren Zeit übertragen worden.

Einzig zutreffend an diesem Theorem ist die Tatsache, daß das Vakuum in den Leproserien immer schnell aufgefüllt wurde, wenn man dort überhaupt noch wohnen konnte. Gewiß waren es Arme und ›Randgruppen‹, die dorthin abgedrängt wurden; und tatsächlich lassen sich manche Irrenanstalten sehr wohl auf Leproserien zurückführen. Man bedenke aber, daß in einem der Siechenhäuser im Norden von Paris[70] Vincent de Paul die ersten Barmherzigen Schwestern heranbildete und so ein weltumspannendes Werk der Krankenpflege zu schaffen vermochte. Die Leproserie im Süden von Paris am Weg nach Sevres bot in ihren *Petites Maisons* den ersten Syphilis-Kranken Unterschlupf und wurde so zusammen mit einem leerstehenden Pesthaus zum Ausgangspunkt der französischen Dermatologie. Auch St. Jakob an der Birs fand (bis 1842) als Waisenhaus Verwendung. Der sogenannte ›Fluch über dem Teufelskreis‹ verblaßt vor dem Segen, der gerade auf den weiterverwendeten Leproserien gelegen hat.

Die Pest war noch heimtückischer als die Lepra. Sie trat aber erst im späten Mittelalter mit voller Verwüstungskraft auf. Hatte die Lepra meist einzelne schleichend befallen und einem jahrelangen Siechtum überantwortet, so löschte die Pest in kurzen Seuchenmonaten, besonders aber während der verheerenden Pandemie, die als ›Schwarzer Tod‹ in die Geschichte einging, im Jahre 1348 in manchen Landstrichen fast die Hälfte der Bevölkerung aus. Unvorstellbares Grausen würgte die Menschen. Man floh aufs Land und versuchte, sich mit frivolen Phantasien abzulenken. Giovanni Boccaccio hielt diese Situation in seinem Buch »Decamerone« fest: Eine Gruppe von sieben Damen und drei Herren wartet in einer Villa bei Florenz, daß die Pestepidemie vorüber ist, und erzählt in zehn Tagen 100 Geschichten. Andere aber hörten die aufwühlenden Bußpredigten des Savonarola, der damals in Florenz einen Gottesstaat errichtete und Christus selbst zum imaginären Tyrannen erhob.

Doch der Spuk verflog rasch. Denn die Pest hatte die Eigenschaft, schnell zu erlöschen. Heute weiß man, daß ›zentralasiatische Nagetiere‹ ein permanentes Reservat des Erregers *Pasteurella pestis* bilden. Über Flöhe werden Ratten infiziert, die bis vor kurzem als die eigentlichen Überträger der Pest galten. Heute aber ist erwiesen, daß nicht die graue Wanderratte erbarmungslos ausgerottet werden muß, sondern der Floh, der mit seinem Stich das Unheil einimpft. Wenn aber die Kältestarre der ersten kühlen Herbsttage ihn an seinen weiten Sprüngen hindert, sinkt die Zahl der Neuerkrankten und die Seuche erlischt – um allerdings im folgenden Sommer im ersten schwülwarmen Monat wiederzukehren.

Gefährdet waren vor allem die Hafenstädte des Orienthandels, ganz besonders immer wieder Marseille und Venedig. Dort entstanden auch nach der ersten Quarantäne, der ersten

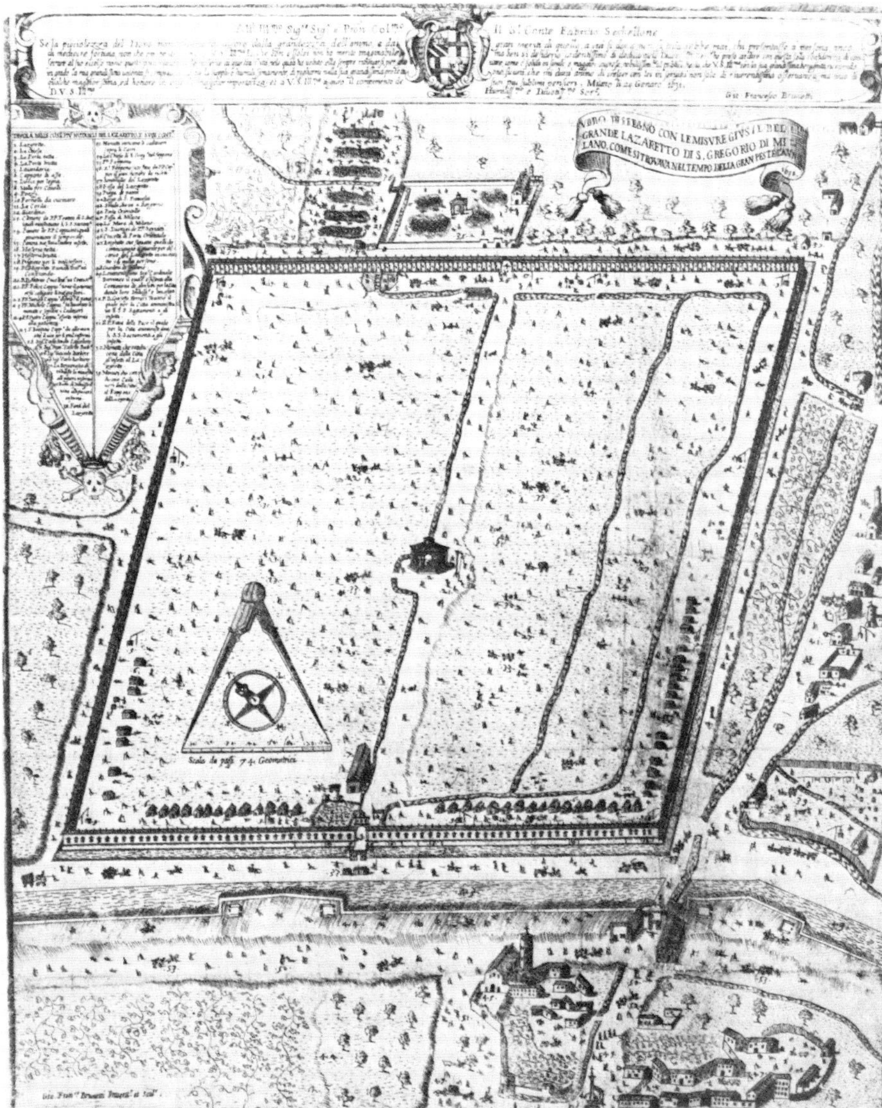

29 Mailand, Großer Lazzaretto für Verpestete. 1489–1507, Architekt: Lazzaro Palazzi. Stich. Civica Raccolta Stampa A. Bertarelli, Mailand

bekannten Isolierungsmaßnahme, in Ragusa, dem heutigen Dubrovnik[71] (1377) frühe Pesthäuser. In Venedig[72] eröffnete man auf der Insel San Nazaro den *Lazzaretto Vecchio* (1423), dem später ein *Lazzaretto Nuovo* (1468) folgte, was an den armen Lazarus erinnert. Hier wurden neue Formen der Seuchenverhütung zunächst nur tastend, dann aber immer systematischer erprobt. Stand der Gesundheitsbehörde *Sanita* keine natürliche Insel zur Verfügung wie in der Lagune der Markus-Republik, dann mußten künstliche Isolationszonen mühsam gebildet werden.

Mailand, die Welthandelsstadt in der Mitte der Po-Ebene, sah sich in diese Lage versetzt, als man den *Großen Lazzaretto für Verpestete* (1489–1507) zu errichten begann. Vor den Toren der Stadt wurde in beträchtlichem Abstand ein fast quadratisches Feld abgesteckt und wie ein Lager der alten Römer mit Wall und Graben umgeben *(vallo fossaque circumdabant).* Um die künstliche Insel zu vollenden, leitete man Wasser aus Kanälen in den Graben und gestattete den Zugang nur über wenige Brücken, die wie bei alten Ritterburgen hochziehbar waren. Dann errichtete man an allen vier Seiten der Isolierungszone dem Rand entlang Zelle an Zelle. Diesen vier niedrigen, langen Bauten wurden offene Bogenhallen als Verbindungsweg und Sonnenschutz vorgelegt, so daß ein riesiger Hofraum entstand. In seinem Mittelpunkt erhob sich ein *tempietto,* eine achteckige Kapelle, die aber nach allen Seiten zu öffnen sein mußte, damit jeder Pestkranke von seinem Lager in der Zelle optisch und akustisch mit dem Altar verbunden war und so am Gottesdienst teilnehmend einen guten Tod haben konnte (Abb. 29). Der *tempietto* in Mailand hat sich bis heute in einer Vorstadt erhalten, während die Zellenflügel erst während des Eisenbahnbaus im letzten Jahrhundert niedergelegt worden sind.

Niemand ahnte um 1500, daß Flöhe und Ratten gefährliche Überträger und Zwischenwirte sein könnten. Vielmehr galt der Gestank der Pest als fatal. Deshalb war die Seebrise oder in Mailand wenigstens Wind und Sonne erwünscht. Nur in geschlossenen Räumen, in Schiffen oder in Wohnhäusern der engen Innenstadt kam das Prinzip des Gegenstinkens zur Anwendung, indem man Essigwasser versprühte oder mit Hilfe von Räucherungen die ›pestilenzialischen Aushauchungen‹ zu vertreiben suchte. Auch Kölnisch Wasser ist im Zuge der Pestbekämpfung entwickelt worden.

Zu den besonderen Hospitälern vor 1500 sind auch die ersten Blindenanstalten zu zählen. Aus ihnen ragt vor allem jene in Paris heraus, die den eigentümlichen Namen *Hospice des Quinze-Vingt* trägt. Außer *quatre-vingt* (4 mal 20 gleich 80) kannte das mittelalterliche Frankreich auch *quinze-vingt* (15 mal 20 gleich 300). 300 Ritter waren einst vom Kreuzzug blind zurückgekehrt, nachdem sie in islamischer Gefangenschaft durch »Ausstechen der Augen geblendet« worden waren. Frankreich nahm seine Märtyrer wie Reliquien entgegen. Ihr Haus wurde zur Wiege der neueren Augenheilkunde. Noch heute gehört das Quinze-Vingt in Paris zu den besten ophthalmologischen Forschungsstätten der Welt.

Auch die ersten Irrenhäuser entstanden noch im Mittelalter. Neben dem Wallfahrtsort Geel[73] in Belgien, wo am Schrein einer umnachteten Königstochter Wunder der Heilung geschahen, ist vor allem Valencia[74] an der spanischen Mittelmeerküste zu nennen. Denn dort

30 Pater Jofré, Beschützer der Narren. Gemälde von Joaquin Sorolla im Hospital Provincial in Valencia, gegründet 1409 von Pater Gilabert Jofré

wurde im Jahre 1409 das erste Irrenhaus der Welt, durch Gilabert Jofré, einen Pater des Mercedarier-Ordens, gegründet. Leider bestand es nur wenige Jahre, so daß andere frühe Irrenhausgründungen in Spanien, und zwar in Barcelona (1412) und Zaragoza (1425), in Sevilla (1436) und in Toledo (1483) vielleicht wichtiger gewesen sind. Nicht vergessen sei auch London, wo eine kleine Irrenabteilung, die am Kloster St. Mary of Bethlehem bereits 1403 nachweisbar ist, zum Ausgangspunkt des Bethlem Hospitals wurde.

Vieles wäre über Pilgerherbergen zu sagen, die als archaische Urform des Hospitals durch die Jahrhunderte fortdauerten. Neben der Wallfahrt nach Jerusalem, wo immer berühmte Herbergen standen, ist besonders an jene Pilger zu denken, die zu Apostelgräbern aufbrachen. Rom mit dem Petrusgrab hatte schon im frühen Mittelalter eine Herberge für angelsächsische Wallfahrer, die von Essex und Wessex kamen. Aus diesen Anfängen entstand das Erz-Spital der Christenheit, das *Arcispedale di Santo Spirito*.

Weitbekannt waren die Herbergen am Jakobsgrab in Santiago de Compostela[75] in Spanien. Oft sammelten sich die Pilger in ihren Heimatländern, um dann in kleinen Gruppen und zu Jakobsbruderschaften vereinigt aufzubrechen. In der Schweiz war das Kloster Einsiedeln ein beliebter Treffpunkt. Pilger aus England und Schottland sammelten sich in London[76], wo am *Charing Cross* zwischen City und Westminster das *Hospital St. Mary*

31 London, Hospital of St. Mary Roncevall. 1229 erbaut unter dem Schutz von Henry III. Rekonstruktion der Ansicht von der Themse, um 1900

Roncevall (1229) direkt am Ufer der Themse stand. Der Name erinnerte schon damals an eines der wichtigsten Etappenziele, nämlich an Roncesvalles in den Pyrenäen, wo ein Marien-Kloster mit einem der berühmtesten Hospitäler (vor 1100) verbunden war. Weniger bekannt, aber später fast mehr begangen, war der Somport, der höchste Pyrenäenpaß, der ebenfalls eine große Pilgerherberge (vor 1087) hatte. Aber auch die hohen nordspanischen Pässe des Jakobswegs waren durch Hospize am Rabanal (vor 1100) und Cebrero (836) entschärft.[77] Andere Pilgerspitäler in Pons und in Pont St. Esprit, in Puente la Reina und in Santo Domingo de la Calzada (vor 1176) hielten die Brücken instand.

Auch in den Alpen gab es zahlreiche Paßhospize. Wegen seiner Bernhardiner-Hunde mit dem Schnapsfäßchen am Halsband wurde das uralte Hospiz auf dem Großen St. Bernhard[78] besonders bekannt. Ebenso hatten der Simplon und der St. Gotthard, der Brenner und der Semmering weitere Pilgerherbergen, die ständig ausgebessert und erweitert wurden.

Zu den besonderen Hospitälern vor 1500 können auch die wenigen Hospitäler des Islam und der Juden gezählt werden, die auf europäischem Boden entstanden. Als markante Beispiele seien hier nur genannt: in Granada[79] der *Maristan* (1365–1367) und in Wien[80] der *Hekdesch* (1379 bestehend). Beide Hospital-Typen haben aber kaum Einfluß auf die zahlreichen christlichen Gründungen entfaltet.

B Hospitäler 1500–1800

7. Hospitäler in Italien

Die Zeit um 1500 stellt auch für die Geschichte der Hospitäler in Europa einen tiefen Einschnitt dar. Lange Traditionen wurden damals unterbrochen. Völlig Neues begann sich durchzusetzen. Dennoch sollte man vermeiden, nur den Fortschritt zu loben und überheblich auf die *dark ages,* die dunkle Zeit des angeblich so finsteren Mittelalters, zurückzublicken.

Bevor aber geschildert werden kann, wie sich die Architekturformen des Hospitals gewandelt haben und wie diese Neuerungen Folge geänderter Funktionen und genauerer Zielsetzungen gewesen sind, muß zunächst gezeigt werden, daß sich Sinn und Zweck vieler wohltätiger Stiftungen damals von Grund auf wandelten.

Die vielfältige Kontinuität des geschichtlichen Ablaufs wurde um 1500 vor allem durch den Verlust von Byzanz (1453) zerrissen. Das Abendland mußte sich damit abfinden, daß der Islam nun unwiderruflich eine der christlichsten Stätten der Welt überflutet hatte. Auf der Kuppel der Hagia Sophia glänzte der türkische Halbmond. Alle Hoffnungen der Kreuzzüge, von Byzanz ausgehend, das Heilige Grab des Herrn in Jerusalem von den Ungläubigen zu befreien, wurden jetzt endgültig aufgegeben.

Als kleiner Ausgleich blieb nur der Blick auf die Südwestflanke desselben Kampfplatzes, wo ja Portugal die ›Wiedereroberung‹ an der Algarve-Küste beendet hatte, während die vereinigten Königreiche Kastilien und Aragón Vorbereitungen trafen, die *Reconquista* mit der Eroberung von Granada (1492) abzuschließen. Der Doppelerfolg setzte bisher gebundene Kräfte frei, die nach außen wirkten und zur Entdeckung Amerikas (1492) führten, während im Inneren jetzt endlich der Grundsatz »ein König, ein Recht, ein Glaube« verwirklicht werden sollte. Letzte Muslime und Juden wurden vertrieben. Inquisitionstribunale befragten die frisch getauften Neuchristen nach ihrem Glauben, wobei die Erfahrungen des Dominikaner-Ordens in der Ketzerbekämpfung aufs neue genutzt wurden.

Während die Sieger im Südwesten mit größter Unduldsamkeit den Heiligen Glauben *(santa fe)* auch hinter der Front durchsetzten, wurde in Mitteleuropa der Ruf nach einer Erneuerung, nach einer Reformation der Kirche immer lauter. Schon der Cusaner hatte auf seinen Dienstreisen die verlotterten Klöster erneuern wollen. Auf dem Reichstag zu Worms (1521) aber wurde sichtbar, daß eine neue Spaltung der Christenheit im Anblick der islamischen Gefahr kaum zu vermeiden sein würde. Während Martin Luther vor allem in Norddeutschland und Skandinavien die Lehre von den guten Werken beseitigte und so den Fortbestand aller Hospitäler in Frage stellte, haben später Jean Calvin und seine Nachfolger in Genf, in den Niederlanden und besonders in Schottland andere Formen der Armen- und Krankenhilfe entwickelt. Noch radikaler war der Bruch in England. Weil der König die reichen Klöster und Stiftungen im eigenen Land plündern wollte, machte er sich zum Herrn einer ›Anglikanischen Kirche‹, die zwar von Rom unabhängig, dennoch aber keineswegs reformiert oder irgendwie erneuert war. Auch hier verschwanden die Hospitäler (zunächst) fast völlig.

Bedenkt man, daß um 1500 außerdem der Buchdruck mit beweglichen Lettern erfunden wurde und so jedermann in jedem Wissensgebiet jederzeit freien Zugriff hatte, bedenkt man, daß ein heliozentrisches Weltbild die Menschen zunächst mehr verwirrte und daß eine neue Krankheit, die Syphilis, Schrecken verbreitete, dann kann man ermessen, weshalb die Zeit um 1500 eine tiefe Zäsur darstellte.

In Italien kamen noch andere Neuerungen hinzu. Gelehrte Flüchtlinge aus Byzanz hatten auch ihre Schriftensammlungen mitgebracht, mit denen gezeigt werden konnte, daß viele der ehrwürdigen Texte der Alten im Abendland immer wieder falsch abgeschrieben, durchlöchert oder sinnlos erweitert worden waren. Sogar die unantastbaren Worte der Bibel bedurften der Restaurierung und Reformation. Erasmus von Rotterdam setzte in Basel aus vielerlei Bruchstücken das Neue Testament erneut zusammen, das dann Martin Luther später ins Deutsche übertrug. Auch ärztliche Texte der Antike wurden durch andere Gelehrte des Humanismus (aber nicht der ›Humanität‹!) durch textvergleichende Überlegungen wiederhergestellt.

So entstand auch ein neuer Galen, ein besserer Hippokrates, während die Bücher des Celsus damals erst durch Zufall bei der allgemeinen Suche nach vergleichbaren Abschriften gefunden wurden. Es lag nahe, die Zuverlässigkeit der neugebildeten alten Texte auch an der Wirklichkeit zu überprüfen. Gute Möglichkeiten boten sich da vor allem in der Botanik, der Arzneipflanzenkunde und ganz besonders in der Anatomie, die durch Andreas Vesalius (1543) auf eine neue Basis gestellt wurde. Er zeigte, daß es ›Galenische Irrtümer‹ gab (zweiteiliger Unterkiefer, fünflappige Leber, siebenteiliges Brustbein, Milz-Magen-Gang, Uterus-Brust-Gang, Poren in der Herz-Scheidewand). Dabei hatte sich aber der Fürst der Ärzte nicht deshalb geirrt, weil er ungenau beobachtete, sondern weil er richtig erhobene Befunde der Anatomie des Schweines durch gewagte Analogie-Schlüsse auf den Menschen übertrug.

Die Autorität der alten Ärzte wurde aber nicht nur durch Falsches in Frage gestellt, sondern noch mehr weil sie vieles noch gar nicht wußten. Dies sah man deutlich, als Girolamo Fracastoro in Verona die Syphilis in einem eleganten Lehrgedicht beschrieb und ihr dabei den heute noch üblichen Namen gab. Völliges Neuland hatten auch die italienischen Chirurgen betreten. Während viele noch mit den alten Humoralpathologen überzeugt waren, eine Wunde müsse eitern, wenn sie heilen sollte *(pus bonum et laudabile!)*, hatten Hugo aus Lucca (1211) und einige seiner Nachfolger bereits eine Vernarbung ›p.p.‹ *(per primam intentionem)* für günstiger erachtet. Völlig neue Wege beschritt in Italien dann Gaspare Tagliacozzi (1597), indem er aus überpflanzten Hautlappen des Oberarms neue

Nasen (Rhinoplastik) und dann auch neue Lippen bildete, wenn diese durch Unfälle oder im barbarischen Strafvollzug abgetrennt worden waren.

Aus der Zeit nach 1600 sollen wenigstens noch zwei herausragende Ärzte genannt sein. Giovanni Borelli (1676) begründete die Iatrophysik, indem er die Lebensvorgänge durch mechanisch-mathematische Überlegungen zu erfassen versuchte. Noch wichtiger ist aber Giovanni Battista Morgagni, der (1761) die Fundamente der Organpathologie legte, indem er betonte, daß viele Krankheiten einen Sitz (in der Leber, in der Niere) haben und nicht durch eine schlechte Mischung der vier Körpersäfte zustandekommen, wie Galen meinte.

Wenn all diese wichtigen Ärzte der italienischen Medizin hier überhaupt genannt werden, dann vor allem deshalb, weil nur so deutlich zu sehen ist, daß keiner an einem Hospital tätig war, Kranke im Hospital systematisch beobachtete oder gar im Hospital operierte. Wer an der neuen Krankheit Syphilis litt, wurde keineswegs immer in leerstehenden Leproserien oder im ›Blatternhaus‹ interniert, sondern lebte und starb meistens zu Hause. Wer wieder eine Nase haben wollte, mußte wenigstens soviel Geld besitzen, daß er keinem Spital zur Last fiel. Auch die neuen theoretischen Grundlagen der Medizin, die bei Borelli zahlreiche Messungen an Patienten oder bei Morgagni Leichenöffnungen zur Voraussetzung hatten, sind kaum an Hospitälern zustandegekommen, sondern vor allem am Krankenbett in den Wohnungen. Daran kann man sehen, daß Hospitäler auch nach 1500 keine Patientenbehandlungsstätten, keine Krankenhäuser und sicher keine maskierten Kliniken gewesen sind. Wenn dennoch manchmal auch Ärzte diese Einrichtungen betreten haben, dann vor allem weil sie als Christen Gutes tun und Arme umsonst beraten wollten. Nur der erfolgreiche Heilkünstler hatte so viel verdient, um auch noch wohltätig sein zu können. Wie sehr der ärztliche Bereich zurücktrat und uralten christlichen Zielsetzungen eingefügt blieb, zeigten manche Hospitäler aus der Zeit um 1500 sehr deutlich.

Besonders eindrucksvoll ist unter diesem Blickwinkel in Pistoia eine *Loggia,* eine offene Säulenhalle, die um 1514 dem viel älteren *Ospedale del Ceppo* (1277) vorgelegt wurde (Abb. 32). Wer auf dem Platz stand, erlebte die Vorgänge unter den zierlichen Bogen wie auf einer Bühne, denn die Basis der Loggia war etwas emporgehoben und nur über die Stufen einer langen Freitreppe zu erreichen. So konnte jedermann sehen, wie am (und damit im) Hospital Arme gespeist und Kranke gepflegt wurden. Was in einer frommen Stiftung aber sonst noch geschah, zeigte ein buntglasierter Fries (1525–1529) des Giovanni della Robbia. Man sah und sieht heute noch, auf welche Weise die sieben Werke der Barmherzigkeit auszuführen sind. Noch einmal sollen sie hier genannt werden, damit die summarische Vorstellung zurücktritt, nur ›Arme und Kranke‹ seien im Spital aufgenommen worden:

1. Den Hungernden Essen geben / *famelicis cibum dare*
2. Den Durstigen zu trinken geben / *sitientibus dare potum*
3. Die Nackten bekleiden / *nudis praebere vestem*
4. Die Fremden beherbergen / *peregrinos hospitio accipere*
5. Die Kranken besuchen / *infirmos visitare*
6. Die Gefangenen erlösen / *carcere detentos visitare*
7. Die Toten begraben / *mortuos sepelire.*

32 Pistoia, Ospedale del Ceppo. Loggia, 1514 angefügt. Blick auf die Südfassade

Ärztliches Wissen und Können waren dabei nur wenig anwendbar. Denn auch beim Pflegen von Kranken gab nicht der Rat des Arztes den Ausschlag, sondern die ›Klugheit‹ und die ›Mäßigung‹, die ›Stärke‹ und die ›Gerechtigkeit‹ der aktiv tätigen Helfer des Patienten. Gewiß gab es Leidende, bei denen es geboten war, sich ärztlich beraten zu lassen, was sie essen und trinken sollten. Viel wichtiger aber war es, überhaupt Löffel und Becher an die Lippen des Kranken zu führen, wenn er dies nicht mehr selbst tun konnte.

Wie sehr der Sinn und Zweck des Hospitals weit über den ärztlichen Bereich hinausragte, kann man auch gut in Mailand beobachten. Die Stadt hatte sich als Handelsplatz und als natürlicher Mittelpunkt eine fruchtbaren Ebene immer mehr vergrößert. Zahlreiche kleine Hospitäler waren errichtet worden, die aber oft – entsprechend dem Apostel-Kollegium – nur zwölf Plätze hatten. Außerdem gab es wie in allen großen Städten halberloschene oder schlecht verwaltete Stiftungen. Da aber niemand den letzten Willen der längst verstorbenen Wohltäter antasten konnte, ohne deren Seelenheil durch Entzug entscheidender Fürbitter zu gefährden, gingen auch verlotterte Hospitäler nicht unter, wenn sie deutlich »für alle Zeiten« und mit gutem Geld gegründet waren.

Noch ist kaum geklärt, wer die ersten Zusammenlegungen gewagt hat. Neben dem Stadtrat von Barcelona (1401) und den Päpsten in Avignon (1459) muß man vor allem an die Fürsten in Mailand denken. Ausdrücklich sei betont, daß sie keineswegs enteignet, verstaatlicht oder geplündert haben, wie später in England und in den lutherischen Gebieten.

Vielmehr ging man sehr pietätvoll ans Werk. Zwar ließ der Fürst die Kassen zusammenschütten und manche ungünstige Liegenschaft verkaufen, gleichzeitig aber wurden die Namen der beschützenden Heiligen möglichst übernommen oder schließlich ebenfalls summarisch zusammengefaßt. So entstanden die Allerheiligen-Spitäler, die in Italien *ogni santi* oder in Portugal *todos-os-santos* geweiht waren. In Mailand wählte man den bezeichnenden Namen *Ospedale Maggiore* (Abb. 33).

Der Fürst bestimmte einen Bauplatz am Rande der Innenstadt. Dann begann Antonio Averlino, der Filarete genannt wurde, im Jahre 1456 nach seinen Plänen das riesige Werk, das erst im letzten Jahrhundert notdürftig und erheblich verändert zu Ende geführt werden konnte. Denn zugrundegelegt war zuerst ein ungewöhnliches Rasterschema, das aus zehn Quadraten bestand, die in zwei Reihen zu je fünf Feldern nebeneinander lagen. Oder anders formuliert: Man wollte zwei Kreuzhallen bauen, die beide von je vier Höfen umgeben waren und einen (neunten und zehnten) Mittelhof mit einer freistehenden Kirche zwischen sich nahmen. Die Kreuzhallen bestanden aus einer würfelförmigen, kuppelüberwölbten Kapelle, von der vier lange Bettenhallen rechtwinklig zueinander abgingen. Weil Filarete die kleinen Höfe mit zweistöckigen Umgängen ausstatten wollte und außerdem (zwischen Umgang und Hallenwand) Abortanlagen eingefügt werden sollten, die mit Strebepfeilern und Dachentwässerungsanlagen in Einklang zu bringen waren, entstanden schließlich Ecken und Winkel, die bei der fast langweiligen Übersichtlichkeit des Rasters kaum zu erwarten waren.

Immer wieder hat man sich bemüht anzugeben, woher Filarete die befremdlichen Bauformen entliehen hat. Da Beziehungen nach Florenz nachweisbar sind und das dortige Ospedale di Santa Maria Nuova zwei Kreuzhallen hatte, die heute aber abgetragen sind, lag es nahe, hier die Quelle zu vermuten. Doch dann zeigte sich, daß die eine der florentinischen Kreuzhallen viel jünger war als die ältere in Mailand, während die andere offensichtlich in vielen Etappen entstand, so daß niemand sagen kann, ob man am Arno beim Baubeginn bereits an einen kreuzförmigen Grundriß dachte.

Als schließlich die ›Vier-Liwan‹-Anlagen des Orients besser bekannt wurden, richteten sich die Hoffnungen nach Osten, denn tatsächlich gibt es dort oft quadratische, aber breite Innenhöfe, in die sich vier schmale Hallen öffnen, die kreuzförmig zueinander liegen. Die eigentümliche Bauform war im Zentrum von Moscheen und Palästen verbreitet. In Kairo gab es sogar ein Hospital (des Sultans Kalaun, 1284), das in einen älteren Vier-Liwan-Palast eingebaut wurde, so daß die Frage berechtigt war, ob Filarete hier Anregungen erhalten hatte. Obwohl noch manches kreuzförmige Gebäude in Erwägung zu ziehen wäre, sollte lieber geprüft werden, wie weit vielleicht doch dem Meister selbst soviel Erfindungskraft zugetraut werden kann. Die Zirkelspiele des Filarete sind bekannt. Wie sehr aber immer wieder Quadrate seine Erfindungskraft beflügelt haben, zeigt der sternförmige Plan für eine Idealstadt besonders deutlich. Die acht Strahlen kommen hier dadurch zustande, daß ein oberes Quadrat gegen ein darunterliegendes um 45° Grad gedreht wurde.

Da die Kreuzhallen von Mailand[2] in vielen Ländern immer wieder nachgeahmt worden sind, muß man sich deutlich vor Augen halten, daß (1456) zunächst nur die Südhalle, die

33a

33b

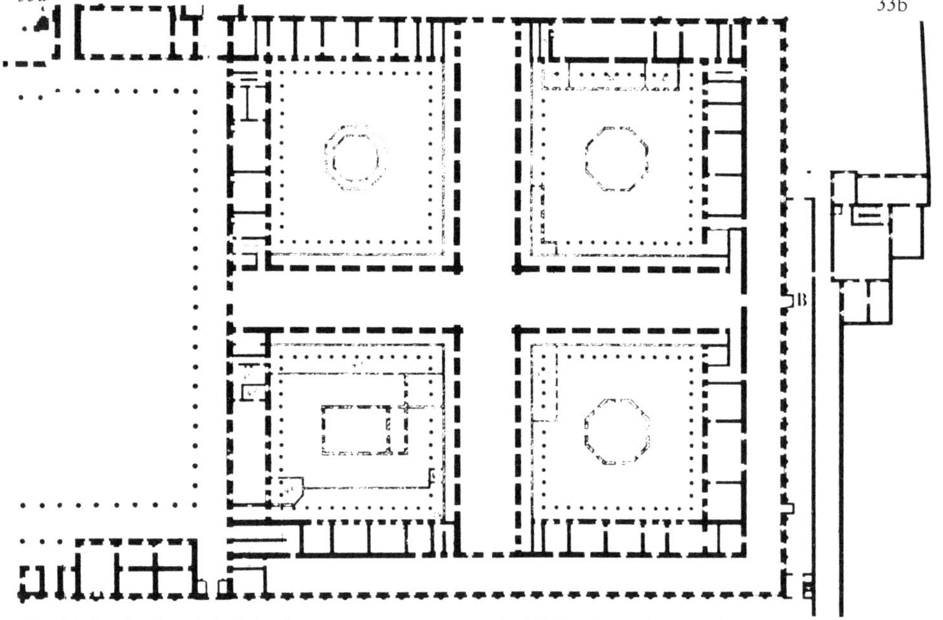

33 Mailand, Ospedale Maggiore. 1456–1465–1500, Architekt: Antonio Averlino. Ansicht (a) und Grundriß (b), nach Husson, 1862

34a

34b

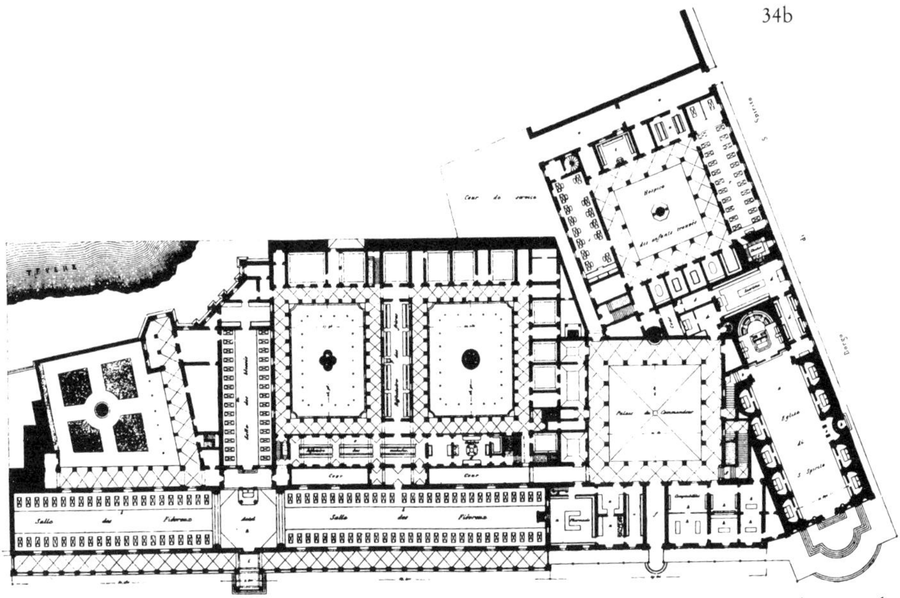

34 Rom, Arcispedale di Santo Spirito. 1473–1477, Architekt: Baccio Pontelli. Kupferstich (a, Guckkastenbild); Grundriß (b) nach Kuhn, 1897

spätere Männerabteilung, Vorbild sein konnte. Als sie um 1500 endlich benutzbar war, hatte Filarete die Stadt längst verlassen. Erst über 100 Jahre später entstand der große Hof, den man aber absichtlich verbreiterte, wobei die freistehend geplante Kirche in das Gebäude am Kanal eingefügt wurde. Erst nach 1800 (!) errichtete man die andere Kreuzhalle, die aber im Zweiten Weltkrieg bereits wieder völlig zerstört worden ist.

In Rom[3] wurde das uralte *Arcispedale di Santo Spirito* (Abb. 34) noch vor 1500 erweitert. Der Baumeister Baccio Pontelli errichtete auf beengtem Baugrund am Tiber eine lange Halle, in die eine achteckige Kapelle eingefügt wurde (1473–1477). An diese ist erst nachträglich (1660) ein dritter Saal angefügt worden, so daß statt der typischen Kreuzhalle immerhin eine T-förmige Struktur zustandekam. Weil das Spital des Papstes stets von vielen Gläubigen bestaunt und als Vorbild empfunden wurde, kann seine weltweite Ausstrahlung kaum überschätzt werden. Dennoch sei in diesem Zusammenhang vor einem berühmten Manne gewarnt. Rudolf Virchow[4], der ›Papst der Medizin des Deutschen Reiches‹, der Begründer der Cellular-Pathologie, »Die Zelle ist Sitz der Krankheiten«, hat in einem allgemeinbildenden Abendvortrag ungewöhnlich überstürzt die Behauptung aufgestellt, alle Heilig-Geist-Hospitäler hätten in direkten Beziehungen zum römischen Mutterhaus und Erzspital gestanden. Inzwischen weiß man, daß dies nur für ein längst verschwundenes Haus in Montpellier, für einige Hospitäler in Spanien (Puente la Reina) und für wenige in Frankreich (Dijon) und Deutschland (Wimpfen) zutrifft.

In Italien sind zahlreiche weitere Kreuzhallen[5] errichtet worden, deren Baugeschichte aber noch viele Rätsel aufgibt, weil kaum festzustellen ist, was bei der Grundsteinlegung beabsichtigt war. Genannt seien aber die Hallen in Bergamo (1458) und in Como (1468?), in Piacenza (1471) und in Lodi (1495). In La Valetta[6] auf Malta errichteten die Johanniter zunächst (1574) nur zwei Hallen, die rechtwinklig zueinander lagen und an eine gemeinsame Kapelle anschlossen. An diese wurde später ein dritter Flügel so angesetzt, daß auch hier eine T-förmige Struktur zustandekam. Sehr eindrucksvoll sind außerdem in Turin[7] die vier Hallen des *Ospedale di San Giovanni Battista* (1680). Leider wurden in Genua die ebenfalls kreuzförmig angeordneten Säle des *Ospedale di Pommatone* (1758) gänzlich abgetragen.

Vielleicht sollte noch hinzugefügt werden, daß die meisten Hospitalneubauten in Italien auch nach 1500 fast immer klein waren. Die meisten Städte hatten weder die Finanzmittel noch eine Veranlassung, den Leitbildern in Mailand oder Rom wörtlich zu folgen. Als aber auch mittlere Städte herangewachsen waren, entwickelte man (um 1750) andere Grundrißpläne. Unter diesen sei jener hervorgehoben, der in der alten venezianischen Universitätsstadt Padua[8] dem gut erhaltenen *Ospedale Civile* (1778–1798) zugrundegelegt wurde. An einen quadratischen Zentralhof schlossen sich beiderseits, für Männer und Frauen getrennt, je zwei riesige Säle an, die um weitere geschlossene Höfe lagen. In die Mittelachse war nicht wie bisher die Kirche beherrschend eingefügt, sondern an ihrer Stelle ein großes Treppenhaus.

Fast gleichzeitig entstand in Città di Castello im Kirchenstaat ein prächtiges *Spedale Unito* (1785), von dem aber nur eine Ansicht der Fassade gezeigt werden kann (Abb. 36). Heute findet man das innen ganz erneuerte Haus nur mit Mühe in einer engen Seitenstraße. Unter

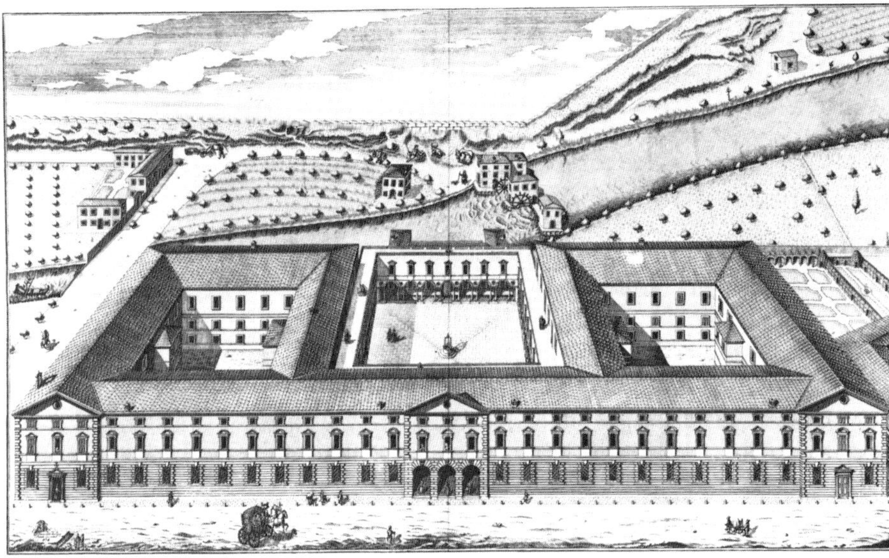

35a

35b

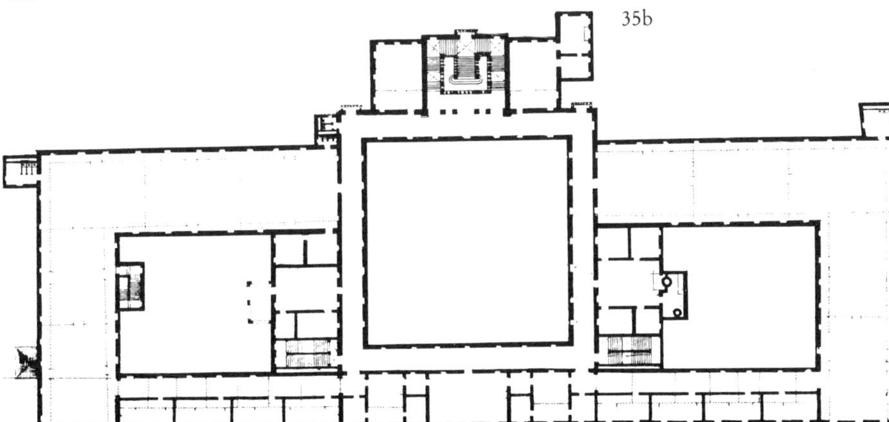

35 Padua, Ospedale Civile. 1778–1798. Architekt: Domenico Cerato. Kupferstich (a) von Ignacio Colombo. Biblioteca Civica, Padua; Grundriß (b) nach Comparetti, 1799

dem Glockenturm in der Mittelachse gibt es keinen Eingang, sondern nur eine Inschrifttafel. Man betritt das Spital durch zwei Türen, neben denen sich Wageneinfahrten öffnen. Den Abschluß der Fassade bildet an beiden Seiten eine dreibogige Halle. In beiden Obergeschossen öffnen sich zahlreiche, aber völlig gleich gestaltete Fenster. Eine Gliederung der langen Mauer in drei große Einheiten gelang nur mit Hilfe von Wandvorlagen und dank der Her-

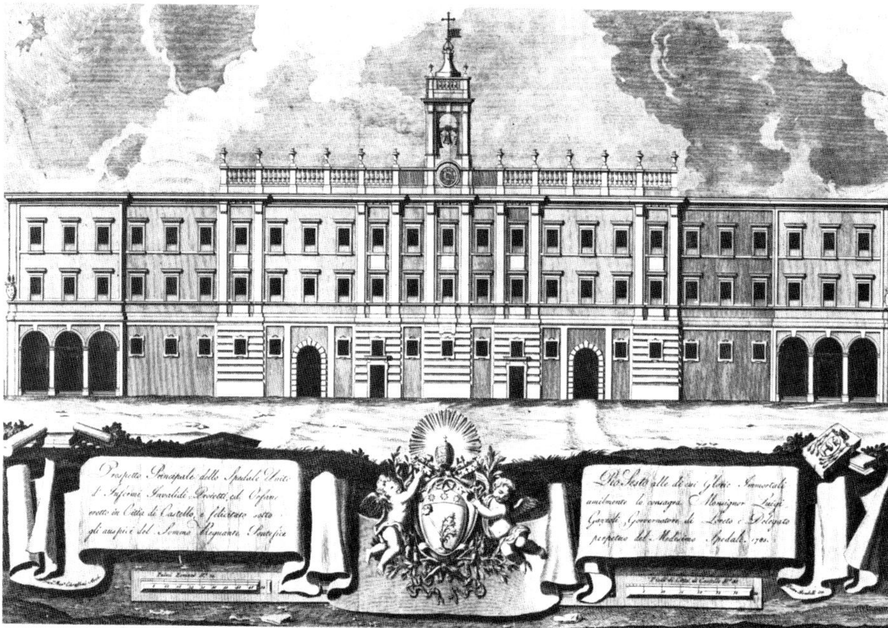

36 Città di Castello, Spedale Unito. 1785 erbaut von Papst Pius VI. Kupferstich, bez. Bombelli

vorhebung von fünf Sockelzonen. Das Fehlen eines religiösen Fassadenprogramms oder einer sichtbaren Kirche, läßt die Frage entstehen, ob vielleicht bereits ein Krankenhaus zur Patientenbehandlung und gar kein Hospital beabsichtigt war, obwohl Papst Pius VI. (1775–1799) Bauherr und Landesfürst gewesen ist.

8. Hospitäler in Spanien und Portugal

Auch die Länder der Iberischen Halbinsel haben überragende Ärzte hervorgebracht, die alle kaum in Hospitälern tätig waren. An erster Stelle sei Miguel Serveto genannt, der als Ketzer von Jean Calvin in Genf (1553) verbrannt wurde. Serveto stammt aus Tudela, einer Stadt am Mittellauf des Ebro, in der man besonders lange am Islam und am Monotheismus festgehalten hatte. Nach medizinischen Studien in Paris (1533), wo er mit Vesal zusammenkam, war der Spanier vor allem als Arzt in Frankreich tätig. Mit leidenschaftlicher Anteilnahme verfolgte er die Erneuerung der Kirche und machte dann schließlich den Vorschlag, zusammen mit dem Ablaßhandel und der Lehre von den guten Werken auch noch das Dogma von der Dreieinigkeit abzuschaffen, um so zu einem einzigen Gott zurückzukehren.

Das Islamische solcher Gedankengänge tritt auch in einer medizinischen Äußerung hervor, durch die Serveto bei den Ärzten bekannt ist, obwohl dieser einzelne Satz ganz beiläufig in sein theologisches Werk »Christianismi restitutio« (1553) eingeflossen war. Er meinte nämlich, das Blut des Herzens fließe zur Lunge und kehre dann wieder zum Herzen zurück. Damit war der ›kleine Kreislauf‹ mit großer Deutlichkeit beschrieben. Man vermutet, daß Serveto dabei aus islamischen Quellen schöpfte. Denn ähnliche Äußerungen findet man auch bereits bei Ibn an-Nafis (1210–1280) in Kairo. Christliche Ärzte aber waren damals alle von der Blutbewegungslehre des Galen überzeugt, die von einem Hin- und Herfließen der vier Körpersäfte ausging. Der große Kreislauf wurde erst (1628) von William Harvey in London entdeckt.

Neben Serveto seien aus den spanischen Ärzten noch herausgehoben ein Leibarzt des Kaisers Karl V., Andres a Laguna, der als Galen-Kenner (1551) bekannt war, und Luis de Mercado, der bereits 1614 die Diphtherie genau beschrieb, obwohl sie ihren heutigen Namen erst durch Pierre Bretonneau in Tours (um 1850) erhielt.

Zu beachten ist Gaspar Casal, weil er (1735) die Pellagra, eine Vitamin-Mangelerkrankung, erkannt hat, und Antonio Gimbernat, der (1768) eine neue Operationsmethode der Oberschenkelhernie vorschlug. Dadurch wurde vermieden, daß immer wieder Patienten auf dem Operationstisch starben, weil sich eine ungewöhnlich verlaufende Schlagader – plötzlich eröffnet – spritzend in die Tiefe des Bauches zurückzog und so eine nicht zu stillende Blutung in Gang kam.

Außer Gimbernat, der seine Entdeckung im Marinehospital von Cádiz machte, haben alle anderen spanischen Ärzte ihre Beobachtungen an Krankenbetten gesammelt, die irgendwo in der Stadt standen. Gewiß gab es in Spanien schon um 1600 und besonders nach 1700 immer häufiger Ärzte in Hospitälern. Die besten Kenner aber wirkten im Palast und an den Universitäten. Wohltätige Stiftungen wurden in dieser Zeit noch nicht in der Absicht gegründet, dort Patienten zu behandeln. Dies gilt besonders für die prunkvollen Gründungen der spanischen Könige und Kirchenfürsten. Ihre Hospitäler in Santiago de Compostela, in Toledo und Granada sind vor allem auftrumpfende Siegesdenkmäler, die jedoch nie vollendet und nie benutzt wurden. Auch nach der Fertigstellung erwiesen sich alle als viel zu groß und zu teuer.

Das glanzvolle Trauerspiel begann, als ein ehrgeiziger Priester und Höfling, der spätere Cardinal Don Pedro Gonzales de Mendoza, der ›Dritte König‹, eine günstige Ehe in die Wege leitete: Isabel von Kastilien heiratete Fernando von Aragón – zum Ärger des Königs von Portugal, der alles tat, um das Land in der Mitte der Halbinsel an sich zu bringen. Doch bald galt das Wortspiel, das wie ein Wappenspruch politisch genutzt wurde: *Tanto Monta – Monta Tanto, Ysabel como Fernando* (ebensoviel bedeutet es – es bedeutet ebensoviel, [wenn] Elisabeth mit Ferdinand [regiert]). Tatsächlich wurden die wichtigsten Entscheidungen jedoch vom väterlich sorgenden Kardinal aus dem Hintergrund getroffen. Er zwang sogar in der Schlacht (»das Chorhemd über dem Plattenharnisch«!) als *Capitan General,* als Oberbefehlshaber, den Sieg an die Fahnen seines Königspaares, als er sein Endziel erreichte und die letzte Ketzerfestung, die Rote Burg, die *Al Hambra* über Granada, persönlich

37a

37b

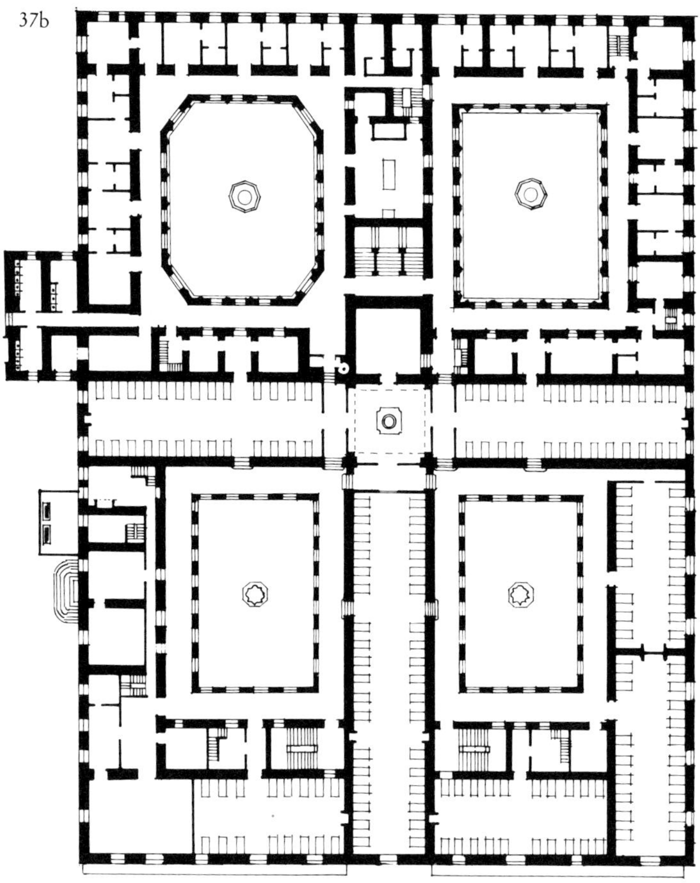

37 Santiago di Compostela, Hospital de los Reyes. 1501–1511, Architekt: Enrique Egas. Fassade, Federzeichnung, vor 1800. Madrid, Archivio Historico Nacional (a); Grundriß des Obergeschosses, Federzeichnung, 1807. Palacio Real, Madrid, Bibliothek (b)

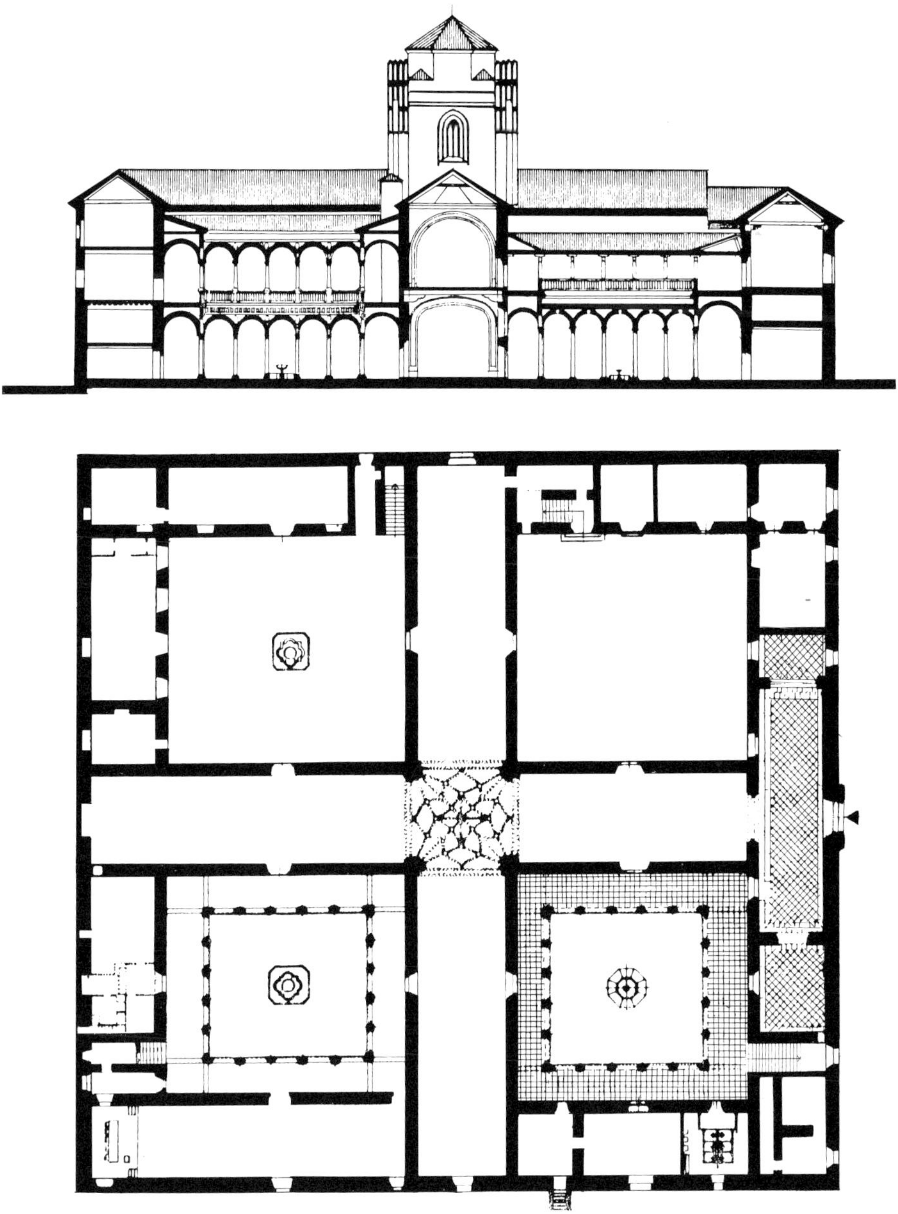

38 Granada, Hospital Real. 1511–1522, Architekt: Enrique Egas. Querschnitt durch die linken Höfe und Grundriß. Nach einer Zeichnung von F. Prieto Moreno, um 1970

eroberte. Damals verlieh sein Freund, der bedenkliche Borgia-Papst Alexander VI., Isabel und Fernando den Ehrennamen *Reyes Católicos,* nicht weil sie zur katholischen Kirche gehörten, sondern weil sie nun beide Königreiche Kastilien und Aragón zusammen mit dem islamischen Land im Süden ›allumfassend‹ (= katholisch) beherrschten.

Wenn bei diesem Sieg des Christentums einer der Heiligen wieder ganz besonders geholfen hatte, dann war es der Jünger Jakobus, Sant Iago, der alte *matamoros,* der Maurentöter, der gezeigt hatte, wie man den Ketzer niederritt und vom Pferd aus mit dem Schwert erschlug. Ihm war zu danken! Und ihm versprachen die Könige in einem Gelöbnis, dem *Voto de Granada,* feierlich die Hälfte der Beute. Am Grab des Heiligen in Santiago de Compostela[9] wurde das riesige *Hospital de los Reyes* (1501–1511) nach Plänen von Enrique Egas erbaut, damit alle, die dem Apostel für den Sieg danken wollten, dort auch wohnen konnten (Abb. 37). Die religions- und staatspolitischen Zielsetzungen dieser Hospitalgründung verdunkeln völlig die schwer faßbaren ärztlichen Absichten, die gewiß mitgespielt haben mögen. Denn wer zu Fuß nach Santiago zog, monatelang durch Schnee oder Hitze, der kam fast immer arm und krank ans Grab des Apostels.

Das zweite Siegesdenkmal begann der Kardinal. Er fühlte schon sein Ende nahen, als er festlegte, daß man an seinem Amtssitz, dem erzbischöflichen Stuhl von Toledo, bauen solle. Als Benennung legte er fest: *Hospital de Santa Cruz* (1504–1514). Damit war das Jerusalemkreuz gemeint, das Mendoza stets als persönliches Gütesiegel benutzte. Außerdem trug er aber auch den Titel eines Bischofs der Kirche Santa Croce in Gerusaleme in Rom, in der eine der wichtigsten Reliquien der Christenheit, das Kreuz des Herrn, das *vera cruz,* aufbewahrt wurde. Die heilige Helena, die Mutter des Kaisers Konstantin in Konstantinopel, hatte als eine der ersten Jerusalem-Pilgerinnen dieses Erinnerungsstück gesucht und gefunden, um es dann in Rom niederzulegen, wo es jedoch später immer mehr zerteilt und in alle Länder der Welt verschenkt wurde. Ob einer der Splitter auch nach Toledo in das Hospital de Santa Cruz gelangte, ist leider nicht ganz geklärt. Daß aber eine solch heilswirksame Reliquie allen sichtbar aufgestellt werden würde, stand von Anfang an fest. Im Mittelpunkt einer Kreuzhalle hätte dies besonders gut gelingen können. Die Baufunktion des Hospitals bestand somit vor allem im Vorzeigen und weniger in guter Belüftung. Noch wichtiger war es aber, daß man mit dem Grundriß in der Form eines Jerusalemkreuzes auf das Wichtigste im Unsichtbaren hinzeigen konnte. Dieser Verweis-Charakter des Hospitals sollte an erster Stelle beachtet werden.

Schließlich sind noch ganz andere Überlegungen anzustellen. Wer aufstieg und dann noch einmal siegte, verlegte gerne sein Grab. Wäre Isabel als Prinzessin gestorben, dann hätte man sie vermutlich zu ihren Eltern in Burgos gebettet. Als Ehefrau des Fernando wäre eine der aragonesischen Totenhallen in den Zisterzienser-Klöstern Poblet oder Santes Creus erwogen worden. Da Ysabel aber nicht nur die Frau eines Königs, sondern selbst regierende Königin war, schien es angemessen zu sein, eine neue Grablege zu schaffen, die später von der zu erwartenden Dynastie weiter hätte benutzt werden können; und tatsächlich wurde im alten Zentrum des Landes, in Toledo, die Grabkirche San Juan de los Reyes, mit anschließendem Kloster für den Totenkult in atemberaubender Pracht begonnen. Nur das Hospital hätte gefehlt, um die byzantinische Trias der Komplexanlage des Kaisers Johannes Komnenos (um 1136) zustandekommen zu lassen.

Aber nichts wurde vollendet. Die fast fertige Grabhülle in Toledo blieb leer, nachdem die Eroberung von Granada doch noch gelungen war. Hier liegen die Reyes Católicos heute, und zwar in der Capilla Real, einer Nebenkapelle der Kathedrale, die von den Siegern auf den Fundamenten der Moschee aufgerichtet wurde.

Man mag sich fragen, warum der dritte und wichtigste Sieger nicht auch an der Stätte seines endgültigen Triumphes, vielleicht sogar neben den Königen, den Jüngsten Tag erwarten wollte. Tatsächlich ist Mendoza als Primas von Spanien, als Kardinal und Erzbischof von Toledo, bei seinen Amtsvorgängern in der Kathedrale beigesetzt worden. Man weiß, daß er seine Grabstätte, einen Triumphbogen nach Römer-Art, noch selbst entwarf und hochmütige Forderungen für den Einbau in die Kathedrale stellte. Nur durch die drei Tore des Siegesdenkmals hätte man auf den Altar sehen können. Aber das Domkapitel entschloß sich, nach dem Tode des Oberhirten alles abzumildern. Der Triumphbogen wurde um 90° Grad gedreht und so zwischen zwei Pfeilern des Chorumgangs eingespannt. Der Hochaltar sollte direkt sichtbar bleiben. Die Nötigung, nur durch Mendoza auf Christus blicken zu können, wäre unerträglich gewesen.

Wer dies alles vor Augen hat, sollte sich überlegen, ob das Hospital de Santa Cruz vielleicht als noch prächtigere Sargdecke oder als triumphale Grabhülle wie ein Glassturz über einer neuen Reliquie geplant gewesen ist.

Wenn die Königin von Jerusalem in Tonnerre eine schlichte Grube für zu wenig hielt, sondern über der Grabplatte im Boden ein Hospital für angemessen erachtete, warum sollte sich dann ein siegreicher Kardinal und General nicht ein noch größeres Hospital bauen? Vermutlich weil dies für Kirchenfürsten damals (noch) kein passender Platz gewesen wäre. Auch beim Cusanus könnte man fragen, warum er nicht in Bernkastel-Kues in seinem Spital begraben liegt, sondern in einer Kirche in Rom.

Außerdem gibt es in Toledo aber noch andere Schwierigkeiten. Wo hätte Mendoza in seinem Hospital ein Grabdenkmal aufstellen können? Gewiß niemals am Rand oder in einer Seitenkapelle, sondern nur in der Mitte. Dort aber war schon der Altar errichtet – und zwar stand er wegen des kreuzförmigen Grundrisses so von allen Seiten im Blickfeld, daß es nirgends die Möglichkeit gab, irgendein Grabdenkmal danebenzustellen. Immer wäre der Blick verbaut worden. Vielleicht ließ erst dies den Wunsch entstehen, eine transparente Wand in Gestalt eines römischen Triumphbogens in die viel mehr besuchte Kathedrale zu setzen.

Ein drittes kreuzförmiges Hospital wurde in Granada[10] selbst, direkt auf dem Kampfplatz errichtet (1511–1522). In prunkvoller Schlichtheit erhielt es den Namen *Hospital Real*, Königliches Hospital. Erst später, nachdem es sich als wenig bewohnbar erwiesen hatte und Irre dorthin abgedrängt wurden, kam die erstaunliche Bezeichnung *Hospital Real de los Locos*, Königliches Narrenhaus, auf. Die Lage der Gründung hat alle Ärzte immer überzeugt, denn man baute nicht in der engen Stadt oder gar im Talgrund, dort wo der alte Maristan (1365–1367), das islamische Hospital heute noch steht, sondern errichtete das

Hospital Real vor der Mauer nahe der Ausfahrtsstraße auf leicht erhöhtem, sandigem Terrain, das dem Westwind hinreichend Zutritt ließ.

Obwohl alles so gut zusammenpaßt, gaben sehr wahrscheinlich ganz andere und heute sehr fremd wirkende Überlegungen den Ausschlag bei der Entscheidung, gerade an dieser Stelle zu bauen. Hier lag nämlich ein islamischer Friedhof! Wenn Kultstätten des Heidentums endgültig zu beseitigen waren, dann haben die Spanier gerne eine Kirche darauf gebaut. Auf der Moschee des maurischen Granada steht heute die Kathedrale. Auf der unzerstörbar großen Pyramide von Cholula bei Puebla in Mexico errichtete man eine alles überragende Kirche. Auch in Köln hat man den Dom des Bischofs einstmals auf die Reste eines römischen Tempels gestellt.

Noch eindrucksvoller als die Lage ist aber der Grundriß des Hospital Real in Granada (Abb. 38). Denn niemals mehr ist irgendeine Kreuzhalle so regelmäßig gestaltet worden. Dem quadratischen Altarraum entspricht ein quadratischer Umriß des ganzen Hauses. Dadurch sind auch alle vier Hallen gleich lang und alle vier Höfe gleich groß. Nur die schleppende Ausführung ließ dann später (reizvolle) Unterschiede entstehen. Der vordere linke Hof wird von Arkaden umgeben, die das Pfeilbündel von Kastilien und das Doppel-

39a

39b

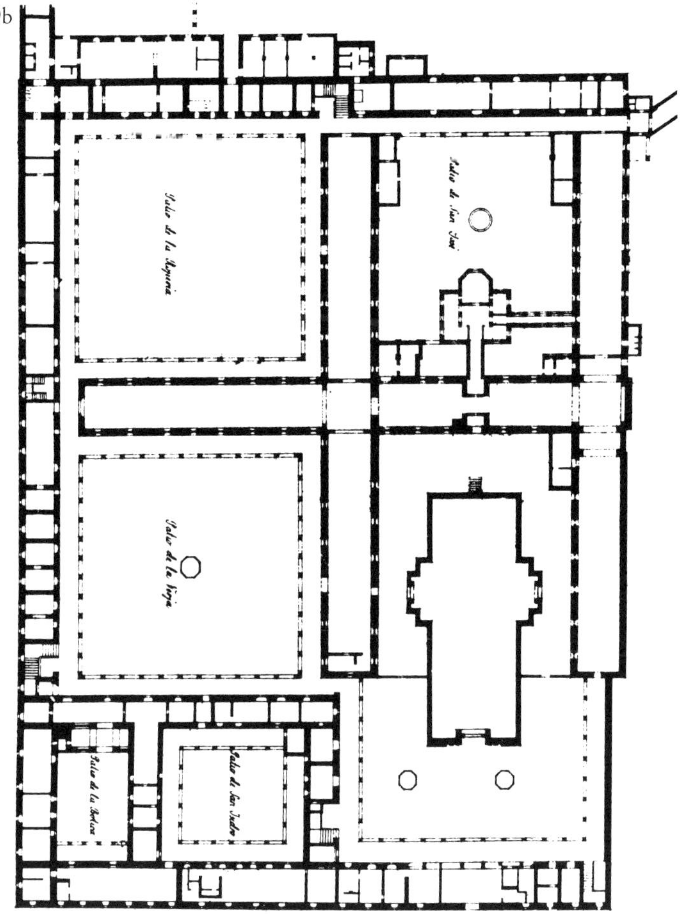

39 Sevilla, Hospital de la Sangre. 1546–1600, Architekt: Gainza. Kupferstich (a), 1738. Biblioteca Nacional, Madrid; Grundriß (b) nach Zuazo-Ugalde, 1948

joch von Aragón zeigen. Dahinter liegt ein Hof, den Kaiser Karl V., der Enkel der *Reyes Católicos,* zur Erinnerung an seinen Sieg bei Tunis (1536) als politische Gedenkstätte gestalten ließ. Die beiden rechten Höfe sind heute noch Neubauruinen.

Schließlich sei noch auf Sevilla[11] hingewiesen, wo das *Hospital de la Sangre* (1546–1559) nach langen Planungsarbeiten begonnen und schleppend ausgeführt wurde. Prächtige Pläne und Stiche zeigen, daß wieder eine riesige Kreuzhalle geplant war, die später zum Doppelkreuz ausgebaut werden sollte. Besonders zu beachten ist die frei im Eingangshof stehende Kirche, die zunächst wenig anziehend wirkt, wahrscheinlich aber die damaligen Vorstellungen vom Tempel in Jerusalem besonders genau wiedergibt und vielleicht deshalb an die Schloßkapelle in Versailles erinnert. Das weitläufige Gebäude wird seit einigen Jahren nicht

40a

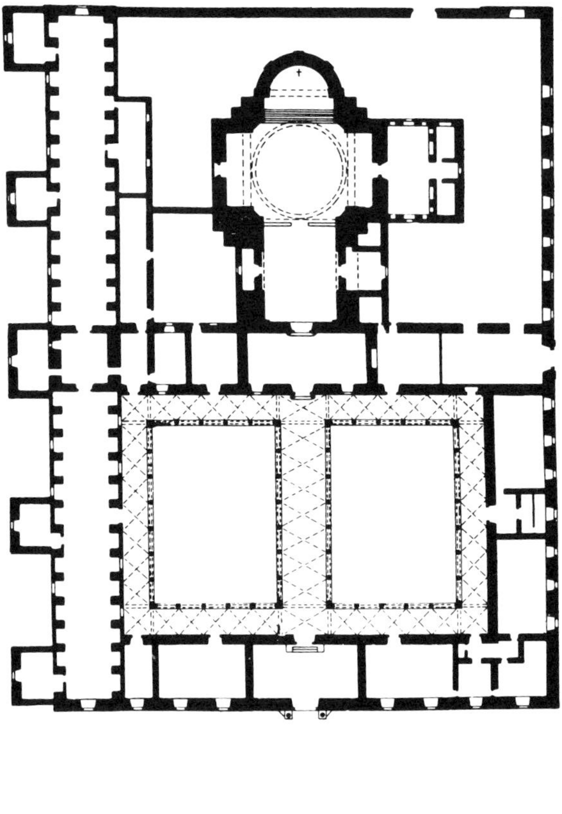

40b

40 Toledo, Hospital de San Juan Bautista. 1541–1602, Architekt: Alonso de Covarrubias. Blick in den Doppelhof (a); Grundriß (b) nach Schubert, 1908

mehr als Spital benutzt und verfällt nun schnell. Sehr viel besser erhalten ist dagegen in Toledo[12] das *Hospital de San Juan Bautista* (1541–1602). Auch hier stehen gute Pläne zur Verfügung, die zeigen, daß dieses riesige Haus des Alonso de Covarrubias nicht vollendet wurde. Es gibt kaum Platz für Arme und Kranke. Statt dessen betritt man hinter der Fassade einen weiträumigen Doppelhof. Seine elegante Mittelhalle führt zur großen Grabkirche, die tatsächlich den Sarkophag des Juan Tavera enthält, der als Kardinal und Erzbischof von Toledo (und Nachfolger von Mendoza) dies alles für die Armen (!) und für sich als Grab, Denkmal und als Stätte des Wartens gestiftet hat.

Wer nach so vielen Königen und Kardinälen, nach so viel Unduldsamkeit gegen Andersgläubige sich endlich am einfachen Volk erfrischen will, der sollte – wieder in Granada – das *Hospital de San Juan de Dios* (seit 1550) besuchen. Es ist nach einem Heiligen benannt, der fast als Landstreicher verkommen wäre. Geboren wurde er (1495) in Portugal im kleinen Landstädtchen Montemor-o-Novo, das an der großen Straße von Madrid über Merida nach Lissabon liegt. Als einziges Kind seiner Eltern rannte er von zu Hause weg oder wurde von durchreisenden Studenten weggelockt, vielleicht aber auch halb entführt. Jedenfalls lebte er jahrelang als elternloser Jugendlicher Schweine hütend bei Oropesa, das wieder an der Fernstraße von Portugal nach Madrid liegt. Dann fiel er in die Hände von Werbern, die ihn zum Kriegsdienst zwangen. Da er zum Umgang mit Waffen ungeeignet war, sollte er Beute bewachen, die aber abhanden kam. Deshalb fast zum Tode verurteilt, entschlossen sich seine Peiniger aber doch noch, ihn lieber fortzujagen. Wieder in Oropesa zurück, wurde er religiös und verkaufte Devotionalien und Kerzen. Später beteiligte er sich erfolglos an einem Geiselbefreiungsversuch im islamischen Afrika. Immer noch bettelarm und ziellos umherwandernd, kam er auch nach Granada, wo er zufällig in eine Bußpredigt des Juan de Avila geriet, der als neubekehrter Jude so aufwühlend sprach, daß nicht nur San Juan de Dios in einen gefährlichen Erregungszustand geriet, sich die Kleider vom Leibe riß und nackt, schreiend und jammernd durch die Straßen lief.

Die ›prämorbide Persönlichkeit‹, die Kriegsdienstverweigerung und die akute Tobsucht, wurden deshalb breiter geschildert, weil man hier endlich einen ›Narren‹ beobachten kann, wie er mitten in der Stadt für die Gesellschaft gefährlich zu werden beginnt. Doch der Heilige wurde weder verjagt noch getötet, sondern zur Ausnüchterung in eine Beruhigungszelle gesperrt, die man in den hinteren Teilen des halbfertigen Hospital Real mit ein paar Holzbalken improvisiert hatte. Noch heute kann man diese frühe Narrenzelle (oder ihre Nachbildung?) an diesem Ort bewundern.

Doch San Juan de Dios beruhigte sich schnell und wurde dann, nach Abklingen der akuten Phase, zu kleineren Arbeiten im Haus herangezogen. Dabei erwies er sich zum ersten Mal in seinem Leben als brauchbar und dann sogar als vorbildlich, weil er bei einem Brand gelähmte Kranke aus den Flammen des Spitals herausholte. Oft ist er so als Lebensretter gemalt worden.

Berühmter aber wurde ein anderes Bild. Man sieht dort, wie San Juan de Dios auf seinen Schultern einen Kranken in das Spital hineinträgt, mit der Last aber zusammenzubrechen droht, während ihm ein Engel unter die Arme greifend Kraft gibt und so wieder hochhilft.

41 San Juan de Dios trägt einen Kranken ins Spital. Gemälde von Esteban Murillo im Hospital de la Caridad in Sevilla

Der aufwühlende Hinweis-Charakter dieses Bildes, der Anruf, wie wir alle leben sollten, obwohl es nur wenige tun, hat die Betrachter oft ergriffen. Noch immer findet man dieses Meisterwerk des Esteban Murillo als Reproduktion in vielen spanischen Krankenhäusern.

Vom Bischof in Granada unterstützt, der ihm auch den neuen Namen Juan de Dios gab, sammelte der Heilige Gleichgesinnte um sich und gründete verschiedene kleinere Hospitäler, die oft verlegt wurden. Erst nach seinem Tode entstand das später immer wieder erweiterte Hospital de San Juan de Dios in Granada, dem bald weitere in anderen Städten des Landes und dann rund um den Erdball folgten. Aus politischen Gründen wurde der Orden in einen spanischen und einen französischen Zweig geteilt. Die Zentrale für Spanien und Südamerika ist immer noch in Granada, wo wichtige Archive im Sterbehaus des Heiligen, der *Casa de los Pisas* auf Bearbeiter warten. Die zweite Ordenszentrale für Frankreich und Italien, Bayern, Österreich und Polen, also für die nicht-spanische Welt, findet man in Rom, und zwar – welch ein Zusammentreffen! – gerade auf jener Insel im Tiber, zu der die Asklepios-Schlangen aus Epidauros kommend fast 2000 Jahre vorher hinüberschwammen.

In Portugal bestand schon immer der Gegensatz zwischen den wenigen reichen Hafenstädten und dem armen und sehr viel dünner besiedelten Inneren des Landes. Um 1500 gab es besonders in Porto, nach dem der Staat benannt wurde, und in Lissabon[13] zahlreiche kleine Hospitäler. In der Hauptstadt faßte der König Dom João II. (1481–1495) alle Stiftungen zusammen. Dann wählte er den großzügigen Namen *Hospital Real de Todos-os-Santos* (1490) und ließ einen Neubau auf kreuzförmigem Grundriß beginnen, der schließlich im Jahre 1504 vom glückbegünstigten König Dom Manoel (1495–1521) eröffnet wurde. Dieses bald weltbekannte Hospital, das auch zum Vorbild vieler Gründungen in den Überseegebieten, in Indien (Goa) und China (Macao), in Afrika und Brasilien wurde, ist leider beim Großen Erdbeben (1755) in wenigen Minuten in einen brennenden Trümmerhaufen verwandelt worden. Erst sorgfältige Studien und Ausgrabungen haben in den letzten Jahren die genaue Lage und die Bauformen in Umrissen rekonstruieren können.

Portugal hat in den Jahrzehnten um 1500 aber auch eine neue wohltätige Institution hervorgebracht, die man sonst kaum finden kann, nämlich die *Santa Casa da Misericórdia.* Diese Einrichtungen wurden von Bruderschaften getragen, die auf die Rainha Dona Leonor (1458–1525) zurückgehen. Als früh verwitwete Gemahlin des Königs Dom João II. errichtete sie vor allem in der Regierungszeit ihres Bruders, des Königs Dom Manoel, die ersten Stiftungen dieser neuen Art. Noch heute ist in Lissabon das alte Portal der Santa Casa da Misericórdia erhalten. Caldas da Rainha, ein Badeort im Norden des Landes, der nach Dona Leonor benannt ist, entwickelte sich um ihr Spital.

Das Chaos des Großen Erdbebens (1755) fiel in die Regierungszeit des Königs Dom José (1750–1777), der die Entscheidungen jedoch weitgehend seinem aufgeklärten Minister Pombal überließ. Er war es, der das Land wiederaufbaute und tiefgreifende Reformen durchführte. Dann vertrieb er die Jesuiten aus ihrer Monopolstellung an den Hochschulen und wagte schließlich als einer der ersten eine antikuriale Politik durchzuführen. Dazu gehörte auch die Eröffnung des *Hospital Real de São José* (1775) in Lissabon im leerstehenden Jesuiten-Kollegium. Noch ist ungeklärt, ob dieses später wichtigste Krankenhaus des Landes sofort als Patientenbehandlungsstätte geschaffen wurde. Vielleicht hat man mehr die Tradition des Hospital Real de Todos-os-Santos fortsetzen wollen, in dem allerdings auch schon viele Kranke behandelt, Irre aufgenommen und sogar Chirurgen geschult worden sind.

Schwierig ist die Entwicklung auch in Porto zu beurteilen, das fast gleichzeitig mit Lissabon ein neues Groß-Spital eröffnete, das dem Santo António geweiht wurde. Damit war aber nicht der Ur-Mönch aus Ägypten gemeint, sondern jener Franziskaner Antonius, der aus Lissabon stammte und in Padua als *il santo* in seiner großen Kuppelkirche auch von den Italienern sehr verehrt wurde. Wegen der Handelsbeziehungen mit London (Getreide aus Amerika, Portwein nach England, Fertigwaren in die amerikanischen Kolonien) und den großen Geldüberschüssen in Porto sind die Baupläne des *Hospital de Santo António* (seit 1770) vom englischen Baumeister John Carr entworfen worden. Er kam aber nie auf die Baustelle, wo man zudem nur einen der vier riesigen Flügel schleppend im damals modischen Geschmack des Italieners Andrea Palladio ausführte. Das schöne, heute noch gut erhaltene Gebäude, ist von der Aufklärung geprägt und wirkt wie ein klassizistisches Krankenhaus. Trotzdem dürfte der Hospital-Charakter zunächst überwogen haben. Denn mit dem Bau des Hauses holte man in Porto erst sehr verspätet jene Zusammenlegung kleiner Stiftungen nach, die Dom João II. in Lissabon schon 1490 eingeleitet hatte.

9. Hospitäler in Frankreich und in den Niederlanden

Auch in diesen Ländern soll zuerst die Frage gestellt werden, ob vielleicht hier Ärzte in Hospitälern häufiger nachzuweisen sind. Denn es ist kaum vorstellbar, daß die vielen bahnbrechenden Neuerungen, die der französischen und holländischen Heilkunde ihr Gepräge gaben, außerhalb der Bettensäle zustandekamen. Ähnliche Überlegungen gelten noch mehr für die französische Chirurgie, die viele Jahrhunderte lang zu den besten der Welt gehörte. Bevor jedoch gefragt werden kann, seit wann es in den großen Spitälern in Paris und Lyon, in Rouen und Bordeaux Operationsabteilungen gab, ist es nötig, die Errungenschaften und Entdeckungen der Chirurgie in Frankreich in großen Zügen kennenzulernen.

Die Anfänge der Wundbehandlung gehen auf Italien zurück. Guido Lanfranco, ein Chirurg aus Mailand, wurde von Philippe le Bel, König von Frankreich (1285–1314) an seinen Hof geholt, wo er mit Henri de Mondeville (1260–1320), der in Montpellier studiert hatte, zusammentraf. Noch berühmter als beide war jedoch bald der etwas jüngere, ›beste Chirurg des späten Mittelalters‹, Guy de Chauliac (1300–1370), der im Dienst der Päpste stand, die damals vorübergehend in Avignon (1309–1377) residierten. Als (Harnblasen-)Steinschneider und Starstecher höchst erfolgreich, hat Guy aber leider noch einmal Galen folgend, das Eitern der Wunde als wünschenswerte *coctio*, als Kochung und Voraussetzung der Heilung betrachtet.

Völlig neue Wege beschritt Ambroise Paré (1510–1590). Er wurde als Sohn eines Feldschers in Laval in der Normandie geboren, wo heute noch sein Denkmal steht, und machte dann eine regelrechte Baderlehre im Hôtel-Dieu in Paris, um so sein Handwerk von Grund auf zu lernen. Dann zog er mit der Armee in den Krieg nach Italien, denn das Schlachtfeld war damals der beste Platz für junge Chirurgen, die in der Praxis Sicherheit im Zugreifen erwerben wollten. Außer Amputationen direkt auf dem Kampfplatz hatte der Feldscher häufig Hieb- und Stichwunden, Knochenbrüche und Verrenkungen zu behandeln. Seit der Erfindung des Schießpulvers (um 1400) und vor allem der Handfeuerwaffen kamen neuartige Verletzungen hinzu. Oft mußten tief eingedrungene Kugeln und Splitter mit Sonden geortet und mit besonderen Zangen herausgezogen werden. Wenn Pulverreste die Wunde verunreinigten, dann galt sie sogar (fälschlicherweise) als vergiftet. Man hielt es in solchen Fällen für lebensrettend, mit dem glühenden Eisen wie in der Tierheilkunde die Wundflächen zu verbrennen. Noch schrecklicher war es, heißes Öl hineinzugießen in der irrigen Vorstellung, man könne so auch jene tiefliegenden Wundnischen erreichen, in die mit dem dicken Glüheisen nicht mehr vorzudringen war.

Es ist das große Verdienst von Paré, als junger Mann durch eigene Beobachtung am Patienten klar erkannt zu haben, daß Schußwunden nicht vergiftet sind und daß die Verschorfungsbehandlung mit dem Eisen wie dem Öl nur schädlich ist. Auch diese Verletzungen sollten am besten ›p.p.‹ *(per primam intentionem)* und damit ohne »guten und lobenswerten Eiter« heilen. Wieder war der verheerende Einfluß des kanonischen Galen-Textes des Mittelalters ein weiteres Stück zurückgedrängt.

Daß man aber auch Segensreiches von den Alten lernen konnte, hat Paré später gezeigt. Mit Hilfe römischer Texte erkannte er, wie wichtig und oft lebensrettend es war, spritzende Arterien oder auch größere Venen nach Verletzungen und beim Messer-Eingriff mit einem Faden zu unterbinden. Zur ›Wiedereinführung der Ligatur‹, der bereits die blutsparende Alexandrinische Operationskunst (um 300 v. Chr.) ihre großen Erfolge zu verdanken hatte, kam als dritte wichtige Neuerung in der Geburtshilfe ›die Wendung‹ auf den Fuß hinzu. Dadurch gelang es, ungünstige Querlagen in gebärfähige Positionen zu verwandeln.

Man kann sich nur mit Mühe vorstellen, daß Ambroise Paré all diese epochemachenden Neuerungen kaum in Spitälern und sicher nicht in Operationssälen entwickelte. Ohne Narkose und ohne Asepsis hat der Meister seine Patienten im Bett und auf dem Schlachtfeld oder meistens im Kriegszelt operiert. Als Leibchirurg des Königs nahm er am Ende seines langen Lebens eine bis dahin unbekannte Vertrauensstellung ein. Vor allem aber hatte er Zutritt zur Bibliothek des Königs und konnte sich deshalb auch seltene chirurgische Werke vorlesen und übersetzen lassen. Denn Bader und Feldscherer sprachen wie Hebammen und Pflegerinnen nur die Landessprache.

Dies änderte sich auch in den nächsten Jahrzehnten nicht, in denen der *premier chirurgien du roi* seine starke Stellung am Hofe weiter ausbauen konnte. Immer deutlicher erkannte man, daß es für den Erfolg militärischer und staatspolitisch wichtiger Unternehmungen oft entscheidend war, gut geschulte Chirurgen zu haben. Wie ausgiebig die Gunst des Sonnenkönigs und seiner Nachfolger als belebender Tau auf die Bader-Lehrlinge fiel, wurde erst ganz deutlich, als George Maréchal und François de la Peyronie in Paris die *Académie Royal de Chirurgie* (1731) gründeten. Sie erhielt fast 50 Jahre später einen prunkvollen Neubau (1769–1786), den der Baumeister Jacques Gondoin ausführte. Wie sehr alles plötzlich eilte, zeigt die Nachricht, daß der König schon 1775 das halbfertige Haus eröffnet habe. Wieder möchte man vor allem Operationssäle und Krankenbehandlungsräume erwarten. Statt dessen gab es lediglich einen auffallend großen Hörsaal und wieder Bücher. Der Unterricht blieb theoretisch. Praktische Erfahrung konnte man nach wie vor auch um 1700 nur auf dem Kampfplatz erwerben.

Aus den französischen Ärzten ragt um 1500 Jean Fernel (1506–1588) deutlich heraus. Wenn man ihn als ›größten Kliniker der Zeit‹ bezeichnen will, dann sollte hinzugefügt werden, daß es damals noch keine Kliniken und keine Krankenhäuser gab, sondern nur Hospitäler. So gelehrte Galen-Kenner und Humoralpathologen wie Fernel betraten diese Häuser aber nur ausnahmsweise. Da er zu den ersten gewissenhaften Ärzten gehörte, die auch den Mißerfolg ihrer Bemühungen überprüften, führte er sein Leben lang viele Leichenöffnungen durch. Auch diese konnten nur selten in Hospitälern stattfinden.

Auffallend hospitalfern lebte auch Jan Baptist van Helmont (1577–1644), der Begründer der Iatrochemie und Entdecker des Kohlendioxyds. Da seine Retorten-Versuche und Destillier-Öfen sehr teuer waren, heiratete er eine reiche Witwe, zog sich in ein elegantes Landhaus bei Brüssel zurück und lehnte es ab, im Hospital oder wenigstens an der Hochschule irgendwelche Aufgaben zu übernehmen.

Auch die Begründer der vitalistischen Schule in Montpellier[14], Théophile de Bordeu (1776 gest.) oder der überragende François Boissier des Sauvages (1767 gest.), waren nur locker mit dem Hôtel-Dieu und dem Hôpital géneral ihrer Universitätsstadt verbunden. Wieder möchte man erwarten, daß eine Gesundheitslehre, die von Etienne B. Condillac beeinflußt war und deshalb *le principe vital* und die ›Lebenskraft‹ in den Vordergrund stellte, als Resultat jahrelanger Hospitalerfahrungen zustandekam. Tatsächlich war aber auch hier Lesen und Philosophieren wichtiger.

Wie sehr um 1800 vieles dennoch anders geworden war, soll noch einmal durch Paré deutlich gemacht werden. Sein schöner Leitspruch lautete: »Je le pansais, Dieu le guérit« (Ich verband ihn, der Herr aber hat ihn geheilt). Diesem Gottvertrauen entsprach bei den Vitalisten die Hoffnung auf die ›Heilkraft der Natur‹. Sie zu unterstützen war alles, was der Arzt ›als Knecht‹ nach einem uralten Topos seit den Tagen des Galen tun konnte.

Frankreich[15] hat um 1500 die Impulse aus Italien und Spanien erstaunlich verzögert aufgenommen. François I. (1515–1547) und die auf ihn folgenden Könige waren als wichtigste Gegner des Kaisers Karl V. wenig geneigt, die neuartigen Großspitäler und Kreuzhallen nachzuahmen. Erst nach der Mitte des Jahrhunderts hat Philibert Delorme (1561, 1570) ein Projekt[16] für ein Hôtel-Dieu vorgelegt, das vier kreuzförmig zueinander liegende Bettenhallen zeigt. In der Mitte sollte jedoch zum großen Erstaunen vieler Betrachter keine Kapelle liegen wie in Mailand, Santiago oder Lissabon, sondern ein quadratischer Hof, der viel breiter war als die Säle, so daß der Gesamteindruck einer orientalischen Vier-Liwan-Anlage zustandekam. Es ist nie geklärt worden, ob Philibert Delorme als einer der besten Baumeister des Landes besonders gute Beziehungen vielleicht über Marseille nach Kairo und Damaskus hatte oder ob der auffallend unchristliche Verzicht auf die Kapelle und den Altar im Zentrum dem Wunsch entsprach, anders als die bedrohlichen Habsburger zu bauen.

Zu solchen Empfindlichkeiten paßt auch, daß Marie de Medici (1573–1642), jene aus Florenz stammende Gemahlin des Königs Henri IV (1589–1610), die als Witwe Frankreich de facto jahrelang regierte, aus ihrer italienischen Heimat die sehr beliebten Barmherzigen Brüder des San Juan de Dios mitbrachte, sie aber ganz von ihrer spanischen Zentrale in Granada trennte. Damals entstand aus staatspolitischem Kalkül der zweite Ordensmittelpunkt in Rom auf der Tiber-Insel. Seither sprach man auch in Italien lieber von den *Fatebene-Fratelli* (weil die Brüder mit dem Ruf »Tut Gutes!« durch die Straßen zogen), während in Frankreich nur noch von den *Frères de la Charité* die Rede war. Der Name des San Juan de Dios sollte zurückgedrängt, das Prinzip der Caritas aber betont werden. So überrascht es nicht, daß damals in Paris das *Hôpital de la Charité* (1607) aus kleinen Anfängen schnell aufblühte und dank der Förderung durch die Königin bald zu einem der besten Hospitäler in Europa wurde. Auch die *Berliner Charité* übernahm noch über ein Jahrhundert später

42 Paris, Hôpital de la Charité. 1601 gegründet, 1608 Neubau begonnen, oft erweitert. Blick in eine *Infirmerie*. Kupferstich von Abraham Bosse

(1726) von dort ihren Namen, den man absichtlich nicht ins Deutsche übersetzt hat. Dies alles zeigt, wie wichtig Johannes von Gott und seine Brüder gewesen sind. Ihm war es zu verdanken, daß es nun auch in Frankreich eine verbesserte Pflege der Alten und Kranken gab und daß außerdem erste Irrenabteilungen entstanden. Weitere Ruhmestaten des Ordens waren die Sanitäterdienste im Krieg, die Förderung der Chirurgie und der Aufbau vorbildlicher Hospitalapotheken.

Wie sehr die Gunst der Könige, vor allem aber der Königinnen jahrzehntelang den Orden der Frères de la Charité gefördert hat, zeigt ein altes Bild, das den Blick in einen der Bettensäle freigibt. Man sieht, wie die Lagerstätten – von großen Vorhängen umgeben – an der Wand entlang parallel zueinander aufgereiht sind. Am Ende der Halle steht nach wie vor der für alle sichtbare Altar, so daß der sakrale Charakter des Hospitals trotz aller Pflege- und Behandlungsabsicht nicht bezweifelt werden kann. Gegenüberliegende große Fenster erlauben eine vorbildliche Lüftung und Beleuchtung. Daß eine solche Halle nicht heizbar war, zeigen die typischen ›Himmelbetten‹. Auch die wenigen offenen Feuerplätze, die (hier nicht sichtbar) im Rücken des Betrachters liegen, sollten nicht erwärmen, sondern mit der heißen Luft durch ihre Schornsteinwirkung den gefährlichen Gestank hochziehen, um ihn so über den Kamin auch dann aus der Halle zu entfernen, wenn die Fenster an Regen- und Nebeltagen geschlossen bleiben mußten. Wie sehr der Bettensaal aber auch in anderer Hinsicht als funktions-durchdacht und pflegefreundlich bezeichnet werden kann, zeigen weitere Einzelheiten, wie der mit Steinplatten belegte Fußboden oder die freibleibende Mitte des Saales. Hier wurde ein Tisch mit großen Schüsseln aufgestellt. Auch die Königin von Frankreich ließ es sich nicht nehmen, zusammen mit ihren elegant gekleideten Hofdamen den Armen und Kranken Essen zu bringen. Dieser Pflegedienst hatte aber nicht den Sinn, Personal zu sparen und die Kosten zu senken, die Brüder zu entlasten oder sich beim Volk beliebt zu machen. Vielmehr nutzte die Königin hier die Gelegenheit, immerhin einige Werke der Barmherzigkeit auszuführen, nämlich Hungernde zu speisen, Dürstenden zu trinken zu geben und Kranke zu besuchen. Daß dies alles ohne Entgelt und ›für nichts‹ oder ›um Gottes Willen‹ geschah, versteht sich von selbst. Denn dieses Handeln sollte erst später dem Heil der Seele zugute kommen. Man sieht aber auch, welche Finanzierungsschwierigkeiten die augustinische Gnadenlehre des Martin Luther in den protestantischen Ländern heraufbeschworen hatte. Deshalb ist die Essen austeilende Königin auch als politische Demonstration für den französischen Katholizismus zu verstehen.

Betrachtet man die anderen großen Hospitalneubauten, die nach 1600 entstanden sind, dann kann man feststellen, daß sich die Kreuzhalle mit großer Verzögerung doch noch durchzusetzen begann. In Dijon[17] errichtete man beim alten *Hôpital du Saint-Esprit,* das die Herzöge von Burgund einst (1204) gegründet hatten, eine *grande salle* (1595), deren kreuzförmige Struktur oft übersehen wurde. Obwohl genauere Beschreibungen fehlen, zeigt eine Jahrzehnte später entstandene Grundrißzeichnung sehr deutlich, wie von einer Kapelle, die sich allerdings kaum aus dem Zentrum heraushebt, zwei prächtige Hallen mit langen Bettenreihen abgehen. Zwei weitere Säle, die vielleicht Obergeschosse hatten, sind am Altarraum rechtwinklig angesetzt. Da später durch Querwände alles unterteilt wurde, konnten die meisten Besucher die kreuzförmige Grundriß-Disposition nicht mehr erkennen. Doch bleibt zu hoffen, daß die kürzlich aufgenommenen Wiederherstellungsarbeiten vielleicht doch die traditionsreichen alten Bauformen noch einmal sichtbar machen können.

Sehr viel prägnanter ist eine andere frühe französische Kreuzhalle in Lyon gestaltet worden. Sie gehört zu den Erweiterungen des uralten *Hôpital du Pont,* das lange Zeit an der letzten Rhône-Brücke vor der Mündung lag. Erst später hat der Pont St. Esprit und der Pont d'Avignon für viele Pilger die Flußüberquerung weiter abwärts erleichtert. Vom Bischof als Hôtel-Dieu übernommen, trotzdem aber mit Stiftungsmitteln der Bürger finanziert, wuchs das Haus an der Brücke zu einem der größten Hospitäler im alten Frankreich heran. Erhalten hat sich von den Gebäuden nur noch die heute fast vergessene ältere Kuppel, die der Baumeister Laure (1622) über einer quadratischen Kapelle errichtete. An sie waren vier gleich große Hallen kreuzförmig angefügt.

Ähnliche Prinzipien liegen auch in Paris dem *Hôpital des Incurables* (1635–1649) zugrunde, das heute aber *Hôpital Laënnec* genannt wird. Der Baumeister Christophe Gamard errichtete dort beiderseits einer Kirche zwei völlig voneinander getrennte Kreuzhallen. Da er auf alle ummantelnden Flügel verzichtete und am Ende der Säle nur ein dekoratives Treppenturmpaar anfügte, kam die große Wirkung spanischer Kreuzhallen und ihrer monumentalen Eingangswände nicht zustande. Leider wurde dies aber später durch

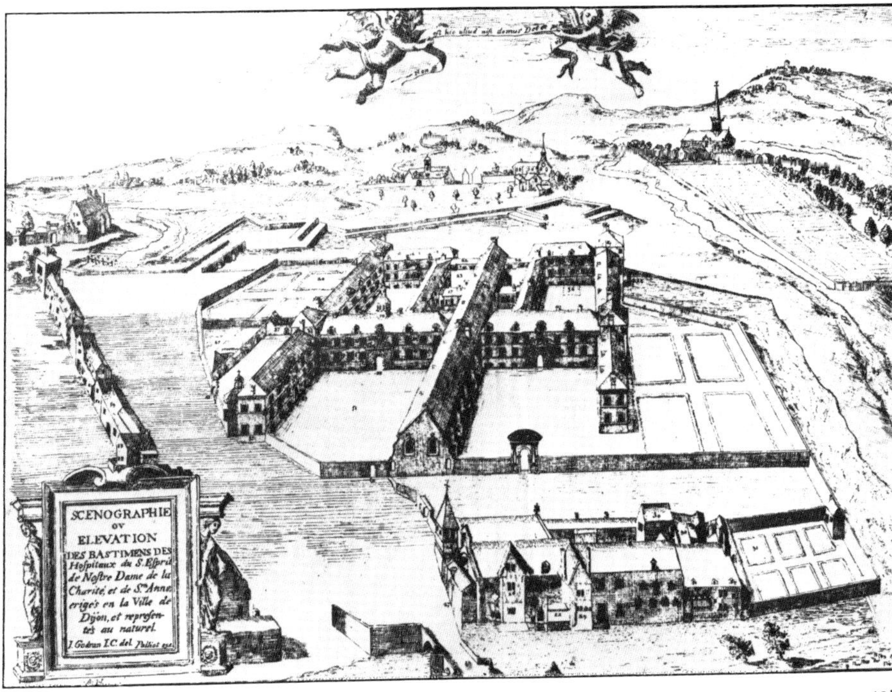

43a

43b

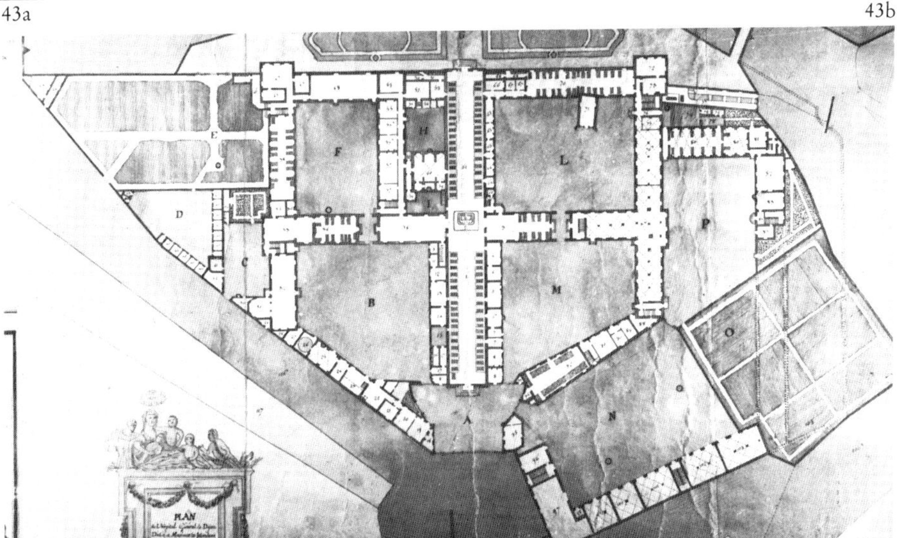

43 Dijon, Hôpital du St. Esprit et Hôpital de la Charité. 1204 gegründet. Vogelschau (a) und Grundriß (b). Centre Hospitalier, Dijon

vorgeblendete Anbauten in kleinlichen Bauformen halb nachgeholt, wobei auch das Innere unterteilt und in Einzelräume zerschnitten wurde. So ist auch dieses prächtige alte Spital, das langsam an der Rue de Sèvre zerfällt, so maskiert, daß sogar viele Pariser Ärzte die Kreuzstruktur nicht erkannt haben.

Am Ende des Jahrhunderts machte der Baumeister Desgodet (1700) den Vorschlag, zwischen die vier Säle einer Kreuzhalle weitere vier Flügel einzuschieben. Zwar mußten dann dreieckige Höfe hingenommen werden, und außerdem wären die acht radiären Bauten unterschiedlich lang geworden, weil alles in einem quadratischen Feld Platz finden sollte.

Völlig andere Wege ging der damals noch unbekannte Jacques Germain Soufflot in Lyon, der später in Paris das Panthéon (1764–1790) errichtete. Er schlug vor, den neuen Rhône-Flügel des Hôtel-Dieu nicht mehr direkt kreuzförmig zu gestalten, sondern ›die Arme zusammenzuklappen und paarweise übereinanderzulegen‹. Da außerdem alle Säle in der Längsachse halbiert waren, öffneten sich schließlich wiederum acht Bettenhallen in eine zentrale Kirche, die nun um so größer und heller zu gestalten war und zudem endlich wieder eine Schauseite hatte. Sie erlaubte es auch ohne zusätzliche Ummantelungen, ein Fassadenprogramm zu entwickeln. Die schleppend, in vielen Abschnitten durchgeführte Verwirklichung dieser Planungen (1737–1742–1751) ließ am Ende trotz allem eine Fassade entstehen, die bei vielen Franzosen immer wieder Stürme der Begeisterung ausgelöst hat. Gewiß wäre zu den edlen Proportionen dieser Front in ästhetischer Hinsicht viel zu sagen. Auch die Tönung dieses Barock, der durch klassische Stilelemente der Antike und Renaissance auf eine sehr französische Weise gebändigt war, müßte besonders beschrieben werden. Sogar der aufgeklärte englische Philanthrop John Howard, der fast nur Mißstände anprangerte, war noch um 1780 so begeistert, daß er den Rhône-Flügel des Soufflot in Kupfer stechen und zur Nachahmung (1792) in sein Buch aufnehmen ließ.

Außerdem ist der plastische Schmuck zu beachten, der keineswegs nur dekorativ gemeint war, sondern noch einmal auf die großen Sinnzusammenhänge hindeuten und den Zweck der uralten Gründung jedem Betrachter ohne Worte erläutern wollte. Da gab es das alles überragende Kreuz über einer Kugel, die von Engeln emporgestemmt wurde. Sie machten jene Kräfte sichtbar, die zum Sieg des Christentums und der Caritas auf dem ganzen Erdball geführt hatten. Die kantige Kuppel selbst wiederholte die Rundung und zeigte so wieder das Umgreifende und Zusammenfassende des katholischen Prinzips der französischen Charité. Wie sehr aber alles von den Bourbonen-Königen ins Werk gesetzt und stets gefördert wurde, konnte am Kuppelansatz in der Mittelachse noch einmal politisch werbewirksam vorgeführt und aufgezeigt werden. Denn hier sah man unter der Krone von Frankreich die *fleurs de lis*, jene heraldischen Lilien, in einem Wappenfeld, das von der Kette des Ordre de Saint-Esprit umgeben und von zwei flatternden Engeln gehalten wurde. Dann folgten am Sockel der Kuppel vier überlebensgroße Figuren, die christliche Tugenden verkörperten. Noch tiefer standen gleich über dem Eingang die Erzgründer der uralten Stiftung in Gestalt nicht nur karolingischer, sondern sogar merowingischer Frankenkönige. Der Hinweis auf jene lange Tradition enthüllte die junge lutherische Gnadenlehre zusammen mit dem erst kürzlich entstandenen calvinistischen Prädestinationstheorem im benachbarten Genf als Irrtum und

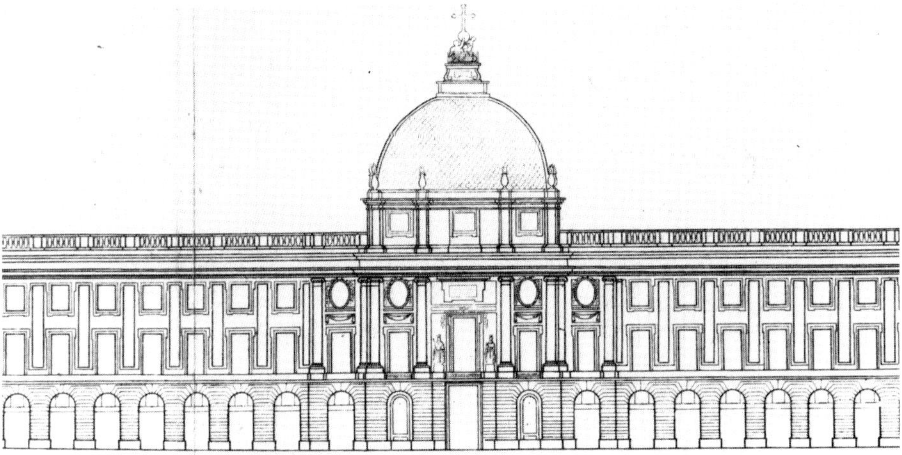

44a

44b

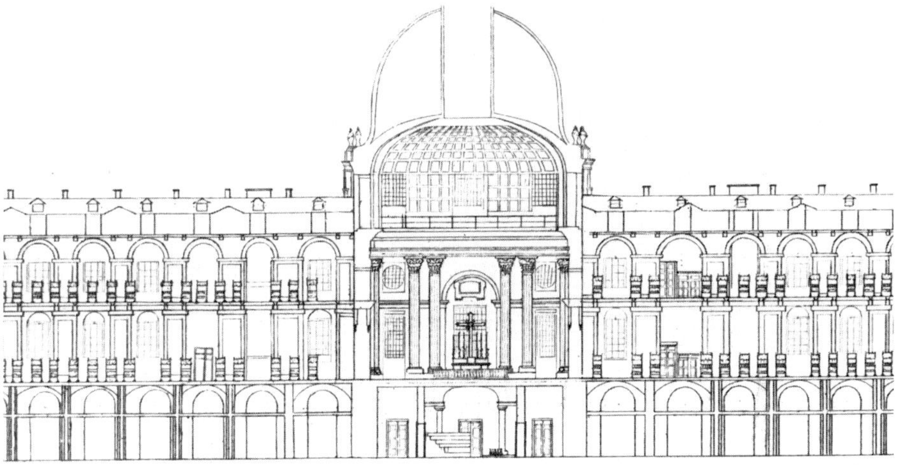

44 Lyon, Hôtel-Dieu, Rhône-Flügel. 1737–1751, Architekt: Jacques Germain Soufflot. Fassade (a) und Schnitt der Rhônefront (b)

stellte den seltenen und armen Hospitälern der protestantischen Länder den kraftvollen Reichtum königlicher Charité sieghaft gegenüber. Deshalb sind die Fenster der Rhônefront so reich und festlich umrahmt; deshalb verbreiten elegant zu Zöpfen gewundene Tücher an der Kirche zusammen mit dem reich gestuften Geländer am Dach eine triumphierende Heiterkeit. Daß auch das Hôtel-Dieu in Lyon immer noch keine primär medizinische Einrichtung, keine Klinik und kein Gesundheitszentrum gewesen ist, kann man an dieser Fassade deutlich sehen. Das Wichtigste aber vollzog sich hinter ihrer Mauer. Hier gab es acht Säle, deren Betten alle optisch und akustisch mit dem Altar in Verbindung standen und so allen Armen, Alten und Kranken jederzeit am unvermeidlichen Ende des Lebens einen guten Tod möglich machten.

In vereinfachter Form ist das in Lyon so prachtvoll verwirklichte Grundmuster immer wieder in Frankreich wiederholt worden. Avignon hat seinem alten Hôtel-Dieu (1754) nach einem Umbau eine neue zusammenfassende Südfassade vorgelegt, aus deren Mitte eine Kapelle, säulengeschmückt und von einem Giebel überhöht, hervorragt. In Les Andelys stiftete ein Sohn des Königs das *Hôpital St. Jacques* (1784?), dessen Kapelle wieder zwischen

45 Mâcon, Hôtel-Dieu. 1761–1770, Architekt: Munat. Blick auf die Eingangsfront mit der ovalen Kuppel

zwei Sälen liegt. Versailles (1720), im Zentrum des Reiches, aber auch das abgelegene Villersexel (1753) in der Burgundischen Pforte, folgten bei ihren Hospitalneubauten derselben Grundidee, die Kirche zwischen die Säle zu legen; und als man schließlich am Vorabend der Revolution in Paris das *Hôpital Cochin* (1780) durch den hervorragenden Baumeister Charles François Viel als Vorbild und Modell errichten ließ, wurden noch einmal die Säle an eine Kapelle angefügt, die aus der Mitte der Fassade leicht vorragte.

Es sei aber nicht verschwiegen, daß auch die Struktur der Kreuzhalle keineswegs aufgegeben wurde, sondern als Alternative weiterwirkte. Aus diesen Bauten ragt in Mâcon ein Hôtel-Dieu (1761–1770) heraus, das im hinteren Flügel eine ovale Kapelle hat. An ihre Breitseiten sind vier Hallen angebaut, die paarweise nebeneinanderliegen. Ein fünfter Saal öffnet sich zu der Schmalseite des Ovals, so daß eine T-förmige Grundstruktur zustande kam, die dann rechtwinkelig ummantelt wurde. Ein anderes Hôtel-Dieu, das in Langres

(1775) entstand, gilt seit jeher wegen seiner Grundrißform als ganz besonders einfallsreich, weil hier das Kreuz sehr ungewöhnlich halbiert war. An eine kreisrunde Kapelle hatte man zwei Säle rechtwinkelig zueinander angefügt. Vor diese Hallen waren im Winkel von 45° Grad zwei weitere Bauten geschoben, die damit parallel zueinander lagen und einen Hof umfaßten, der zur säulengeschmückten Vorhalle der Kapelle führte. Die Ecken der beiden Bettensäle waren alle diagonal abgenommen, so daß hier achteckige Räume entstanden, die sich besser an den runden Kuppelraum anfügen ließen und zudem dessen achtkantige Ummantelung erleichterten.

Während manche Baumeister weiterhin viel Scharfsinn und Einfallsreichtum bei der Suche nach perfekten Formen aufgewandt haben, was ja in Frankreich damals als sehr lobenswert galt, beschritten andere Architekten bereits völlig neue Wege. Das größte Hospital des Landes, das alte Hôtel-Dieu in Paris, war nämlich 1737 und noch einmal 1772 von verheerenden Bränden heimgesucht worden. Dadurch entstand die Frage, ob am traditionsreichen Platz, der viel zu eng gewordenen Seine-Insel, wiederaufgebaut werden sollte oder ob es besser sei, alles an die Peripherie, und zwar an eine oder mehrere Stellen zu verlegen. Endlose Verhandlungen um Bauformen und Finanzierungsprobleme, um die Mortalität und die damals so schwierigen Lüftungsfragen entstanden.[18] Sie sollen hier aber nicht mehr beachtet werden. Denn die Fülle der auch heute noch sehr lehrreichen Kommissionsvorschläge ist nur mit Mühe zu überblicken. Außerdem beendete die Revolution 1789 die Arbeit der Streitenden, bevor sich praktikable Lösungen abzuzeichnen begannen; und als Jahrzehnte nach den Unruhen endlich wieder gebaut werden konnte, entstanden ohnehin keine Hospitäler mehr, sondern typische Patientenbehandlungsstätten, die wir in Deutschland Krankenhäuser nennen würden, während unsere französischen Nachbarn allerdings trotz allem Umsturz am alten Wort Hôpital festhielten.

Die Niederlande haben nach 1500 kaum größere Neubauten errichtet.[19] In den katholischen Südprovinzen, die von Spanien und dann von den österreichischen Habsburgern regiert wurden, lag es nahe, sich nach Madrid und Wien, aber auch nach Paris zu orientieren, seitdem die französischen Könige große Teile dieses Gebiets an sich gebracht hatten. Trotz allem Wechsel blieben Brüssel und Antwerpen, Lüttich und Löwen aber katholisch.

Die nördlichen Gebiete hatten im ›Freiheitskampf der Niederlande‹ ihre Unabhängigkeit von Spanien und der katholischen Kirche erkämpft (1568–1648). Damit war der Fortbestand des Calvinismus gesichert. Zugleich aber entstand jene sprichwörtliche Toleranz der Holländer, die zahlreichen kleineren Kirchen und Sekten (Pilgerväter) und schließlich auch reichen jüdischen Gemeinden gute Entfaltungsmöglichkeiten bot. Den Hospitälern kam dies nicht zugute. Sie blieben klein und kapitalschwach. Erwähnt seien in Zaltbommel das *Gasthuis* (1525), dem in Hoorn das *Sint Jans Gasthuis* (1563) entsprach. Später kamen meistens nur Erweiterungen zustande. Auch in den reichen Fernhändlerstädten Amsterdam[20] oder Rotterdam, aber auch in Leiden[21] und Delft[22] hat man keine Großspitäler wie in den katholischen Ländern errichtet. Die zahlreichen kleinen Neubauten wurden aber stets sehr sorgfältig ausgeführt und haben heute gerade durch das Niedrige und Offene ihren besonderen Reiz. Als markante Beispiele seien genannt in Den Haag das auffallend große *Hofje van Nieuwkoop* (1661) und in Marssum in Friesland das liebenswerte *Popta-Gasthuis* (1711–1713).

Fast immer sind nur 12 oder 24 alte Leute (einfaches oder doppeltes Apostel-Kollegium) in Kleinwohnungen für den Rest des Lebens aufgenommen worden. Über dem Wohnraum mit der Kochecke lag im Dach die *slapkammer*, die nur über eine steile Schiffstreppe zu erreichen war.

Die Übergänge vom *Gasthuis* zum *Hofje* und zum *Oude Mannen Huis* sind fließend und erinnern immer wieder an das englische *Almshouse*, das ja ebenfalls kaum vom *College* und von den *Höfen und Gängen* in Lübeck oder Hamburg abzugrenzen ist. All diese Bauten galten aber unter ärztlichen Gesichtspunkten für wenig beachtenswert, weil kaum Kranke, sondern vor allem alte Menschen hier wohnten, für deren Zusammenleben man in Holland manch beispielhafte Anregung findet. Aber auch hier war es entscheidend, die späten Tage nicht nur angenehm zerrinnen zu lassen, sondern die letzte Gelegenheit zur Rettung der Seele zu nutzen.

10. Hospitäler im deutschen Sprachgebiet

Der einzige Arzt, der in Deutschland um 1500 weltbekannt geworden ist, war eine eigentümliche Persönlichkeit, die sich nach Humanisten-Art den Namen Paracelsus gab. Vielleicht wollte er neben den damals wiederentdeckten römischen Sammler Celsus gestellt werden, nicht aber zum allseits hochgeschätzten Galen, dessen Humoralpathologie er als einer der ersten wütend bekämpfte.

Man möchte annehmen, daß solch grundlegende Neuerungen der Krankheitslehre nur als Ergebnis jahrelanger Studien im Hospital zustandekommen können. Doch schon das Leben des Paracelsus zeigt, wie völlig anders sein Weg verlief. Er stammte aus Einsiedeln in der Schweiz, wo seine Mutter (1502) viel zu bald starb und so den kaum Zehnjährigen als Halbwaisen zurückließ. Sein Vater, ein Arzt aus Schwaben, ging nicht nach Hohenheim bei Stuttgart zurück, nach dem er benannt wurde, sondern nach Villach in Kärnten, wo er gute Arbeitsmöglichkeiten an den Bergwerken erhoffte. Hier hatte der junge Paracelsus erste Berührungen mit der faszinierenden Welt der Alchemie. Er sah, wie die mühsam gewonnenen Steine aus der Tiefe der Erde auf riesigen Feuern erhitzt und so das Erz ausgeschmolzen und die Metalle voneinander geschieden wurden. Wenn später andere Ärzte zur Erklärung der unvorstellbaren Vorgänge im Innern des Patienten immer gerne zum Bild des Mischkübels griffen, in dem einer der vier Kardinalsäfte überhand genommen hatte, dann dachte Paracelsus lieber an einen feuerumspielten Alembik, eine gläserne Destillier-Kugel, in der ein Meisteralchemist (Archäus) als ›Träger des Lebens‹ mit Hilfe der brennenden Flamme (Schwefel / Sulfur) das flüchtige Gas (Quecksilber / Merkurius) abzutrennen vermochte, so daß am Ende nur noch der feuerbeständige Rückstand (Salz / Sal) sichtbar zurückblieb.

Doch bevor dieses Wissen um die Gesetze der Stoffe vertieft war, rannte Paracelsus von zuhause weg und begann mit 16 Jahren jene lebenslange Wanderschaft, die erst mit seinem Tod (1541) in Salzburg in der Kaigasse enden sollte. Nach dem Studium in Ferrara, das mit der Promotion abgeschlossen wurde, zog er durch Italien (1517) und Spanien, England und Schweden (1520). Er war in Venedig (1523) und Straßburg (1526), von wo er – bereits berühmt – an das Krankenbett des Humanisten-Verlegers Johannes Froben nach Basel geholt wurde. An allen Orten ist er mehr oder minder nachweisbar; aber nie kann man zeigen, daß er Hospitäler betrat, Leproserien besuchte oder gar Pesthäuser zum Feld seiner Beobachtungen machte.

Paracelsus lebte aber auch nicht in Bibliotheken, als er seine Erfahrungen schließlich zu Papier brachte. Er begann mit einer Schrift »Über die Pest« (1534). Dann folgte ein Buch »Über die Bergsucht« (1535, Beginn der Arbeitsmedizin!) und ein chirurgisches Werk »Die Große Wundarznei« (1536). Genannt sei noch das Buch »Von den tartarischen Krankheiten« (1537) und das rätselreiche Werk mit dem tiefsinnig-naturkundigen Titel »labyrintus medicorum errantium« (1538).

Sogar ein Spitalbuch schrieb Paracelsus. Aber man wird sich damit abfinden müssen, daß all diese Schriften nichts Handfestes über Hospitäler sagen, sondern sogar betonen, man solle die Bücher verlassen und im ›Buch der Natur‹ lesen; man solle bei Badern und Schäfern, bei Kräuterweibern und Wanderheilkünstlern lernen. Nirgends findet sich auch nur der geringste Hinweis, die Beobachtungsmöglichkeiten zu nutzen, die in zahllosen Hospitälern überall in Europa gegeben waren.

Nimmt man Chirurgen hinzu, dann ändert sich nichts an diesem Bild. In Straßburg wirkten damals fast gleichzeitig mit Paracelsus zwei erfahrene Feldscherer, die beide umfangreiche Werke schrieben. Sie wurden dank der neuen Erfindung des Buchdrucks weit verbreitet. Hieronymus Brunschwig (1497) vertrat zwar noch die Auffassung, Schußwunden seien vergiftet und müßten deshalb ausgebrannt werden. Seine Operationsmethoden und seine zuverlässigen Instrumente zeigen jedoch, daß ein Könner am Werk war, der allerdings nie erwähnte, wo er seine Eingriffe durchführte.

Ganz ähnlich liest sich auch in altertümlichem Deutsch das Werk des Hans von Gersdorff (1517), obwohl sein Titel »Feldbuch der Wundarznei« bereits mehr auf die militärische Anwendung chirurgischen Wissens eingestellt war. Auch hier nimmt die Glüheisenbehandlung, das »Cauterisiern und Bluotstellen« einen breiten Raum ein. Das bekannte Bild »Serratura« zeigt sogar eine Unterschenkelamputation, bei der die zu rettende Patientin, ein Tuch über den Augen, auf einem Stuhl im Zimmer sitzt. Doch wieder bleibt völlig offen, ob der Eingriff im Bauernhaus improvisiert werden mußte, oder ob man nach sorgfältiger Vorbereitung vielleicht doch in einem Spital operierte.

Nimmt man einen späteren Chirurgen hinzu, so sieht man kaum deutlicher. Wilhelm Fabry stammte aus einer Mühle bei Hilden, studierte im nahen Köln und wurde dann Stadtchirurg in Bern in der Schweiz. Sein Buch (1646) brachte für die Deutschen wichtige Neuerungen, die teils auf Paré zurückgehen, teils selbst erfunden waren, wie etwa das Ausziehen eines Eisensplitters aus dem Augapfel mit Hilfe eines Magneten. Ob jedoch im

Hospital operiert wurde oder nicht, sagte Wilhelm Fabry so wenig wie noch einmal hundert Jahre später Lorenz Heister, der zudem als Begründer der wissenschaftlichen Chirurgie in Deutschland gilt. Er wirkte als Professor in der untergegangenen Universität Altdorf nahe Nürnberg (1710). Wie geschätzt er war, kann man daran sehen, daß er später (1719) an die braunschweigische Universität Helmstedt gerufen wurde. Sein Buch (1718) war lange das am meisten benutzte in den Deutschen Staaten. Daß aber Heister in Altdorf oder Helmstedt viel in Hospitälern operiert hat, ist ganz unwahrscheinlich. Denn beide Kleinstädte hatten nie die Stiftungsmittel, um wenigstens ein mittelgroßes Hospital zu gründen.

Nach so vielen Chirurgen sei schließlich noch ein typischer Arzt beachtet: Albrecht von Haller stammte aus Bern und studierte nach einer streng religiösen Erziehung im lutherischen Tübingen, dann aber vor allem bei Herman Boerhaave im extrem toleranten Leiden (1725). Poetisch hochbegabt, entwickelte er ein neues Naturgefühl (»Die Alpen«, 1732), wandte sich dann aber doch ganz der Heilkunde zu, als ihn 1736 ein ehrenvoller Ruf an die (1737) neugegründete hannoveranisch-englische Aufklärer-Universität in Göttingen erreichte. Dort war er als Professor für Anatomie, Chirurgie und Botanik tätig, operierte aber kaum, sondern sammelte Pflanzen und dann immer mehr Bücher. Seinen »Icones anatomicae« (1743) folgten, nachdem er wieder im heimatlichen Bern lebte, »Elementa physiologiae« (1757) und dann riesige Nachschlagewerke, nämlich die »Biblioteca botanica, chirurgica et anatomica« (1771–1777), bis ihm der Tod die Feder aus der Hand nahm (1777). Diesem Auftürmen riesiger, aber wenig anwendbarer Wissensmassen, stand jedoch eine sehr schöpferische Leistung gegenüber. Denn Haller wurde zum Begründer der Neuralpathologie in Deutschland. Vor allem hatte man zwischen ›Sensibilität‹ (dem Empfindungsvermögen mancher Nerven) und ›Irritabilität‹ (der Reizbeantwortung durch den Muskel) zu unterscheiden, was Haller mit Hilfe von Tierversuchen erkannte, die zu den ergebnisreichsten seit den Tagen des Galen gehörten. Zusammenfassend kann man festhalten, daß Albrecht von Haller fast überall tätig war: im Botanischen Garten und am Experimentiertisch, im Anatomischen Theater und vor allem immer wieder bei den Büchern, die ihm bald aus ganz Europa mit der Post geschickt wurden. Nur an einem Ort findet man Haller fast nie: im Hospital. In Göttingen[23] mußte ohnehin erst mit Hilfe der Freimaurer-Loge diese dort neuartige Institution geschaffen werden; und in Bern, wo es schon lange das prächtige Insel-Spital gab, aber (noch) keine Universität, hatte sich Haller endgültig hinter seine Bücher zurückgezogen.

Wer nach diesem Überblick die wichtigsten Ärzte, Chirurgen und ›Kliniker‹ kennengelernt hat, wird deutsche Hospitäler[24] nach 1500 nicht mehr als Krankenbehandlungsstätten betrachten. Trotzdem soll noch einmal deutlich betont werden, daß es unter den vielerlei Armen und Alten, Hilfsbedürftigen und ›bresthaften‹ (gebrechenhaften) Bewohnern alter Spitäler unseres Landes sehr wohl Kranke gegeben hat, unter denen sich sogar manche Heilbare befanden. Wer sich aber einen Arzt oder einen tüchtigen Chirurgen leisten konnte, lebte nicht für den Rest seiner Tage in einer Einrichtung, die nach wie vor als letzte Zuflucht zu gelten hatte.

Bevor auf einzelne Hospitäler des deutschen Sprachgebiets eingegangen werden kann, sei zuerst noch gezeigt, welche Kontinuitätsabbrüche die Reformation des Martin Luther mit sich brachte. Offensichtlich hatte der Reformator zunächst keinerlei Kirchenspaltung gewollt. So wie die Reformwellen der Cluniazenser und Zisterzienser den oft verweltlichten Benediktiner-Orden erneuerten und so wie später die Bettelorden der Franziskaner und Dominikaner durch freiwillige Armut eine unmittelbare Christus-Nachfolge aller Menschen auszulösen gedachten, so sollte wieder einmal eine Erneuerungsbewegung die Kirche verjüngen. Daß ein vorbildlicher Mönch eine verlotterte Priesterschaft zur Umkehr aufrief, war keineswegs ungewöhnlich. Es stellte sich aber bald als problematisch heraus, die Geldgeschäfte der Kurie und vor allem den Ablaßhandel anzugreifen. Denn neben der ausschweifenden Bautätigkeit der Päpste (Peterskirche in Rom, 1506 begonnen), wurde auch manches Hospital mit fragwürdigen Methoden finanziert.

Als Luther schließlich auch noch ›die guten Werke‹ als solche in Zweifel zog und als Augustiner-Mönch die alte Gnadenlehre des Augustinus, des Bischofs von Hippo in Nordafrika, hervorkehrte, der ja mit Ambrosius, Hieronymus und Gregor zu den vier entscheidenden Kirchenlehrern gehörte, da hatte er zwar die Autoritäten auf seiner Seite; zugleich war aber auch dem Hospital ein zweiter schwerer Schlag versetzt. Denn wenn alles doch nur und ›allein‹ von der Gnade des Herrn abhing, ob die Seele gerettet wird oder zur Hölle wandert, dann vermag der ›freie Wille‹, der Voraussetzung guter Werke ist, nichts zu bewirken. Gewiß kann man Gott nicht wie einen Buchhalter behandeln und mit Spitalgründungen auftrumpfen, wie dies vielleicht der Kanzler von Burgund in Beaune geplant hatte. Wenn aber die Allmacht Gottes durch keine Bestechung in Frage zu stellen war und milde Stiftungen oder gute Werke als solche fragwürdig wurden, dann war vorauszusehen, daß in lutherischen Ländern kaum noch neue Spitäler gegründet würden.

Neben der Ablaßbekämpfung und der Gnadenlehre hat aber die Klosterfeindlichkeit des Reformators den Hospitälern am meisten geschadet. Zunächst ist kaum zu verstehen, weshalb ein Augustiner, der seinem Orden so viel für die Erneuerung der Kirche verdankte, diesen Ausgangspunkt seines richtigen Weges zerstört hat. Aber einerseits sollte nicht wieder nur ein einzelner Orden belebt werden, der ohnehin bald verweltlichen würde, sondern alle Menschen im ganzen Land waren der Augustinischen Gnadenlehre zu unterwerfen.

Außerdem befand sich Martin Luther bald in einer bedenklich isolierten Lage, als der Papst und der Kaiser sich gegen ihn stellten. Wenn die soeben erst aufkeimende Reformation gerettet werden sollte, dann war es unumgänglich, wenigstens bei den Landesherren Schutz zu suchen, denen dann aber nicht mehr untersagt werden konnte, fette Mönche zu enteignen und aufmüpfige Bauern (1525) niederzumähen. Wenn manche Herzöge damals entdeckten, daß ihr Herz für den Reformator schlug, dann waren dies manchmal auch ganz unchristliche Empfindungen, die durch verlockende Beutezüge im eigenen Land ausgelöst waren.

In Württemberg ließ der Landesfürst alle Klöster zusammen mit den Stiftungen und den Hospitälern auflösen. Kelche und Altargerät wurden eingeschmolzen, Bücher und Bilder verkauft und die Gebäude als Steinbruch benutzt, um so die immer leeren herzoglichen Kassen endlich zu füllen. Dann entdeckte man, daß manches direkt zu gebrauchen war. Bebenhausen wurde Jagdschloß, Maulbronn und Blaubeuren konnten als ›Pflanzstätten des neuen Priestertums‹ genutzt werden, während die Kleine Komburg bei Schwäbisch Hall als

Gefängnis geeignet war. In Stuttgart ließ der Herzog sogar das Bürgerspital für Alte und Kranke wieder gründen, nachdem er die Kassen geleert und entbehrliche Grundstücke auf seine Rechnung verkauft hatte.

Vorsichtiger ging der Landgraf in Hessen, Philipp der Großmütige, ans Werk. Weil der Grundbesitz vieler Klöster oft aus Stiftungen des Adels stammte, der dadurch unverheiratete Töchter und alte Dienstleute versorgen ließ, waren am Rande der Klausur hospitalähnliche Einrichtungen entstanden, die nicht alle enteignet werden konnten. Teilweise erhielten die Stifter und Wohltäter ihre Gaben wieder zurück, um sie bei Laune zu halten; teils benötigte der Landesherr die Finanzmittel dringend selbst, weil er in Marburg eine neue lutherische Universität gegründet hatte. Dennoch blieb von den etwa 50 Klöstern, die man aufzulösen beschlossen hatte, (Homberger Synode, 1526) noch genügend übrig, um gleichzeitig vier *Hohe Hessische Landeshospitäler* (1535) zu gründen, und zwar in Hofheim und Haina[25], Merxhausen und Grunau.[26]

Dort strömten zusammen: Arme, Gebrechliche, Blinde, Lahme, Stumme, Taube, Wahnwitzige und Mondsüchtige, Sinnverrückte und Besessene, Mißgestaltete (Krüppel), Aussätzige und Abgelebte, Höckerige und Wassersüchtige, Gebrochene und Schlagberührte, manche schwanger, einige kriminell. So eindrucksvoll die ganze Skala der Hospitaliten sein mag, die hier endlich in ihrer vollen Breite gezeigt wird, so ist es doch noch wichtiger hinzuzufügen, daß nun zum vielleicht ersten Mal in einem deutschen Staat das ganze Land umfaßt worden ist. Bisher hatten Klöster und Bischöfe für einzelne gesorgt, die zufällig gerade bei ihnen vorbeikamen. Dann öffneten Städte ihre Hospitäler für jene, die das Bürgerrecht besaßen. Die Hessischen Landesspitäler (1535) hatten jedoch von Anfang an ein Einzugsgebiet, das alles umfaßte, was dem Landgrafen gehörte.

Weniger geklärt ist die Frage, welche Absicht der Fürst dabei hatte. Daß er ein gutes Werk tun wollte, scheidet von vornherein aus. Ob er sein Land von störenden ›Randgruppen‹ säubern wollte, wäre zu prüfen. Einen Fingerzeig enthält die Hausordnung. Demnach war jeder Hospitalit verpflichtet, täglich für den Landesherrn und Gründer ein Gebet zu sprechen. Ob damit aber dessen Seelenheil gefördert werden sollte, steht dahin. Denn die Gebete wurden gemeinsam verrichtet, und zwar im Sommer um 5 Uhr, im Winter um 7 Uhr, und stellten somit ein Disziplinierungsmittel dar. Vielleicht wirkte hier aber nur die alte Klosterordnung noch weiter. Denn in Haina und Merxhausen änderte sich das Leben kaum. Extreme Geldknappheit verbot es, an den festgefügten Klostergebäuden mehr zu ändern als unumgänglich war. Dies hat einerseits prächtige Bauwerke des Mittelalters erhalten, andererseits wird dadurch aber auch ablesbar, wie wenig es offensichtlich auch in lutherischen Ländern darum ging, Armen und Kranken tatsächlich zu helfen. Daß die Hessischen Landesspitäler zunächst jahrzehntelang keinerlei Ärzte und kaum Chirurgen hatten, zeigt nur noch einmal, wie falsch es wäre, hier Krankenhäuser oder Kliniken zu erwarten.

Hospitäler sind damals vielmehr Instrumente der Politik und Kampfmittel zur Verteidigung des Glaubens gewesen. Dies kann man besonders gut in Würzburg[27] lernen, wo das *Juliusspital* (1576–1580) als Bollwerk der Gegenreformation fast wie eine Antwort auf die hessische Herausforderung entstand. Der Gründer, Julius Echter von Mespelbrunn,

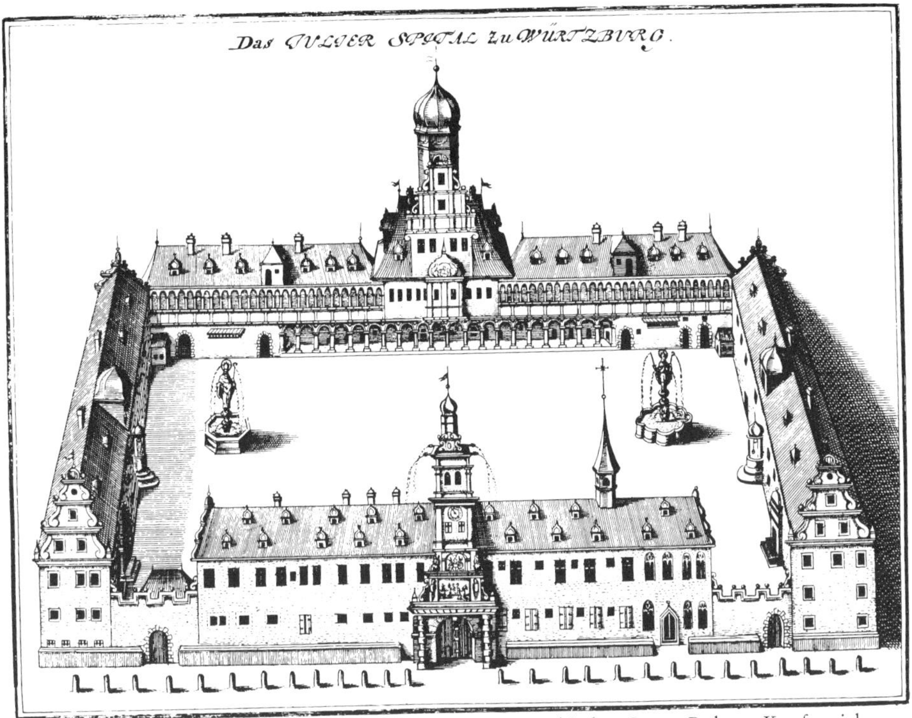

46 Würzburg, Juliusspital, Gründungsbau. 1576–1580, Architekt: Georg Robyn. Kupferstich von Gabr. Bodenehr

betonte als Landesfürst und Bischof, daß alle Armen und Kranken des ganzen Herrschaftsgebietes (wie in Hessen) hier Aufnahme finden sollten. Keineswegs sei das Haus nur für Pfründner der Stadt Würzburg bestimmt, die ohnehin längst ihr Bürgerspital hatten. Das Juliusspital sollte allen dienen. Pilger und Waisenkinder, Irre und Verkrüppelte, ja sogar Schwangere wurden aufgenommen und so die volle missionarische Werbewirkung ganz ausgenutzt. Jedermann sollte sehen können, wie segensreich es war, der Caritas durch gute Werke eine Heimstätte zu geben.

Daß Julius Echter aber auch den Feind angriff und die Ketzer verjagte, wobei er vermutlich spanischen Leitbildern folgte, hat ihm in unserem toleranten Jahrhundert kein Lob eingebracht. Schon die Judentaufen im neu eröffneten Juliusspital, die sogar im Bild festgehalten wurden, zeigen deutlich, daß er keineswegs nur gegen Luther angetreten war. Zu dieser Politik paßt außerdem die Nachricht, Julius Echter habe seine Gründung nur deshalb an diese Stelle des Stadtrandes gelegt, weil hier ein altes Judenbad lag, eine *Mikwa*, die wie immer aus einem begehbaren Brunnenschacht bestand, dessen Treppen bis zum ›lebendigen Quell‹ hinabführten. So bot sich die Möglichkeit, ein nicht christliches Heiligtum zu zerstören, die wichtige Wasserversorgung billig zu sichern und schließlich auf der Stätte des Sieges ein Hospital als Mahnmal der triumphierenden Kirche zu errichten. Gewiß können solch fragwürdige politische Machenschaften heute nicht mehr überzeugen. Sie beweisen aber noch einmal, daß Hospitäler nicht nur für Kranke gegründet wurden, sondern als Kampfmittel der Gegenreformation mindestens nach dem Konzil von Trient (1545–1563) ernst zu nehmen waren.

Über die Bauformen des Juliusspitals ist viel gerätselt worden. Am meisten erstaunte, daß der Bischof nicht kreuzförmig baute, sondern am langen Haus des Hochmittelalters anknüpfte und der östlichen Giebelseite wieder ein polygonal vorspringendes Altarhaus ansetzen ließ. Es ist zwar auf den meisten Ansichten des Juliusspitals absichtlich aus Symmetrie-Erwägungen weggelassen. Aber der Riethsche Stich zeigt die vielkantige Ostapsis ganz deutlich. Daß hier die Kapelle lag, kann man aber auch am spitzen Dachreiter mit den Glockenöffnungen und außerdem an den gotisch-spitzbogigen Kirchenfenstern erkennen, die der Baumeister Georg Robyn vermutlich deshalb einfügen mußte, weil sie als besonders altväterlich-fromm galten. Auch die Jesuiten haben in Köln und Bonn gerne betont christliche Bauformen im romanischen Stil in ihre frühbarocken Kirchenfassaden eingesetzt.

Leider ist ungeklärt, wie das lange Haus im Inneren aussah. Gerne möchte man eine mittelalterliche Halle erwarten. Aber die beiden Fensterreihen sprechen für ein Unter- und Obergeschoß, die sich in eine gemeinsame Kapelle mit Umgang öffneten. Der rechts sehr regelmäßige Wechsel großer und kleiner Wandöffnungen in beiden Ebenen scheint außerdem eine weitere Unterteilung in Einzelwohnungen anzudeuten. Mindestens in der Mitte des Erdgeschosses, dort wo der Haupteingang durch den Turm quer hindurchführt, wäre eine Halle unterbrochen worden. Tatsächlich betrat man mittelalterliche Bettensäle fast nie

47 Würzburg, Juliusspital. 1578 wurde die steinerne Stiftungsurkunde des Meisters Hans Rodlein in den Torturm eingesetzt

48 Würzburg, Juliusspital mit dem neuen Nordflügel. 1700–1714, Architekt: A. Petrini. Kupferstich von Joseph Ferdinand Rieth, 1764

an dieser Stelle, sondern besser an der westlichen Giebelseite. Wenn am Juliusspital genau in der Mitte der Südfassade ein Turm das Fassadenprogramm vorzeigte, dann haben hier wahrscheinlich italienische Vorbilder nachgewirkt. Die Uhr erinnert an das Ende der Zeiten und deutete an, daß nach wie vor Gelegenheit gegeben war, Gutes zu tun. Weiter unten hatte man die ›steinerne Stiftungsurkunde‹ eingefügt, die heute noch, besser wettergeschützt, links des jetzigen Haupteingangs betrachtet werden kann.

Deutlich sieht man da den Bischof, wie er vor Gott kniet und die Zeichen seiner Würde, Hirtenstab, Schwert und Handschuhe, abgelegt hat. Arme und Kranke, ein Pilger und Waisenkinder sind dargestellt, damit man ermessen kann, welche Reichweite der Auftrag an den Bischof hatte, der in altertümlichen Lettern deutlich mit den Worten[28] zu lesen ist:

TIBI · DERELICTVS · EST · PAVPER

dir · anvertraut · ist · der Arme

Wie ein Missionsbefehl wurde hier die Armenfürsorge dem Bischof in die Hände gelegt, der aber nicht den Anvertrauten zuliebe alles ohnehin tat, sondern hierfür Lohn oder Gnade erhoffte und deshalb antwortete:

IN · PRAECE · PAVPERVM · SPEM · HABVI
im · Gebet · der Armen · Hoffnung · ich habe gehabt

Das Juliusspital hatte hinter dem Südflügel einen großen rechteckigen Hof, der an drei Seiten von Gebäuden umgeben war. Zwei Springbrunnen plätscherten hier und schufen so eine Stimmung, die an Italien erinnerte. Besonders toskanisch schien auch die offene Säulenhalle zu sein, obwohl sie nicht in die Straßenfront eingefügt war, sondern für Vorbeigehende unsichtbar in den Hof verlegt wurde. Erst später hat man bemerkt, daß der Bischof vielleicht auf seinen Rom-Reisen in Salzburg[29] rastete und dort am Bürger-Spital den Arkadenflügel kennenlernte, der ebenfalls an der Rückseite des Hofes, an die Felsen des Mönchsbergs angelehnt war (1556–1562). Da dieser Bau etwa 10 Jahre nach dem Beginn des Reform-Konzils von Trient (1545) begonnen wurde und im nächsten Jahrzehnt bereits die Planungen für das Juliusspital in Gang kamen, sollte man diese Stützpunkte der Gegenreformation zusammen betrachten.

Außerdem muß an dritter Stelle ein Hospital in München[30] hinzugenommen werden, das wenig später errichtet wurde. Zunächst baute man nur das *Hertzogs Spittal,* das auch *St. Elisabeth Spital* genannt wurde (1601). An der Straße lag ein dreistöckiges Gebäude, das links mit einer quer eingebauten Kapelle verbunden war. Dann folgte bereits mitten im Dreißig-

49 München, Herzogsspital. Um 1601 und 1626 errichtet. Kupferstich von Michael Wening, 1701

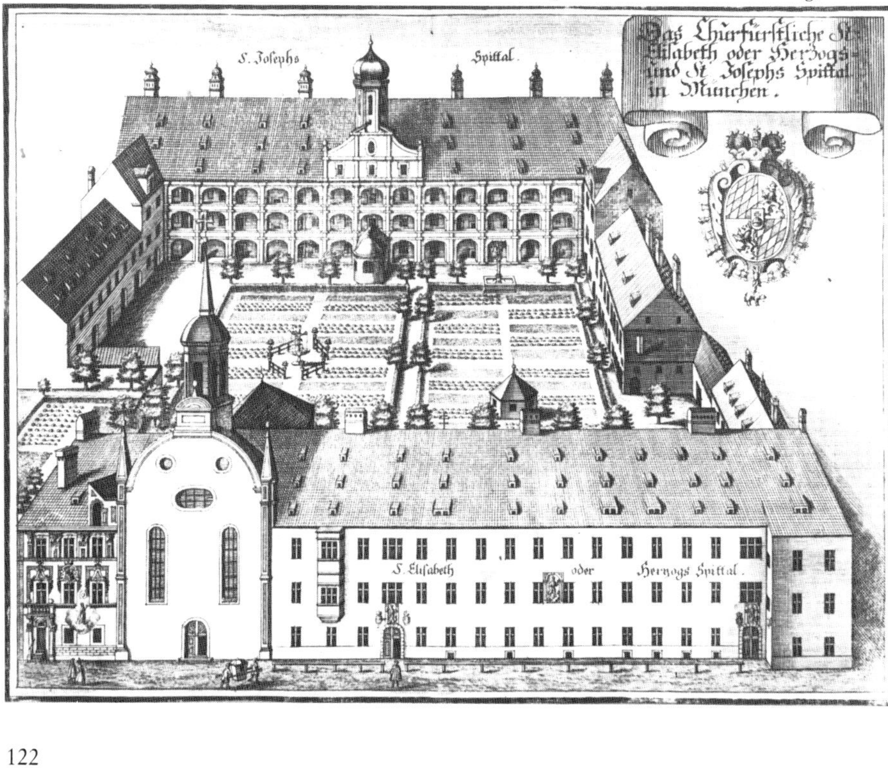

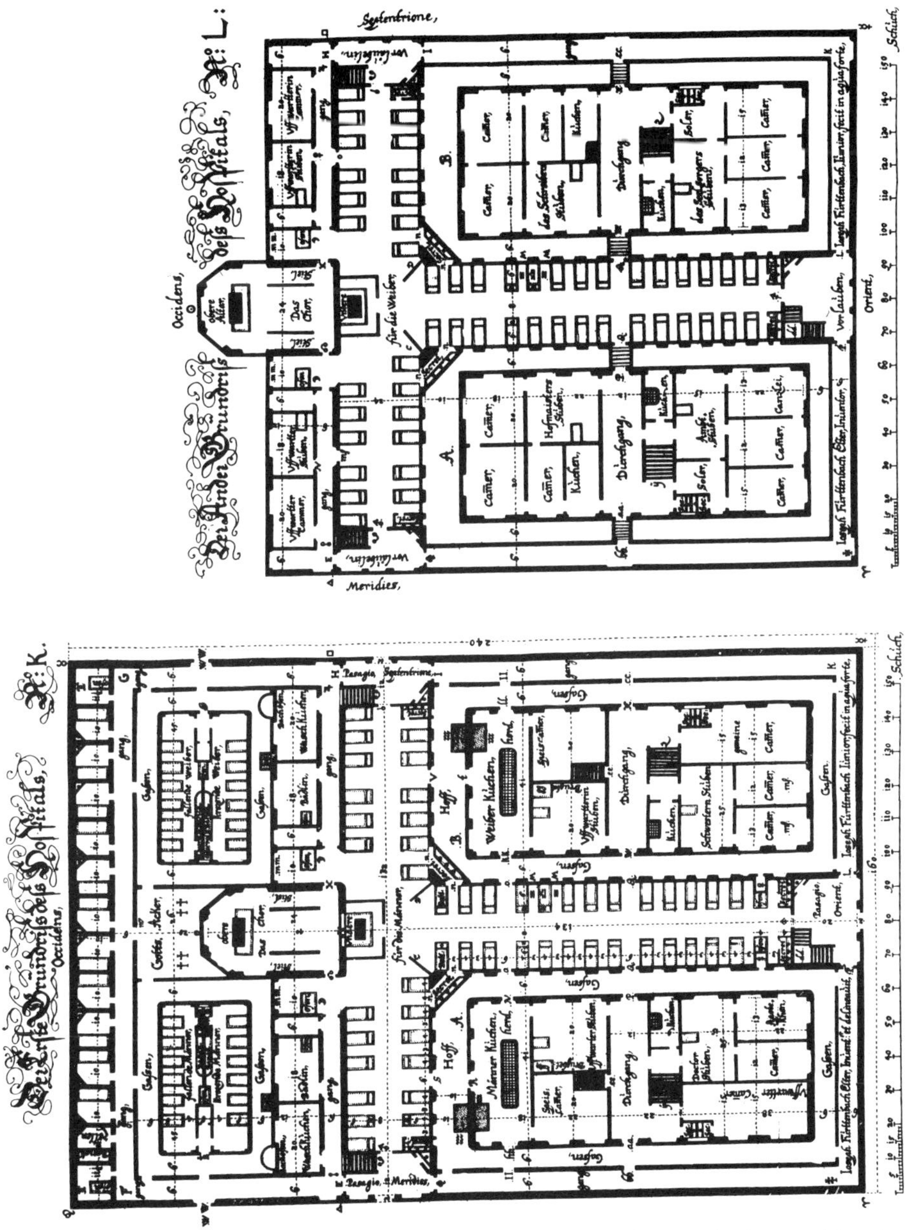

50 Ulm, Projekt für ein *Hospittals-Gebäw.* 1655 vorgelegt von Joseph Furttenbach. Grundrisse des Erdgeschosses und des ersten Obergeschosses. Stadtbibliothek Ulm

jährigen Krieg (1618–1648) parallel dahinter das *Josephs Spittal* (1626), das wieder als Hinterhaus auffallende Hofarkaden und sogar wie die Spitäler in Salzburg und Würzburg einen turmartigen Aufbau in der Mittelachse hatte. Auch dieser Innenhof ist an den Schmalseiten von zwei weiteren Gebäuden geschlossen worden, was aber zunächst nur durch verschieden hohe Bauten geschah.

Als vierter Bau kann dieser Gruppe von Hospitälern der Gegenreformation noch das prächtige *Heilig Geist Spital* in Augsburg[31] (1625–1630) zugeordnet werden. Auch hier errichtete man ein großes Giebelhaus, in dessen südliche Breitseite wie am Juliusspital in Würzburg ein Renaissanceportal eingefügt wurde. Wieder sollten Arme und Kranke, Irre und Wöchnerinnen aufgenommen werden. Der Hof hinter dem Hauptbau war wegen der nahen Stadtmauer nur ganz unregelmäßig gestaltet. Dennoch ist die Absicht, einer Grundstruktur zu entsprechen, deutlich zu erkennen. Baumeister war Elias Holl, dem man auch das prachtvolle Rathaus (1614–1620) und das Zeughaus mit dem Erzengel Michael zu verdanken hat.

Mitten im Dreißigjährigen Krieg konnte der einzige deutsche Hospital-Theoretiker Joseph Furttenbach seine Projekte vorlegen. Er war Stadtbaumeister im lutherischen Ulm[32], wo er vor allem ein *Brechenhaus* zur Isolierung Pestkranker errichtete. Ein sorgfältiger Kupferstich zeigt den Meister mit elegantem Degen in seinem 44. Lebensjahr (1635, s. Frontispiz). Reiche Umrahmungen des ovalen Bildfeldes machen deutlich, daß Furttenbach vor allem die Tugend des Maßhaltens verkörpert hat und deshalb nicht nur Säulen genau nach den Regeln berechnete, sondern auch Festungen bauen und Schiffe zimmern konnte, so daß der Gott des Krieges mit Helm und Schwert genauso zu ihm aufblickte, wie die ›Architectura‹, die mit Zirkel und Zollstock auf einen Palast gestützt ist.

Als junger Mann hatte Joseph Furttenbach auch Italien bereist und dort mindestens die Kreuzhalle des Filarete in Mailand genau kennengelernt. Wie sehr er dieses Bauwerk schätzte und gerne noch einmal auf deutschem Boden errichtet hätte, zeigt sein Projekt von 1628. Auch in den folgenden Jahren kreisten die Überlegungen des Baumeisters weiter um die Fragen der Kreuzhalle und führten schließlich zu einem weiteren Projekt, das aber erst nach seinem Tode im Jahre 1655 durch den Krieg verspätet von seinem Sohn veröffentlicht werden konnte.

Das vorgeschlagene *Hospittals-Gebäw* (Abb. 50) sollte auf T-förmigem Grundriß errichtet werden und in drei Ebenen übereinander Bettensäle und Zellenreihen enthalten.[33] In der Mitte stand zwar ein Altar, doch war die Kirche abgetrennt (überraschend!) nach Westen vorgeschoben. Dort schloß auch der Friedhof *(Gotts Acker)* an, ohne bis an die Westmauer des Areals zu reichen, weil hier 14 Irrenzellen in einer Zeile nebeneinander stehen sollten. Sie gehören zu den ersten in Deutschland, die sorgfältig geplant von Anfang an bei einem Spitalneubau mit zum Programm gehörten. Statt Luft und Licht an das Spital heranfluten zu lassen, hat Furttenbach alle Höfe mit Häusern ausgefüllt, um so den Grund gut auszunutzen. Nur Gassen bleiben zwischen den zwei- und dreistöckigen Häusern frei. Wie sehr er aber den Westwind fürchtete, dem später alle Krankenhäuser systematisch geöffnet worden sind, zeigen die Mauern beiderseits des Chores. Sie sollten völlig fensterlos sein und so ein besonders günstiges Klima im Hause gewährleisten. Gerade hier wird deutlich, wie sehr in den deutschen Staaten theoretische Hospitalstudien schon damals gefehlt haben. Denn viele falsche Entscheidungen muß man bereits auf dem Papier vermeiden, wenn sie nicht später am Bau verewigt werden sollen.

Zunächst aber unterbrach das Ende des Krieges alle Arbeiten. Große Teile Mitteleuropas stürzten in unvorstellbare Not und Armut. Weite Gebiete zwischen Franken und Pommern waren verwüstet und in einem Ausmaß entvölkert wie nie zuvor. So sind die Jahrzehnte nach 1648 verstrichen, ohne daß irgendwo ein neues Hospital errichtet wurde. Auch kleine Gründungen blieben bis 1700 selten. Dann aber erholten sich die Städte. Der Erzbischof von Salzburg[34] baute wieder als erster. Genannt sei vor allem das *Erhart-Spital* (1685–1689), das der italienische Baumeister Gaspare Zucalli errichtete.

Bald jedoch entstand mit dem *Johannspital* (1692–1705) ein ganz besonders prächtiges Haus, das einem der besten Architekten der Zeit, zu verdanken war: Johann Baptist Fischer von Erlach (1687–1709). Ein kurzer Blick auf die Pläne genügt um festzustellen, daß wieder die Grablege wichtiger war als die Armen und Kranken. Ein prachtvoller Kupferstich zeigt die Persönlichkeit des Stifters in allen Einzelheiten. Johann Ernst von Thun wirkte als *Archiepiscopus et Princeps Salzburgensis,* als Fürst-Erzbischof, von 1687 bis 1709. Das Bild in der Mitte zeigt ihn zwar im schlichten Priestergewand. Aber der Kranz von Ruhmesblättern, Eichenlaub und Kornähren, ist besetzt mit einem Kardinalshut und mehreren Bischofsmützen (links) und zeigt außerdem eine Fürsten- und Grafenkrone (rechts). Krummstab (links) und Schwert ragen hervor. Seine Ziele werden deutlich beim Namen genannt: Für Gott und das Volk will er wirken. Wie er dies bereits getan hat, und zwar unter den Blicken der Dreifaltigkeit, die oben am Bildrand über allem schwebt, wird im einzelnen vorgeführt. Er ließ verwirklichen 1. die Dreifaltigkeitskirche mit dem Priesterseminar (1694–1702), 2. mehrere Kelche und Monstranzen teilweise aus massivem Gold, 3. die Universitäts-Kirche (1694–1707), 4. eine Marien-Kirche in Lofer, 5. das *Hospitale S. Ioannis* (1692–1705), 6. die Reitschule und 7. die Pferdeschwemme. Daß fast alle Bauten durch Fischer von Erlach gestaltet wurden, sei noch zusätzlich erwähnt.

Wichtiger war, daß das Hospital hier eingefügt ist in ein umfassendes Regierungsprogramm. Es reicht von der besseren Erziehung des Priesters und der gezielten Vertiefung seiner Studien an Hochschulen über die würdige Form des Gottesdienstes bis zur Sorge, die Kranken und Pferden entgegengebracht wird. Daß sich bei solcher Umsicht der Handel belebt und ›die Wirtschaft‹ mit dem Caduceus, dem Zwei-Schlangen-Stab des Merkur, sich einstellt (links), daß ›die Gerechtigkeit‹ mit Schwert und Waage und außerdem ›die Klugheit‹ mit Kanne und Einhorn (rechts) in Salzburg herrschen können, wird deutlich gezeigt. Dennoch hofft der Kardinal auch auf Fürsprecher. Nur Maria mit der Lilie der Reinheit (links) und Johannes mit dem Lamm, der Namensheilige des Erzbischofs (rechts), werden am Jüngsten Tag noch helfen können. Dennoch sind als besondere Fürsprecher zwei weitere Bischöfe mit Krummstab und Mütze zugegen. Links sieht man St. Ruppert, den merowingischen ›Apostel der Bayern‹, der vor Ur-Zeiten das Christentum als erster ins Land brachte und ihm mit der Gründung der Erz-Abtei St. Peter eine Pflegestätte schuf. Daß er zugleich

PRO
DEO
PRO
POPVLO.

auch die Finanzierung regelte, zeigt das vielkantige Salzfaß auf dem Knie des Glaubensboten. Denn in solchen Behältern verschickte man lange Zeit die kostbaren Kristalle in alle Welt. Ein Strom von Gold und Geld floß zurück und garantierte so den Fortbestand des erzbischöflichen Lehrstuhles. Rechts sieht man den zweiten Heiligen von Salzburg, den Bischof Virgil, der hier aber ohne jene Kirche gezeigt wird, die er sonst fast immer als Opfer darbringt. Wie ein kraftvoller Schlußakkord nach einer vielstimmigen Symphonie des Ruhmes schließt das Blatt unten mit dem Wappen derer von Thun, das hier noch mit den Feldern von Salzburg kombiniert ist. Putten umspielen den Kardinalshut und halten drollig zum Schluß einen Zirkel empor.

Zu diesem Kupferstich des Fürstbischofs paßt gut der Text seiner Grabplatte, die heute noch in der Mitte der Kirche des Johannspitals im Fußboden zu sehen ist. Man liest dort, daß JOHANNES · ERNESTVS · ARCHIEPISCOPVS · ET · PRINCEPS · SALZBVRGENSIS · S. SEDIS · APOSTOLICA · LEGATVS ein »ächter Vater der Armen« – VERVS · PATER · PAVPERVM – gewesen sei, daß er Nackte gekleidet, Hungernde gespeist und Durstigen zu trinken gegeben habe, so wie auch Leidende Arznei für Leib und Seele von ihm erhalten hätten; und daß er dann nach einem erfüllten Leben 1709 gestorben sei.

All dies wurde deshalb so genau hier ausgebreitet, weil nur so zu ermessen ist, welche Stelle das Hospital im Werk eines Staatsmannes und Kirchenfürsten einnahm und vor allem wie sehr alles Medizinische nach wie vor nur am Rande mit hineinspielte. So vorbereitet sollte man schließlich auch die Bauformen betrachten. Man errichtete zuerst nur die linke Männerhälfte der achsialsymmetrischen Anlage (1692–1695). Dann folgte nach einer Pause die Kirche und die Frauenabteilung im Osten (1699–1705). Schon dies zeigt, wie sehr man bestrebt war, durch eine *divide-et-impera*-Taktik sich nicht zu übernehmen.

Auffallend sind die vielen Altäre. In der Grabkapelle stehen neben dem Hauptaltar zwei prächtige Opfertische an den Seiten. Aber auch die großen Krankensäle mit den drei Südfenstern hatten in einem anschließenden Kapellenraum (der durch Türen aber zu schließen war) weitere Altäre, die man als einzige vom Bett aus sehen konnte. Alle anderen Zimmer waren sehr klein und zellenartig abgeschieden. Vermutlich sollten hier nur jene Spitaliten liegen, die zu Fuß zur Kapelle oder im ersten Obergeschoß zur Empore gehen konnten.

Während der Fürstbischof auf diese Weise für die Seele gut gesorgt hatte, geschah für den Leib weniger. Denn die Lüftung war ungenügend, wenn es nur an einer Seite Fenster gab. Besser wurde die Heizung durchdacht; denn es gab nur Öfen, die von den Gängen her und damit rauchlos und staubfrei gefeuert werden konnten. Viel zu weit entfernt waren die Aborte, und Bäder hatte man zunächst vielleicht überhaupt vergessen. Fischer von Erlach und sein hoher Auftraggeber besaßen vermutlich wenig Sinn für diese Seite der Baukunst. Ihre volle Aufmerksamkeit galt dem Gehäuse für den Toten im Zentrum. Die glatt verputzte Fassade der Südwand brach hier ab. In Naturstein waren vier kolossale Pilaster der Wand vorgelegt, die von hohen Widerlagern aufstiegen und ein reich profiliertes, schweres Gebälk

◁ 51 Johann Ernst von Thun, Fürst-Erzbischof von Salzburg. Um 1700, als ›Verus Pater Pauperum‹. Porträt im Prunkrahmen. Kupferstich. Carolino-Augusteum, Salzburg.

52a

52b

52 Salzburg, Johannspital. 1692–1705, Architekt: Johann Bernhard Fischer von Erlach. Ansicht nach einer historischen Postkarte (a); Grundriß von 1854 (b). Landesarchiv Salzburg

53 Bern, Bürgerspital. 1733–1742, Architekt: Joseph Abeille. Aufriß der Südfassade (a). Um 1734; verkleinerte Kopie des verschollenen Originalplans (b) von Abeille, ausgeführt im Jahre 1786 durch Carl von Sinner. Beide Archiv des Bürgerspitals, Bern ▷

trugen. Drei Portale öffneten sich festlich groß und breit. Über jenem in der Mitte schwebte das Wappen des Toten. Den oberen Abschluß bildete ein überreiches Geländer, auf dem der Namensheilige, Johannes der Täufer, wirkungsvoll vor das Dunkel eines ovalen Fensters gestellt wurde. Enttäuschend und vielleicht nicht von Fischer von Erlach ist der weit zurückliegende Giebel, aus dem zwei nüchterne Türmchen aufschießen.

Nimmt man die kleine Abbildung auf dem Stich des Bischofs dazu, dann zeigt sich, daß möglicherweise auch hier zuerst eine Kuppel auf rundem Tambour geplant war, wobei

53a

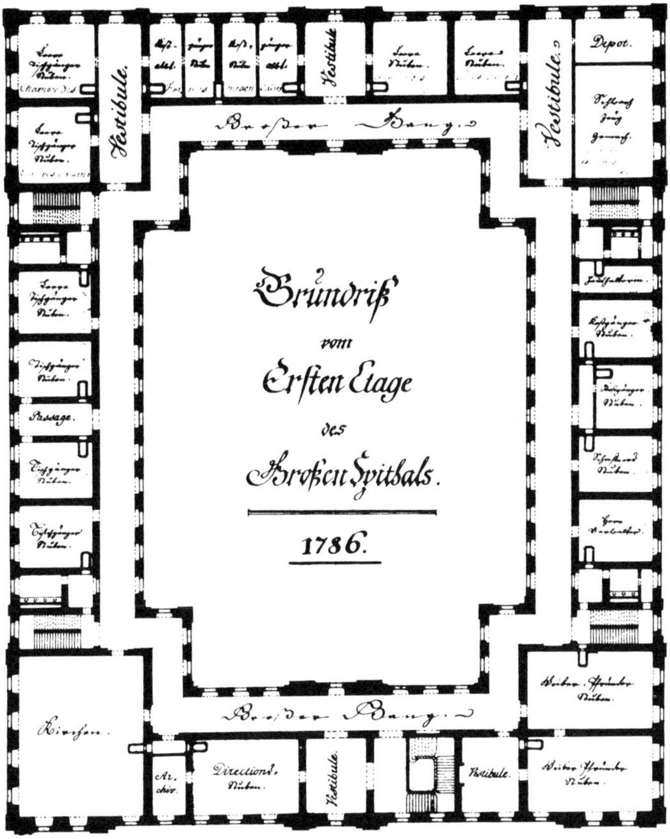

Grundriß
vom
Ersten Etage
des
Großen Spitals.
1786.
Vestibule.
Vestibule.
Depot.
Passage.
Großer Gang.
Großer Gang.
Kirchen.
Ar. chiv.
Directions Stuben.
Vestibule.
Vestibule.

53b

außerdem die Dächer nicht so weit an die Kirche reichen sollten, um damit die Totenhalle noch mehr für sich hervortreten zu lassen. Denn sie war Thema. Die Hospitalflügel dienten nur als Rahmen. Sie bildeten eine Fassung für eine besondere Kostbarkeit.

Fast gleichzeitig wie in Salzburg wurde auch in Würzburg die Bautätigkeit wieder aufgenommen. Der Nordflügel des Juliusspitals mußte ersetzt werden. Man errichtete einen Neubau, dessen Gartenseite nach Norden dem Architekten A. Petrini so festlich gelang, daß sein Werk (1700–1714) weit bekannt wurde.

Die meisten anderen Städte der zersplitterten deutschen Staaten mußten sich jedoch mit kleineren Neubauten begnügen. In Heidelberg entstand damals das *St. Anna Spital* (1714), das Johann Adam Bräunig entwarf, aber nur halb errichten konnte. Lediglich die zentrale Kirche und die linke Hälfte wurden ausgeführt. Mainz[35] folgte mit dem *St. Rochus Spital* (1722) und Fulda erbaute nach demselben Grundmuster das *Heilig-Geist Hospital* (1732), wobei noch einmal ein aus Italien stammender Baumeister, Andrea Gallasini, die immer noch fehlenden Fachkräfte in Deutschland ersetzen mußte.

In Münster[36] aber war am *Clemenshospital* (1745–1753) Johann Conrad Schlaun am Werk, der zu den besten deutschen Barock-Architekten gezählt wird. Den Auftrag gab Clemens August, der Kurfürst und Erzbischof von Köln, der zwar in Bonn residierte und in Brühl seinen Landsitz hatte, trotzdem aber mit dem Kurhut die Bischofsmützen von Münster, Hildesheim, Osnabrück und Paderborn auf seinem Haupte zu vereinigen wußte.

In diesen Jahrzehnten kam auch in der Schweiz eine rege Hospitalbautätigkeit in Gang. In Bern[37] entstand zuerst das (ältere) *Inselspital* (1718–1724), das jedoch auf keiner Insel stand, sondern am Hang des großen Umlaufbergs an jener Stelle, an der später das Schweizerische Bundeshaus (um 1880) errichtet wurde. Das langgestreckte Gebäude hatte nur kurze Seitenflügel, in denen die Treppen lagen. In drei Stockwerken waren große Räume an einer altertümlichen Mitteldiele aufgereiht worden, die aber im Zentrum des großen Hauses auf einer Seite frei blieb. So ergab sich eine kleine Eingangszone, die mit einem Dreiecks-Giebel hervorgehoben werden konnte. Vermutlich fehlte jedes Fassadenprogramm, was zum Protestantismus des Landes ebenso gut paßte wie zur Sparsamkeit der nüchternen Militärstadt.

Etwas festlicher gestaltete man in Bern das wenig später begonnene *Bürgerspital* (1733–1742), dessen Pläne Joseph Abeille entwarf (Abb. 53). Vier Flügel umgaben einen allseits umschlossenen Hof und ließen damit lüftungshygienisch betrachtet eine Bauform zustandekommen, die schon bald als besonders schlecht galt. Auffallend ist bei beiden Hospitälern in Bern, daß die Kirche fast vergessen zu sein scheint. Die Aufmerksamkeit der Baumeister ist ganz auf die Eingangszone konzentriert.

Erwähnt seien noch einige besonders schöne Hospitäler in der französischen Schweiz. In Fribourg steht noch eine Kreuzhalle (1682–1699), die von André Joseph Rossier errichtet wurde. Porrentruy verdankt sein *Ancien Hôpital* (1761–1765) dem Baumeister Pierre François Paris. In Lausanne liegt das *Hôpital* (1766–1771) besonders malerisch über dem Genfer See neben der Kathedrale, es wird allerdings schon lange als Schule benutzt. Alle diese Gründungen sollten aber besser im Zusammenhang mit Frankreich betrachtet werden.

11. Hospitäler der Britischen Inseln und in Skandinavien

Das Spektrum der Hospitäler in Europa zeigt nach Italien und Spanien, nach Frankreich und den deutschen Staaten noch einmal völlig andere Farben, wenn man die erstaunliche Entwicklung in England[38] hinzunimmt. Die Ausgangslage um 1500 unterscheidet sich zunächst aber nur wenig von der anderer Länder. Es gab Humanistenärzte, aus denen Thomas Linacre als Galen-Übersetzer herausragte. Unter den tüchtigen Anatomen der Zeit sei John Banister genannt, der damals (1581) in London in der Barber-Surgeons-Hall den Bauplan des menschlichen Körpers erklärte, wobei die Leiche demonstrativ zwischen den Text der Alten und das Gerippe des Knochenmannes gerückt wurde. Daß solche Ärzte in Hospitälern tätig waren, ist nicht zu erwarten. Der Vergleich von Handschrift und Handschrift oder von Text und Leichenbefund erfüllte sie völlig.

Der berühmteste englische Arzt war William Harvey (1578–1657). Nach Studien in Cambridge und in Padua wurde er (1607) Mitglied des *Royal College of Physicians* in London, einer Mischung aus Ärztekammer und Aufsichtsbehörde, und veröffentlichte dann sein Werk »De motu cordis et sanguinis« (Über die Bewegung des Herzens und des Blutes). Es erschien vorsichtshalber außerhalb von England im entlegenen Frankfurt am Main im Jahre 1628 mitten im Dreißigjährigen Krieg (1618–1648). Die Entdeckung des Blutkreislaufs machte ihn so berühmt, daß er Leibarzt des Königs Charles I. wurde (1632) und seinen Monarchen mit unvorstellbarer Königstreue bis zur Enthauptungsstätte (1649) begleitete. Dann lebte er zurückgezogen in Oxford als Vorstand des vornehmen Merton College und schrieb (1651) ein zweites, fast so epochemachendes Buch »De generatione animalium« (Über die Entwicklung der Tiere), in dem er die damals gewagte These aufstellte: »omne vivum ex ovo« (alles Leben kommt aus dem Ei). Das menschliche Ei wurde zwar erst im 19. Jahrhundert (1827) entdeckt. Dennoch erwiesen sich alle Voraussagen des Harvey als richtig. Daß ein solcher Lebensweg nicht durch Hospitäler führte, versteht sich von selbst.

Deshalb schätzen praktische Ärzte Thomas Sydenham (1624–1689) viel mehr. Er entstammte einer kämpferischen Puritaner-Familie, wurde Reiter-Hauptmann in der Armee des Oliver Cromwell und erhielt – nachdem er seine Jugend an der Front verbracht hatte – erst mit 39 Jahren die ärztliche Lizenz. Völlig unzureichend geschult und ohne besondere Fachkenntnisse eröffnete er schließlich eine Praxis im vornehmen Regierungsviertel von London (1653). Dank politischer Beziehungen zu alten Kampfgenossen stieg er schnell zum beliebten Modearzt der oberen Zehntausend auf, ohne noch Zeit zu finden, gelehrtes Wissen anzuhäufen.

Nur Hippokrates, der alte Leitstern der Praktiker, hat Sydenham doch noch etwas beeinflußt; und außerdem gab es da den jugendlichen Freund John Locke, der als Arzt und Philosoph die Meinung vertrat, man könne nur sehen, was man mit den Sinnen, mit Augen und Ohren oder mit der tastenden Hand ›erfaßt‹ habe (Sensualismus; *sensus* = Sinn). So lag es nahe, auf alles Theoretische endgültig zu verzichten und die Beobachtung mehr zu schulen als andere Ärzte. Während Hippokrates einst Patienten beobachtete, untersuchte ›der englische Hippokrates‹ lediglich Krankheiten und zwar so, als ob sie selbständige Pflanzen wären. Neue ›nosologische Einheiten‹, neue Krankheitsbilder, wurden gefunden und sehr viel schärfer als bisher gegeneinander ›differential-diagnostisch‹ abgegrenzt. Sydenham beschrieb noch einmal, aber viel genauer, Masern und Scharlach, Malaria und die Gicht, an der er selbst zu leiden hatte. Die *Chorea Minor,* eine damals noch unbekannte Form des Veitstanzes, gilt als die große Neuentdeckung des Thomas Sydenham. Als Therapeut hatte er genügend Veranlassung, so vorsichtig wie möglich zu sein. Es genügte, die heilende Kraft der Natur zu unterstützen. Gerade dies aber machte ihn zum Leitbild aller Vitalisten. Sein Einfluß auf die Ärzte in ganz Europa war bald größer als der mancher gelehrter Textkenner. Aber auch wenn viele in Sydenham den wichtigsten Kliniker der neueren Zeit sehen, so betrat er doch niemals eine Klinik. Seine Krankenbetten standen kaum in den Spitälern, sondern fast immer in den Palästen.

Doch dies sollte sich bald ändern. Früher als auf dem Kontinent gab es in London besonders tüchtige und kenntnisreiche Hauschirurgen. Der beste unter ihnen war John Hunter (1728–1793). Er stammte aus Schottland und wurde nach Lehrjahren in London bei William Cheselden am St. Thomas Hospital und bei Percival Pott am St. Bartholomew's Hospital zum *Surgeon* am St. George's Hospital ernannt (1756). Damit sind zugleich die wichtigsten chirurgischen Behandlungsstätten des Britischen Weltreiches erwähnt.

Obwohl John Hunter ohne Zweifel als einer der ersten im Hospital arbeitete und als überragender Chirurg manche Neuerung einführte (oder auf die Leistung des Spaniers Antonio Gimbernat in Cádiz 1768 deutlich hinwies), ist sein Ruf und Ruhm doch nicht auf das Wirken am Krankenbett begründet, sondern vielmehr auf seine gelehrten Entdeckungen. Niemand hatte bisher die Entzündung so genau durch Tierexperimente beobachtet. Keiner hatte die Wirbeltiere aus aller Welt tot oder lebendig in seinem Privatzoo so sorgfältig ›nach aufsteigender Metamorphose‹ geordnet wie John Hunter. Neben dieser Begründung der ›vergleichenden Anatomie‹ hatte er besonders die Zähne mit größter Genauigkeit beschrieben und damit der neueren Zahnheilkunde in England ein wissenschaftlich haltbares Fundament gegeben. Tragisch verlief nur sein problematischer Selbstversuch, mit dem endlich geklärt werden sollte, ob Syphilis (= Lues) und Gonorrhoe ein und dieselbe Geschlechtskrankheit sei. John Hunter überimpfte sich Eiter einer Hafendirne, die, ohne es zu wissen, an beiden Krankheiten litt und führte damit die Forschung gerade wegen des Gewichtes seiner Aussage völlig in die Irre.

Im Gegensatz zu anderen Ländern zeigt der Überblick, daß zwar auch die meisten englischen Ärzte nicht in Hospitälern gewirkt haben. Andererseits aber gab es in London bald nach 1700 einige ganz besondere Gründungen, in denen mindestens einzelne führende Chirurgen eine systematische Behandlung ihrer Patienten mit dem Ziel durchführten, sie möglichst bald wieder gesund zu entlassen. Wie diese ersten Krankenbehandlungsstätten gegründet wurden und wie erstaunlich es ist, daß sie gerade in England so bald entstanden, muß nun im einzelnen durch einen Blick auf die Hospitäler gezeigt werden.

Am Anfang der neueren Hospitalgeschichte steht auch auf den Britischen Inseln eine Kreuzhalle. In London wurde das *Savoy Hospital* (vor 1517, 1520) von Henry VII., König von England (1485–1509), gegründet. Er war es, der die Kriege zwischen der weißen und roten Rose (zwischen den Häusern Lancaster und York, 1455–1485) beendet hatte und dann das Haus Tudor begründete, indem er seinen ältesten Sohn mit einer Tochter der Katholischen Könige verheiratete. Doch der Kronprinz starb bald. Sein jüngerer Bruder machte die junge Witwe zur ersten jener sechs Frauen, die er im Laufe seines Lebens heiratete. Es war Henry VIII. (1509–1547).

Noch ist die Frage nicht beantwortet, wo die Vorbilder des Savoy Hospitals standen. Gewiß könnte die spanische Braut und die damals guten Verbindungen zu ihrer Heimat ausschlaggebend gewesen sein. Andererseits hatte London stets sprichwörtlich gute Beziehungen zu Portugal, zu Porto wie zu Lissabon, wo das *Hospital Real de Todos-os-Santos* (1490–1504) gerade als Neubau bestaunt wurde. Schließlich waren nach 1500 die Verbindungen mit Italien besonders freundschaftlich. Henry VIII., der später so Rom-feindliche König, erhielt damals noch den ehrenvollen Titel *defensor fidei,* Verteidiger des Glaubens (1521), vom Papst wie ein Gütesiegel vorbildlicher Christlichkeit aufgedrückt.

Doch dies sollte sich bald gründlich ändern, als Rom sich weigerte, die Ehe mit der kranken Spanierin zu scheiden. Damals (1533) zerschnitt der König die uralten Bindungen, indem er sich selbst zum Kirchenherrn machte und den Erzbischof von Canterbury zum Oberhaupt der unabhängigen Anglikanischen Kirche erhob. Daß damit weder die Reformation des Martin Luther noch jene des Jean Calvin eingeführt wurde, sei besonders hinzugefügt. Dennoch entschloß sich Henry VIII. zu dem denkwürdigen Schritt, alle Klöster, alle Stiftungen und alle Hospitäler ohne Ausnahme auflösen zu lassen. Die Schließungen wurden in Schüben (1534–1539) durchgeführt und vernichteten wesentliche Teile der Kultur des traditionsreichen Inselstaates. Vor allem aber war unvorstellbar, wie es ohne Hospitäler weitergehen könne.

Die Zustände wurden zuerst in der größten Stadt, in London, bedenklich. Heere von Bettlern machten bald auch die Umgebung des königlichen Palastes in Westminster unsicher, so daß der Bürgermeister mit dem Bischof den König im Jahr vor seinem Tode (1546) dazu überreden konnte, wenigstens zwei Auffangstellen zu erlauben. Es waren dies

1. St. Bartholomew's Hospital für Kranke (1546) und
2. Bethlem Hospital für Irre (1546).

Weil sich Henry VIII. als großer Wohltäter dieser Gründungen preisen ließ, erlebte die Welt das einmalige Schauspiel, daß der größte Zerstörer englischer Hospitäler als wichtiger Hospitalgründer die Augen für immer schloß.

Doch auch die Nachfolger beeilten sich keineswegs, den riesigen Schaden wieder zu beheben und Neugründungen anzuregen. Erst Jahre nach dem Tod des Königs eröffnete man (1553) zusätzlich drei weitere Hospitäler, so daß damit jene berühmte Gruppe der *five royal hospitals* zustandekam. Es wurden eröffnet:

3. St. Thomas's Hospital für Kranke (1553)
4. Christ's Hospital für Waisen (1553) sowie
5. Bridewell für Gefangene (1553).

Damit waren wenigstens die schlimmsten Zustände eingegrenzt. Wie aber Lincoln, York oder Lancaster in dieser Zeit mit ihren Armen und Kranken, aber auch mit Irren oder

Ansteckenden fertig wurden, ist nie gefragt worden. Die Schande war viel zu groß. Ein Kulturstaat versank in vorchristliche Zustände.

Königin Elisabeth I. regelte dann endlich wenigstens das Wichtigste. Ihr berühmtes Armengesetz, der *poor law act* (1601), legte fest, daß es zunächst Aufgabe der Familie sei, für Angehörige zu sorgen, die in Not geraten sind. Sollte aber ein Armer gar keine Verwandten mehr haben, dann müsse in diesen, wie man meinte, seltenen Fällen, die Gemeinde-Kasse benutzt werden dürfen; oder genauer: Stadt und Grafschaft hatten einzuspringen. Daß damit die Anfänge der später landesweiten und auf alle Übersee-Besitzungen ausgedehnten Armenfürsorge in Gang gesetzt war, ahnte fast niemand. Wie Pilze schossen um 1840 die *County Asylums* für Heere von Armen und Irren aus dem Boden. Zunächst allerdings geschah fast gar nichts.

Nur in dorfähnlichen Kleinstädten und Landgemeinden gründeten einzelne Menschenfreunde fast heimlich doch wieder Zufluchtsorte, die aus Mitleid Armen und auch Alten für die letzten Jahre offenstehen sollten. Von Kranken war kaum die Rede. In Weekley entstand damals das *Montague Hospital* (1611) für einen *master* und sechs Brüder (halbes Apostelkollegium!). In Greenwich[39] errichtete man das schlichte *Trinity Hospital* (1614), das höchstens zwölf Betten hatte. Die Gründung im abgelegenen East Grinstead war etwas größer und hatte vielleicht deshalb nicht den Namen Hospital erhalten, sondern hieß *Sackville College* (1616). Gründer war Robert Sackville, Earl of Dorset, ein kleiner Landadeliger, der aber bereits 1609 gestorben war. Man hatte immerhin Platz für mehr als 30 Frauen und Männer, die aber alleinstehend sein mußten. Das College ist gut erhalten und besteht aus vier niedrigen Flügeln, die einen quadratischen Hof einschließen. Diesen betritt man von Norden. Der Kapelle im Ostflügel entspricht im Westen der *common room.*

Nach einer Pause um 1630 nahmen diese Gründungen seit 1660 wieder an Zahl und Größe zu. Als Beispiel sei in Wokingham das *Lucas Hospital* (1665) genannt, eine Gründung des Henry Lucas, der aber schon 1663 gestorben war. Erwähnenswert ist auch in London-Blackheath das *Morden-College* (1695). Dieses Haus wurde von Sir John Morden für 45 arme alte Kaufleute gestiftet. Die Pläne soll einer der großen Baumeister des Landes entworfen haben, nämlich Sir Christopher Wren, der genialische Konstrukteur von Saint Paul's Cathedral in London-City (1675). Das zweistöckige, vornehme Haus ist gut erhalten und streng symmetrisch gebaut. Über dem hohen Mitteleingang dehnt sich ein breiter Giebel, dem ein Uhrenturm als Dachreiter aufsitzt. Zwei kaum vorragende Seitenflügel begrenzen die lange Fassade.

Diese Phase des tastenden Wiederaufbaus englischer Hospitäler wirkt auf den Kontinental-Europäer heute noch erschütternd, aber auch ergreifend. So wie im frühen Christentum einzelne Fromme geholfen haben, als es noch kaum Bischöfe gab und die Könige noch nicht getauft waren, so haben erste Wohltäter in England, neben Harvey und Sydenham lebend, wenigstens Herbergen für einige Alte und Arme zustandegebracht und so den Grund für eine neue Hospitalentwicklung vorbereitet. Denn die Anglikanische Kirche verharrte in beklemmender Starre; und der König hatte in dieser Zeit alle Hände voll zu tun, um seinen eigenen Kopf zu retten. Als dies mißlang (1649), regierte Cromwell, dem nach dem grausi-

54 Der Stifter Thomas Guy wird beim Planen vom Arzt und vom Baumeister beraten. Gemälde von C. W. Copke im Guy's Hospital in London

gen Pestjahr 1665 der große Brand von London (1666) folgte. Noch schlimmer als die äußere Not waren aber die unlösbaren religiösen Fragen (Willensfreiheit oder Gnadenlehre, Landeskirchen oder eine allumfassende Kirche aller Christen). Der praktische Sinn des Engländers führte um 1700 zur Abwendung von allen Dogmen und zu einer Relativierung, die in der ›Aufklärung‹ nur noch Vernunft und Erfahrung gelten ließ.

Wenn weder der Staat noch die Kirche sich um die Armen und Kranken bemühte, dann konnten nur Selbsthilfe-Gruppen die schlimmste Not lindern. Nach dem Prinzip »help yourself and God will help you« schufen sie bald einen neuen Typus des Hospitals, der sehr treffend als *voluntary hospital* bezeichnet wurde.

Obwohl die Entwicklung in London mit dem Westminster Hospital[40] begann (1719), sei hier direkt Mister *Guy's Hospital* (1723) in den Mittelpunkt gestellt (Abb. 55). Thomas Guy[41] war Buchhändler in London, betätigte sich aber nebenbei auch wohltätig, indem er am *Board of Trustees* (dem Aufsichtsrat) des St. Thomas's Hospital einem der *five royal hospitals,* mitwirkte. So hatte er Einblick in die ständigen Finanzierungsschwierigkeiten

55a

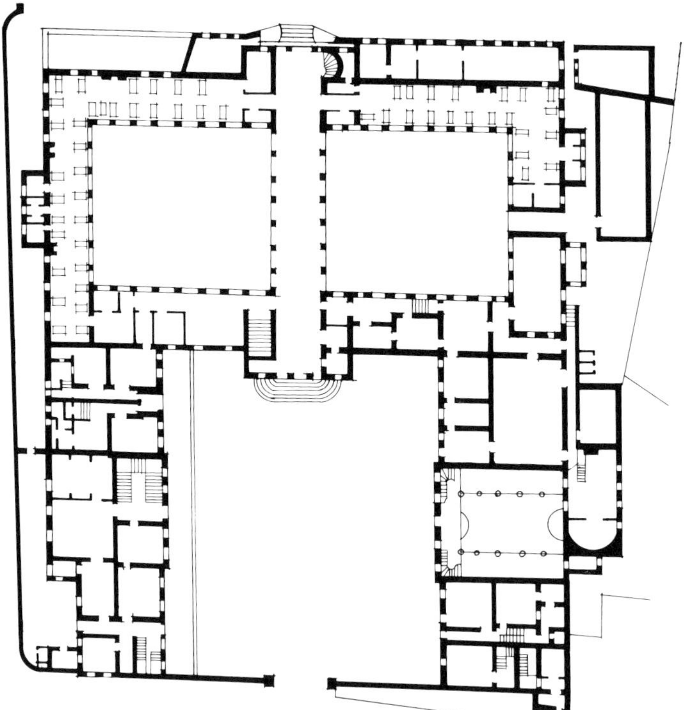

55b

55 London, Guy's Hospital für Unheilbare. 1722–1725, Architekt: George Dance. Kupferstich (a) von West and Toms; Grundriß (b) nach Burdett, 1893

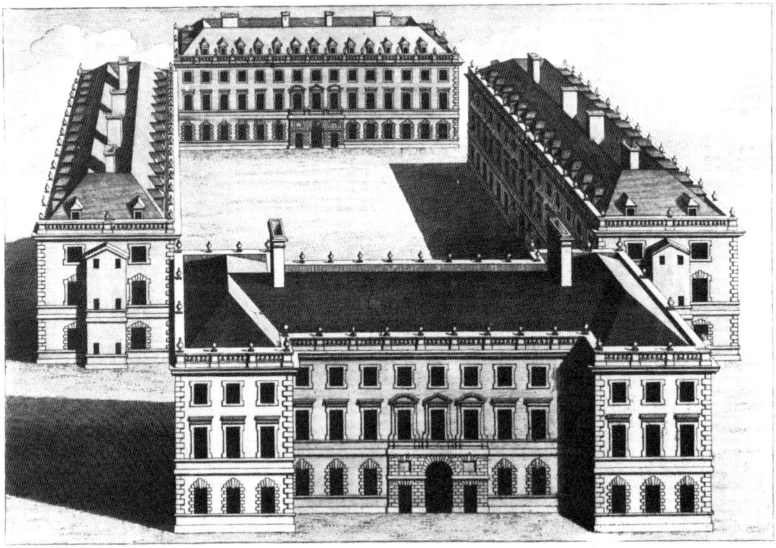

56a

56b

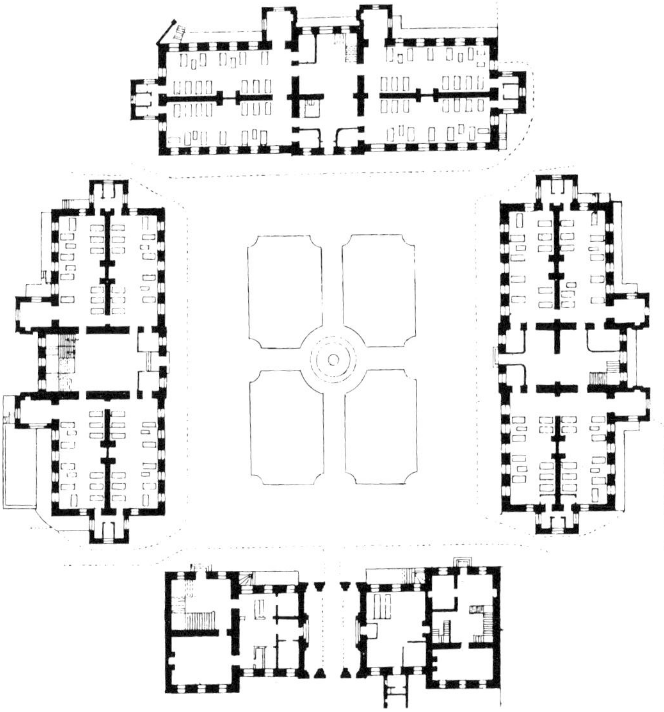

56 London, St. Bartholomew's Hospital. 1730–1769, Architekt: James Gibbs. Kupferstich (a) von West and Toms; Grundriß (b) nach Burdett, 1893

dieses Hauses, wenn wieder ein Anbau nicht durchzuführen oder ein Armer nicht aufzunehmen war. Dann machten Spekulationen mit Südseeaktien Thomas Guy über Nacht zu einem steinreichen Mann. Er beschloß, einen Anbau für die Ärmsten der Armen, für die Unheilbaren zu stiften und zog zu den Beratungen den Baumeister George Dance sowie den Arzt Richard Mead hinzu, der damals als der beste Praktiker galt und deshalb den Stock mit dem goldenen Handgriff trug.

Die Herren beschlossen, vier Flügel um einen rechteckigen Hof zu legen, der durch einen offenen Säulengang halbiert sein sollte. Diese Bauidee ist in der Hospitalarchitektur nur ein einziges Mal verwirklicht worden, nämlich in Toledo am Hospital de San Juan Bautista (1541–1562). Dennoch ist nicht bekannt, ob Guy dort war oder – was viel wahrscheinlicher ist – als belesener Buchhändler in London einen Kupferstich des Hauses gesehen hatte. Der Ost- und der Westhof waren im Erdgeschoß allseits von offenen Bogenhallen umgeben. Vermutlich sollten die Patienten erst im 1. und 2. Obergeschoß in langen Bettenhallen liegen. Über eine Kapelle im Gründungsbau (1722–1725) ist nichts bekannt. Sie wurde vermutlich erst mit jenem Westflügel errichtet, der um 1734 zur St. Thomas's Street hinziehend angefügt wurde und zusammen mit dem Ostflügel einen Ehrenhof bildete, in dessen Mitte noch heute das Denkmal für den Gründer steht.

Obwohl Guy's Hospital ausdrücklich für Unheilbare bestimmt war, wurden gerade dort doch wieder Heilungsversuche unternommen, so daß das Haus nach wenigen Jahrzehnten als Behandlungsstätte einen sehr guten Ruf hatte und dann sogar (nach 1820) zur Wiege der ›Londoner klinischen Schule‹ wurde. Erwähnt seien nur Richard Bright (1827, Nierenkrankheiten) und Thomas Addison (1855, Krankheiten der Nebenniere) sowie Thomas Hodgkin (1823, Lymphogranulomatose) und James Parkinson (1817, Schüttellähmung). Als Chirurg wirkte seit 1800 der überragende Astley Cooper im Hause.

Von den *five royal hospitals* in London sollten sich zwei der Kranken annehmen: *St. Thomas Hospital*[42] rechts der Themse, jenseits der London-Bridge, verbesserte die Fürsorge dank Mister Guy; *St. Bartholomew's Hospital*[43] links des Flusses mitten in der City sah sich gedrängt, vergleichbare Neubauten (1730–1769) zu errichten (Abb. 56). Man entschloß sich zu einer Anordnung, die weit in die Zukunft hinein in allen Ländern als vorbildlich galt. Die britische Hauptstadt stand über Nacht plötzlich wieder am roten Faden der Entwicklung. Um besser lüften zu können, schlug der Baumeister James Gibbs vor, zwar wieder vier Flügel um einen rechteckigen Hof zu legen, sie aber so weit auseinander zu rücken, daß der Wind von allen Seiten eindringen konnte. Wären die Bauten kleiner und ohne Obergeschosse errichtet worden, dann könnte man bereits hier von einer Pavillon-Anlage sprechen, wie sie dann später (1850–1900) in allen Kulturstaaten üblich wurde. So aber ist es besser, den Ausdruck *degagement* zu benutzen, der anzeigt, daß die Teile des Hauses auseinandergerückt und durch Zwischenräume getrennt waren.

Man betritt die heute noch prächtig erhaltenen Bauten durch den *North Block* (1730–1732), der über dem *Vestibule* eine riesige Halle hat und so kaum den Patienten direkt dient. Alle anderen Bauten sind aber ganz den Betten der Kranken vorbehalten. Beiderseits einer *Hall* in der Mitte der Stockwerke liegen je zwei Wand-an-Wand-Säle. Ihre *Fireplaces* stehen Rücken an Rücken, und auch die Abortanlagen, die an den Schmalseiten vorragen, entsprechen einander. Die Treppen und Küchen wurden an die Rückseite verlegt, so daß im Hofraum eine Insel der Ruhe entstand.

Am St. Bartholomew's Hospital wirkte als Surgeon Percival Pott, der den Schornsteinfegerkrebs (1775) und den Tbc-Buckel (1779) beschrieb.

Zahlreiche weitere Neubauten müßten in London noch beschrieben werden. *St. George's Hospital* (1733–1740), der Wirkungsort von John Hunter an Hyde Park Corner (seit 1756), wurde von Isaac Ware erneuert. Vorbildlich war das *London Hospital* (1752–1757), das der Baumeister Boulton Mainwaring von Grund auf neu baute. Nicht vergessen sei das *Middlesex Hospital* (1755–1775) des Architekten James Paine. Hier war später (1814–1836) der führende Chirurg Charles Bell tätig. Zusammenfassend aber sei zugegeben, daß damit bereits typische Krankenhäuser oder Patientenbehandlungsstätten beschrieben wurden und keine Hospitäler für Arme und Kranke.

In Schottland muß wenigstens in Edinburgh[44] die damals weltberühmte *Royal Infirmary* (1738–1748) genannt werden, weil hier besonders Ärzte der amerikanischen Kolonien eine betont praxisorientierte Ausbildung erhielten (Abb. 57). Das Hospital hatte ein ›Amphitheater‹, dessen Oberlichtfenster bereits ins Dach eingebaut war. Ganz ähnliche Unterrichtsstätten entstanden später in Philadelphia und New York.

In Irland hatte die klinische Schule von Dublin um 1830 einen so guten Ruf, daß sie mit jenen in Paris, Wien und London in eine Reihe gestellt wurde. Bekannt sind John Cheyne und William Stokes, die am *Meath Hospital* gewirkt haben. Dort war auch Robert Graves (seit 1821) tätig, der (1835) eine besonders genaue Beschreibung der Basedowschen Krankheit, einer Schilddrüsenüberfunktion (Kropf, Glanzauge, Herzjagen) gegeben hat. John Corrigan wirkte in Dublin am *Jervis Street Hospital* (1830). Leider ist über die Entstehungszeit und die Bauformen der irischen Hospitäler fast nichts bekannt. Daß aber auch sie bereits Krankenhäuser waren, trotz ihres Namens, steht außer Zweifel.

In Skandinavien sind vor allem zwei wichtige Hospitäler zu erwähnen. In Stockholm[45] wurde bereits 1749 das *Serafimerlasarettet* eröffnet, das nach einer Erweiterung 1788 für viele Jahre das wichtigste Hospital des europäischen Nordens gewesen ist. Fast ebenso bekannt wurde aber in Kopenhagen[46] das *Kgl. Frederiks Hospital* (1752–1758), das Frederik V., König von Dänemark (1746–1766), gründete. Als Baumeister verpflichtete er Laurids de Thurah, der vielleicht Anregungen aus London benutzt hat (Abb. 58).

Denn wieder findet man hinter den beiden zweistöckigen Häusern an der Straße vier auffallend niedrige Gebäude, die um einen großen Hof liegen. Im Innern wurden noch einmal Wand-an-Wand-Säle errichtet. Dies alles bewirkte, daß das so großzügig errichtete Haus schon bald nach seiner Vollendung als lüftungstechnisch veraltet und als nicht erneuerungsfähig galt. Man forderte nun Höfe, die nach Westen geöffnet waren und Säle, die *cross ventilation* hatten, also rechtwinklig zur Längsachse den Wind durch gegenüberliegende Fenster hindurchwehen ließen. Gerade weil das Hospital in Kopenhagen in dieser Hinsicht so altertümlich ist, muß es noch nicht zu den Krankenbehandlungsstätten gezählt werden.

57a

57b

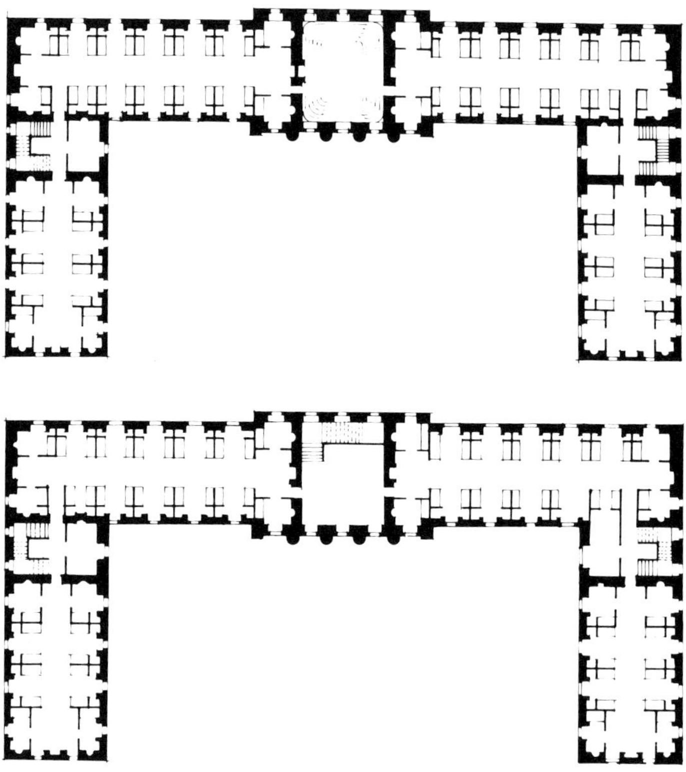

57 Edinburgh, Royal Infirmary für Heilbare. 1738–1748, Architekt: William Adam. Aufriß der Nordseite (a) und Grundriß (b) von 1778

58a

58b

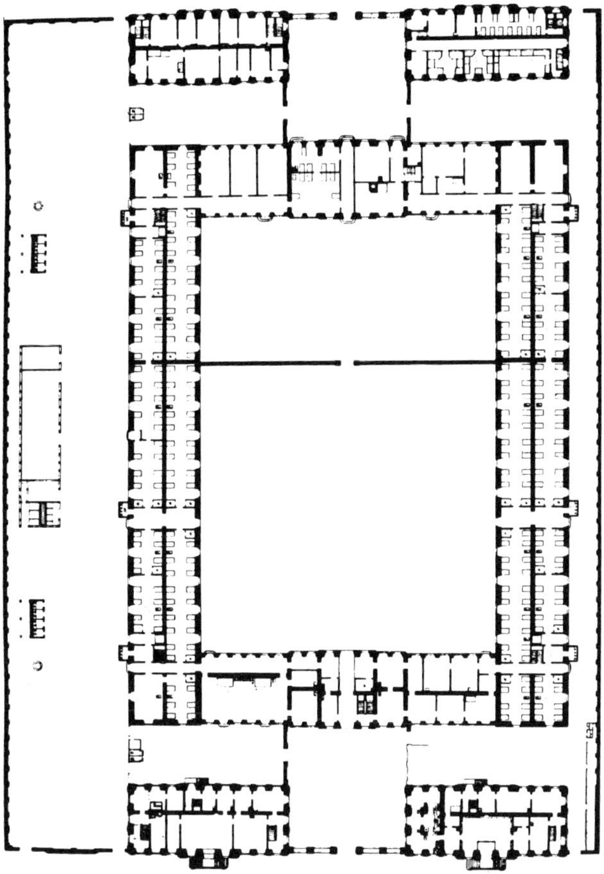

58 Kopenhagen, Kgl. Frederiks Hospital. 1752–1758, Architekt: Laurids de Thurah. Kupferstich (a) und Grundriß (b)

12. Hospitäler in Osteuropa

Es gibt leider nur wenige Hospitäler in Osteuropa, die hier überhaupt erwähnt werden können. Wenn dieser Abschnitt trotzdem eingefügt ist, dann deshalb, weil die riesigen Länder des Ostens bis zum Ural seit jeher zum geographischen Begriff Europa gehören. Hospitalgeschichtlich sind aber nur jene Gebiete wichtig, die zu den abendländischen Religionsgemeinschaften zu zählen sind und auch diese Länder nur dann, wenn es in ihnen größere Städte gibt. Der Blick fällt deshalb zuerst auf Polen, wo Warschau und Krakau, aber auch Thorn oder Wilna zu beachten wären. Doch das wenige, was von dort bekannt wurde, ist ganz von Wien und den Barmherzigen Brüdern, von Berlin oder Moskau geprägt. Außerdem waren die polnischen Hospitäler stets klein und standen extrem weit auseinander.

Günstiger ist die Lage in Ungarn, wo vor allem Buda und Pest, aber auch Preßburg und Tyrnau mehrere Spitäler vor 1800 hatten. Leider gibt es aber nur wenige landessprachliche Berichte, die offensichtlich unzuverlässig sind. Aus Siebenbürgen, aus Klausenburg und Hermannstadt, liegen genauere Arbeiten vor, die jedoch zeigen, daß nur kleine, weit versprengte Hospitäler bestanden, die stets sehr arm gewesen sind. Andere Städte auf dem Balkan wie Belgrad, Bukarest oder Sofia gehörten nach 1500 noch lange zum Osmanischen Reich, das als feindlich galt und deshalb durch Militärgrenzen (Maria Theresia, van Swieten) isoliert wurde, um Pest und Islam fernzuhalten. Nur in Istanbul und in Edirne, in Bukarest und vielleicht in Saloniki oder Athen sind kleinere muslimische Hospitäler und Herbergen auf europäischem Boden geschaffen worden. Sie können aber nur im Zusammenhang mit den großartigen orientalischen Hospitalgründungen des Islam verständlich gemacht werden.

Nicht vergessen seien die großen lutherischen Gebiete im Baltikum, wo vor allem an die alten Hansestädte Riga und Reval, aber auch an Dorpat mit seiner deutschsprachigen, kaiserlich-russischen Universität zu denken wäre. Daß dort größere Hospitäler zwischen 1500 und 1800 gegründet wurden, ist unwahrscheinlich, wenn man bedenkt, wie problematisch die Stellung des Hospitals im Protestantismus gewesen ist. Aber vielleicht gibt es ein Gegenstück zum niederländischen *Hofje* oder zum englischen *Almshouse.* Mindestens die *Gänge,* jene Armenwohnungen, die man in Hamburg und Lübeck heute noch zahlreich findet, könnten im lutherischen Osten nachgeahmt worden sein.

Schließlich bleibt noch die griechisch-orthodoxe Kirche. Auf dem Athos oder in den Meteora-Klöstern hat sie lediglich Pilgerherbergen hervorgebracht, die denkbar schlecht untersucht wurden. Andere Klöster in Griechenland sind wegen ihrer Handschriften für die Hospitalgeschichte wichtig geworden. So fanden zaristische Gelehrte an entlegener Stelle einst das »Pantokrator-Typikon« (um 1136). Aber auch in den Städten hat die Ostkirche allein schon wegen der türkischen Oberherrschaft, die dies kaum geduldet hätte, keinerlei Hospitäler nach 1500 errichtet, weder im späteren Bulgarien noch an der Moldau und in der Walachei, jenen berüchtigten Pestgebieten an der Donaumündung.

Auch in Rußland sind nur wenige Klosterherbergen bekannt geworden, die vor allem dann gebaut wurden, wenn man Wallfahrer erwartete. Zagorsk bei Moskau ist hierfür vielleicht ein geeignetes Beispiel, weil man dort bereits drei typische Hospitäler unterscheiden kann, nämlich die Gästegemächer, ein Spital mit Kirche und den Palast des Zaren. Ob im riesigen Reich der Russen jemals vor 1750 ein Bischof oder ein Adeliger, ein Bürger oder eine Stadt ein Hospital für Arme und Kranke gegründet und weiter getragen hat, ist – so unglaublich es klingt – heute in Westeuropa unbekannt. Vielleicht sollte man ohnehin zuerst die Geschichte der guten Werke und ihres transzendenten Erlösungswertes studieren, bevor man in Bulgarien und Rußland auf die Suche nach alten Hospitälern geht. Außerdem sind alle Erneuerungsbewegungen wichtig, die den Klosterreformen (Cluniazenser, Zisterzienser, Bettelorden) oder der Reformation in Westeuropa entsprechen. Vielleicht hat aber der Osten vergleichbare Erweckungswellen nie aus eigener Kraft hervorgebracht. Als Rußland aber schließlich doch noch von der pseudo-religiösen Strömung der Aufklärung gestreift wurde, entstanden sofort im Zeichen der Menschenliebe und Verbrüderung erste Hospitäler.

Bevor auf diese hingewiesen wird, sei aber noch Zar Peter der Große (1682–1725) erwähnt, der die Niederlande (als Schiffszimmermann) und England (1697–1698) kennen und schätzen lernte. Die Verlegung der Hauptstadt aus dem Landesinnern nach dem neugegründeten St. Petersburg (1703) an der Ostsee hätte vielleicht bereits Veranlassung geben können, neben unzähligen anderen westeuropäischen Einrichtungen auch ein Hospital zu erbauen. Bis jetzt sind aber nur Militär- und Marinespitäler bekannt geworden.

Erst als die Zarin Katharina die Große (1762–1796) das Zepter in der Hand hielt, änderte sich vieles fast allzu überstürzt. Die Fürstin war als Tochter eines preußischen Gouverneurs in Stettin (1729) geboren worden und verkörperte schon als Braut des Kronprinzen, besonders aber als allein regierende Zarin die Aufklärung ausgeprägter als viele Westeuropäer. Stets mit Frankreich in Verbindung, von Freimaurern und Ärzten aus Westeuropa beraten, ist es rückblickend nicht erstaunlich, daß Katharina den Versuch wagte, das Hospital oder genauer die Krankenbehandlungsstätte in den Osten zu verpflanzen.

Es ist sehr bedauerlich, daß die Gesetzlichkeiten dieser typischen Rezeption und Assimilation so gut wie unerforscht sind. Es würde nicht nur im Interesse des Ostens liegen, hierüber mehr zu wissen; noch wichtiger wäre dies vielleicht auch für Wien. Denn es verstärkt sich der Verdacht, daß manche hospitalgeschichtliche Neuerung dort keineswegs nur auf französischen Einfluß zurückgeht, sondern sehr wohl auch auf russischen. Kaiser Joseph II. (1780–1790) traf in diesen Jahren mehrmals mit Katharina der Großen (1762–1796) zusammen (1780 und 1787), obwohl er 1777 seine Schwester, die Königin Marie-Antoinette in Frankreich besucht hatte.

Wenn man von militärischen Krankenhausgründungen absieht, können hier leider nur wenige Hospitäler aufgezählt werden. In St. Petersburg[47] wurden gegründet das *Kalinkin-Hospital* (1762–1778) und das große *Obuchow-Hospital* (1780–1784), das vor allem wegen seiner Irrenabteilung zu beachten ist, die noch vor dem ›Narrenthurm‹ (1784) des Allgemeinen Krankenhauses in Wien begonnen wurde (!). In Moskau[48] sei erwähnt das *Golizyn-Hospital* (1796–1801), das der Baumeister Matwei Kasakow an der Moskwa errichtete. Eine prächtige Aufrißzeichnung des *Kurakin-Hospitals* (vor 1800) ist kürzlich in Stockholm

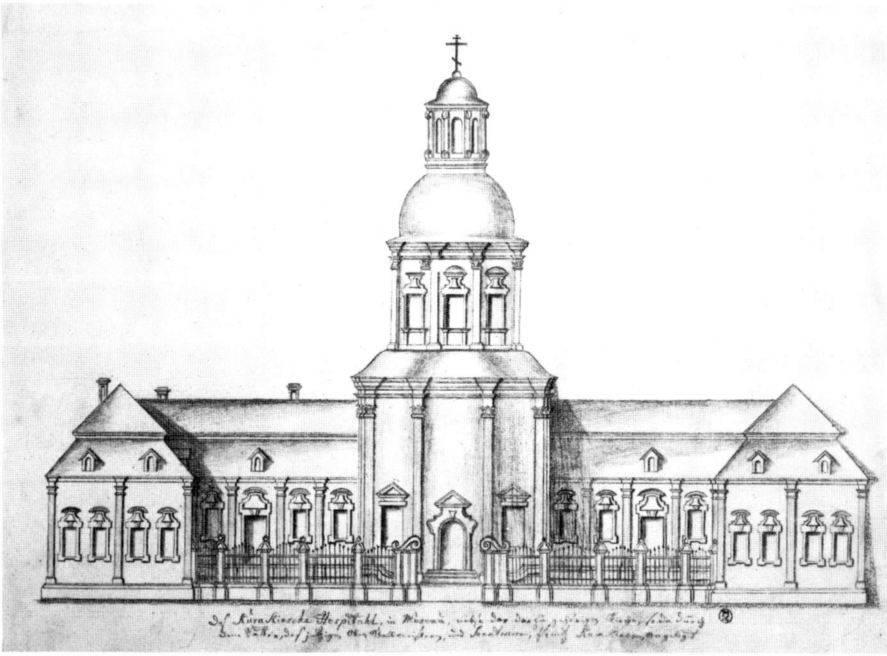

59 Moskau, Kurakin-Hospital. Vor 1800 erbaut. Aufriß-Zeichnung. Nationalmuseum Stockholm

gefunden worden, was noch einmal zeigt, daß auch ohne russische Archive noch manche Frage im Westen geklärt werden könnte. Zunächst gibt die Zeichnung aber vor allem Rätsel auf: Niemand erwartet bei Hospitälern der beginnenden Aufklärung eine so große Kirche; und bei so teueren Fundamenten hätte man mindestens ein oder zwei Obergeschosse aufsetzen können, um so aus dem Heer der Hilfsbedürftigen ein paar mehr ›gewaltsam zu beglükken‹. Denn daß die Aufklärung den russischen Untertanen fast immer so unerwünscht war wie den österreichischen vor 1790, steht außer Zweifel.

C Besondere Hospitäler 1500–1800

13. Hospize und Armenhäuser

Nach den verheerenden Pestepidemien des späten Mittelalters (›Der Schwarze Tod‹, 1348) hatte die Bevölkerungsdichte fast überall in Westeuropa um 1500 wieder zugenommen. Damit wuchs aber auch die Zahl der Armen. Gewiß konnten manche Stadt und mancher Stifter mit einem Hospital die Not am Ort lindern. Wenn aber weite Landstriche oder ein ganzes Herrschaftsgebiet von Armen und Kranken, Blinden und Lahmen, Irren und Störenden befreit werden sollte, dann waren dazu umfassende Maßnahmen des Fürsten notwendig. Er handelte oft nicht nur in der Absicht Gutes zu tun, sondern hatte auch das Ziel, wirksam zu regieren, um so das Wohl aller Menschen zu fördern und seinen Ruhm zu vergrößern.

Das Prinzip der Staats-Caritas entwickelte sich aber nur langsam. Am Anfang war viel Zufall und Improvisation im Spiel, was man an den Hessischen Landesspitälern (1535) deutlich sehen kann.[1] Andererseits haben sich aber einzelne Maßnahmen wie das Zusammenziehen der Armen an besonderen Orten oder die Trennung von Männern und Frauen in zwei weit auseinanderliegenden Landesspitälern so gut bewährt, daß diese Erfahrungen weiter genutzt wurden.

In England wiederholten sich ähnliche Vorgänge, als König Henry VIII. fast gleichzeitig (1534–1539) alle Klöster aufheben ließ. Etwa zehn Jahre später hatten die Armen in London so sehr zugenommen, daß man recht widerwillig zuerst zwei (1546), dann aber (1553) *five royal hospitals* eröffnen mußte. Wenn davon nur zwei für Kranke bestimmt waren, drei weitere aber für Irre, Waisen und Gefangene (für Arbeitsscheue und Störende), dann zeigt dies, welche Schwierigkeiten sich aufgetürmt hatten und daß man sie mehr wegschieben als beseitigen wollte.

Auch das so oft gelobte Armengesetz (*poor law act*, 1601) der Königin Elizabeth I. sollte in diesem Lichte gesehen werden. Um nicht noch mehr in königliche Kassen greifen zu müssen, wurde die Last auf die Familie des Armen oder notfalls auf die niederste Verwaltungseinheit, auf *town and county*, also auf die Gemeinden oder auf das Rathaus abgewälzt. Ob die Königin damals überhaupt ›das Wohl der Armen‹ richtig in den Blick gefaßt hatte, ist sehr fraglich.

Daß auch außerhalb der protestantischen Länder und der Anglikanischen Kirche vergleichbare Maßnahmen zur Verminderung und Beseitigung der Armut ergriffen wurden und

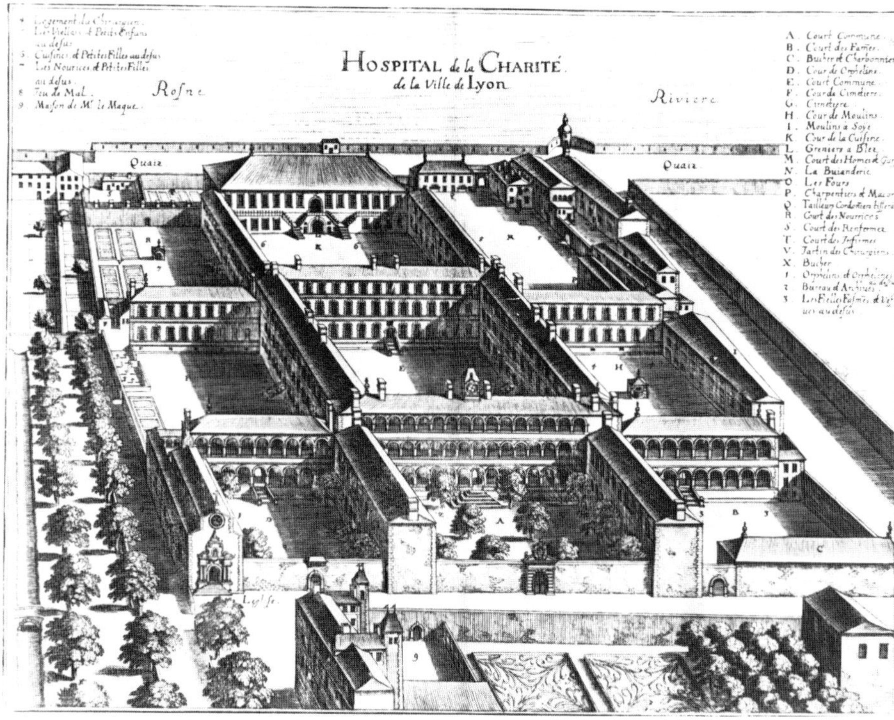

60a Lyon, Hôpital de la Charité. 1619 begonnen, Architekt: Etienne Martellange. Kupferstich

daß dabei sogar das katholische Frankreich wahrscheinlich voranging, ist zunächst überraschend. Jedenfalls eröffnete (1544) François I. etwa zehn Jahre nach dem hessischen Vorbild (1535) in Paris ein *Grand Bureau Général de l'Aumône des Pauvres.* Noch in der Zeit von Taillerand um 1800 gab es in Frankreich das Amt oder den Titel eines *Grand Aumonier.* In Rouen aber wurde im Jahre 1602 (fast gleichzeitig mit dem englischen *poor law act* von 1601) ein *Hospice Général* eröffnet. Es gehört zu den ersten überhaupt, wurde aber später ganz durch Neubauten ersetzt. Unbeantwortet ist die Frage, weshalb man die Bezeichnung *Hospice* wählte und nicht wie später immer *Hôpital.* Außerdem ist viel gerätselt worden, was mit *général* gemeint war oder verschleiert werden sollte.

Nach diesen undeutlichen Anfängen ist es erstaunlich, in Lyon ein riesiges *Hôpital de la Charité* zu finden, das bereits im Jahre 1614 geplant und 1619 begonnen wurde (Abb. 60). Baumeister war Etienne Martellange. Leider ist das später sehr veränderte Haus vor wenigen Jahrzehnten abgerissen worden. Nur ein Turm am zentralen Postamt der Stadt markiert noch die Stelle. Der Blick auf einen alten Kupferstich zeigt aber, daß hier in wenigen Jahren ein riesiges Bauwerk entstanden war, das sogar die Ausdehnung des benachbarten Hôtel-Dieu übertraf. Man baute direkt am Fluß und setzte in die Mitte des fast quadratischen

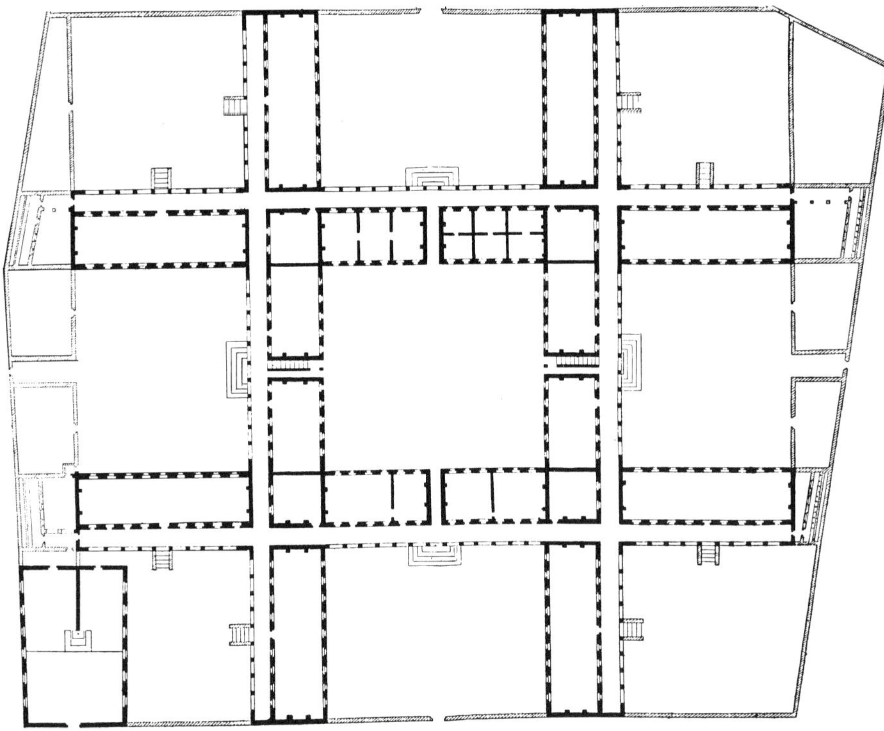

60b Grundriß des Hôpital de la Charité, nach Charvet, 1874

Feldes vier lange Häuser, die einen Hof umschlossen. Von diesem dreistöckigen Zentralkomplex gingen an allen Ecken je zwei weitere Flügel ab, die aber nur zwei Geschosse hatten. So entstanden neun Höfe, die nach außen teils mit einer Mauer, teilweise aber auch mit Bauten abgeschlossen waren. Die Kirche lag nicht in der Mitte der Eingangsseite oder im Zentrum der Uferfront, sondern ganz asymmetrisch (im Kupferstich links vorne unten). Ein Blick auf den Grundriß zeigt, daß sie im Inneren der Länge nach halbiert war, um so Frauen und Männer beim Gottesdienst zu trennen. Eine andere Geschlechtergrenze verlief in der Mittelachse des Areals, so daß links die Frauen und rechts vor allem Männer lebten. Man weiß, daß die Waisenkinder in zwei Flügeln (links vorne bei der Kirche) untergebracht waren. Dann folgte nach dem Friedhof des Hôpital général der Flügel der Ammen und Säuglinge. Ganz am Fluß (links oben) sieht man den völlig ummauerten *cour des renfermez*, das Gefängnis, das vielleicht auch Irre aufnahm. Im zweistöckigen Haus mit dem großen Dach am Ufer lebten Kranke, und in den anschließenden Flügeln des Hofes war links die Küche und darüber die Mädchen-Abteilung, während rechts alte Männer und darüber Knaben wohnten. Am großen Zentralhof gab es (rechts der Mitte) ein *logement du chirurgien.* Ganz außen (rechts am Rand) lagen zwei Schreinereien, eine Schuhmacherei und eine

61 Marseille, Hôpital général de la Charité. 1641 und 1671–1749, Architekt: Pierre Puget. Blick in den Innenhof mit Kapelle. Foto von 1946

Bäckerei, eine Spinnerei und ein Schlachthaus. Spätere Abbildungen zeigen dies alles bereits verändert, nachdem am Fluß einige Häuser abgerissen und andere neu gebaut worden waren. So oder so nahm die Verwirrung zu, obwohl man das Bestreben nicht übersehen kann, eine Entflechtung in Junge und Alte, Kranke und Gesunde, Gefährliche und Harmlose durchzuführen. Manche Teile erinnern an ein sich selbst versorgendes Kloster (Werkstätten). Andere lassen an Patientenbehandlung denken (Chirurg, Kranke, Irre). Wieder andere sind halb Waisenhaus, halb Kinderhospital. Sicher ist nur, daß alle Aufgenommenen kein Geld hatten; denn das ganze Haus war eine *Institution de l'Aumône Générale de Lyon.*

Als zweite wichtige Gründung muß in Marseille ein weiteres *Hôpital Général de la Charité* (1641 und 1671–1749) genannt werden. Das ebenfalls riesige Haus wurde aber nach völlig anderen Plänen gebaut, die Pierre Puget vorgelegt hatte. Es gibt hier nur einen einzigen Hof, der nach außen völlig abgeschlossen wurde, so daß das Gebäude auch heute noch fast keine Fenster hat. Ein einziges Tor gestattet den Zugang. Im Inneren fühlt man sich wie im Orient. Islamische Herbergen in Kairo und Istanbul, aber auch in Bukarest oder in Granada haben die gleiche Struktur: Vier nach außen völlig zugemauerte Flügel bilden einen rechteckigen Innenhof, der allseits mit offenen Bogen umgeben ist, die hier in Lyon in drei Stockwerken übereinander stehen. Als einzige christliche Zutat liegt im Hof eine Kapelle, deren höchst raffinierter Grundriß besondere Aufmerksamkeit erfordert. Leider gibt es nur unzulängliche Pläne und kurze Beschreibungen, so daß niemand sagen kann, wer welche Räume bewohnte.

Wie sehr sich aber alle genannten Hospitäler schon in den ersten Jahrzehnten bewährt haben, geht daraus hervor, daß auch in der Hauptstadt Paris ein Hôpital général im Jahre 1656 eröffnet wurde. Man errichtete jedoch für die Armen keinen Neubau, sondern verteilte, um Geld zu sparen, die Institutionen auf viele Häuser in der ganzen Stadt.[2] Am wichtigsten wurde die Frauenabteilung, die den Namen *Hôpital de la Salpêtrière* (Abb. 62) erhielt, weil der König eine veraltete Salpeter-Fabrik, die einst Schießpulver herstellte, für die Armen gut genug fand. Den Männern gab der Herrscher ein altes, häßliches Schloß, das allzu oft umgebaut worden war.[3] So entstand als Gegenstück das *Hospice de Bicêtre.*

Leider gibt es keine Zeichnungen aus der Gründungszeit. Wie das zum Stadtviertel herangewachsene *Hospice de Bicêtre* aber später (um 1800) aussah, zeigen mehrere genaue Pläne (Abb. 63). Immer noch war das öde Königsschloß in Benutzung. An seiner Rückseite aber (um die Kirche) hatten sich zahlreiche Irrenabteilungen gebildet, in denen damals ein neuer Umgang mit Geisteskranken entwickelt wurde. Hier wirkte Jean Etienne Dominique Esquirol, der beste Schüler des Kettensprengers Philippe Pinel.

Wie in Paris, so haben sich auch in vielen anderen französischen Städten aus den Irrenzellen des Hôpital général jene Kristallisationskerne gebildet, aus denen später (um 1800) vorbildliche psychiatrische Einrichtungen geworden sind. Allein schon deshalb wäre es wichtig, mehr über diesen Hospitaltypus zu wissen. Hier aber geht es vor allem darum, das Armenhaus als solches zu erfassen, bevor die zahlreichen Entflechtungsvorgänge die umfassende Institution schon wieder auflösten. Denn so, wie der Granatapfel die vielen Samen in seinem Innern schon lange vor dem Aufplatzen erkennen läßt, so war auch das Hôpital général von Anfang an in vielfältiger Weise zu gliedern, weil allzu heterogene Gruppen hier durch den Willen des absolutistischen Fürsten unter ein Dach gezwungen worden waren.

Die meisten französischen Armenhäuser wurden erst nach der Eröffnung der Pariser Häuser (1656) gegründet. Sie wirken deshalb oft wie verkleinerte Nachbildungen des Hôpital de la Salpêtrière und des Hôpital de Bicêtre. Zwei besonders markante Beispiele müssen hier noch genannt werden. In Orléans entstand schon bald ein oft erweitertes Hôpital général (1672), das später ebenfalls eine besondere Irrenabteilung (um 1828) erhielt. Man betritt das Haus, das wieder flußabwärts außerhalb der heutigen Innenstadt liegt, in der Mittelachse und befindet sich dann in einer prächtigen Kirche, die ein auffallend breites und langes Querschiff hat. Vermutlich sollten in seinen Armen wieder Männer und Frauen während des Gottesdienstes getrennt und dennoch auf den gleichen Altar ausgerichtet werden. Beiderseits der Kirche und hinter ihr liegen zusammen vier quadratische Höfe, so daß im Grundriß fast ein gleicharmiges Jerusalemkreuz zustande kommt. Dieser Eindruck verstärkt sich noch durch die drei langen Gebäudeflügel, die an drei Seiten das Areal umgeben. An der vierten Seite längs der Straße schließt nur ein hohes Gitter das Grundstück ab, so daß hier fast ein Ehrenhof entstand, in den die Kirche vielleicht allzu weit hineinragte. Ähnlich genaue Angaben könnten in La Rochelle gemacht werden, wo das Hôpital général (1685) ebenfalls gut erhalten ist.

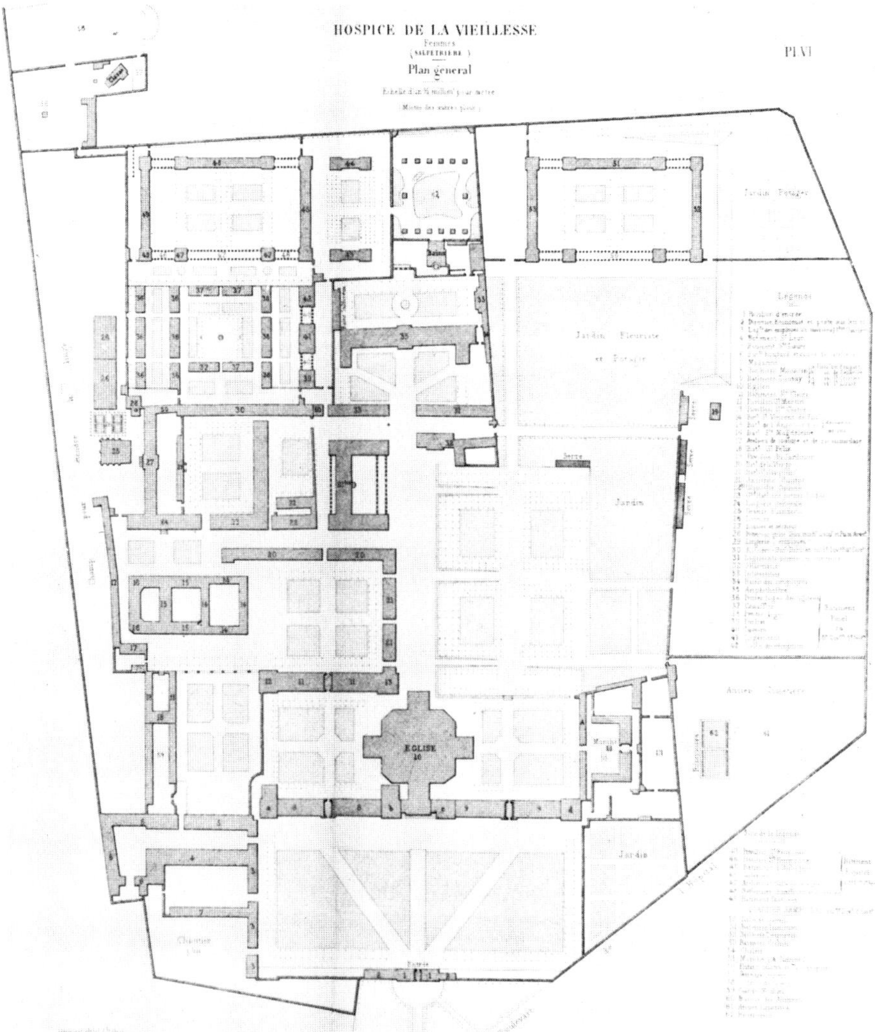

62 Paris, Hôpital de la Salpêtrière für Frauen. 1656 gegründet von Louis XIV. Grundriß nach Husson, 1862

63 Paris, Hospice de Bicêtre für Männer. 1656 gegründet von Louis XIV. Grundriß nach Husson, ▷ 1862

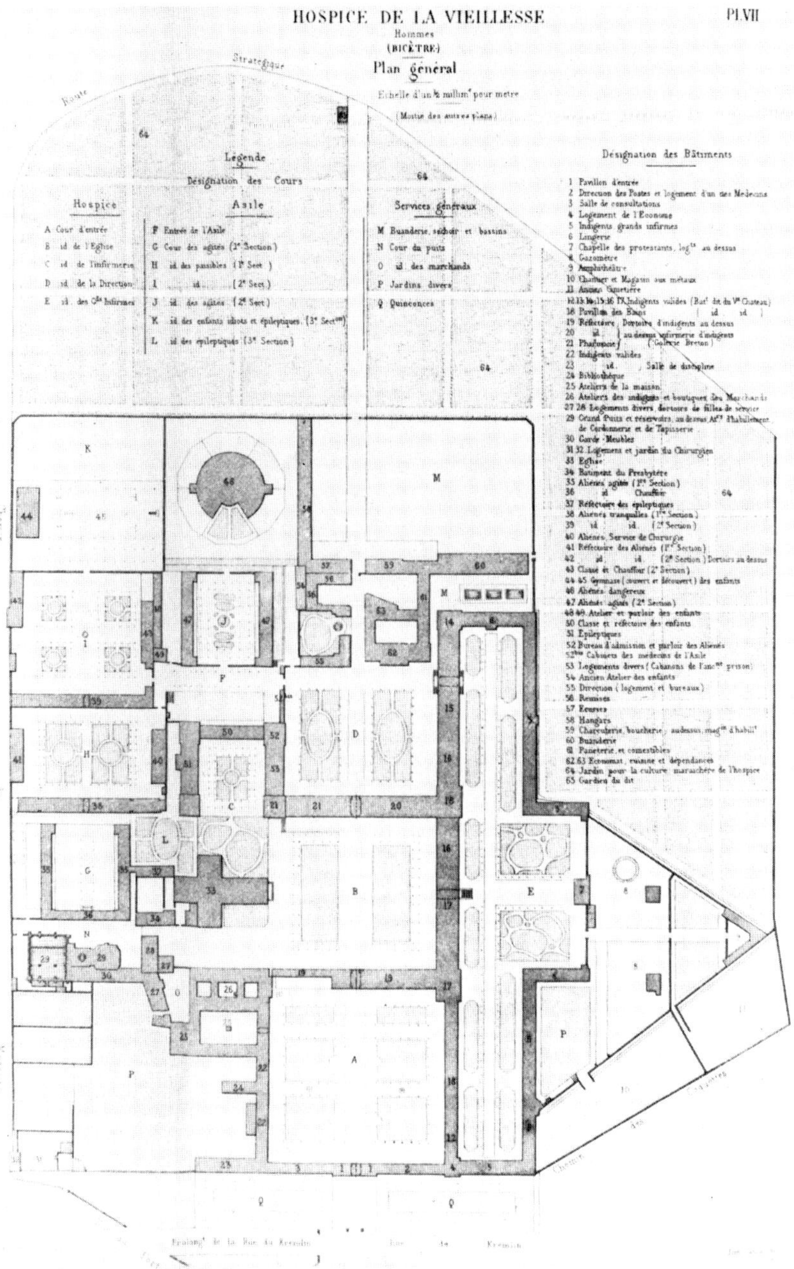
HOSPICE DE LA VIEILLESSE
Pl.VII
Hommes
(BICÈTRE)
Plan général
Echelle d'un ½ millim^e pour metre
(Moitié des autres plans)
Route Stratégique
Légende
Désignation des Cours
Hospice
A Cour d'entrée
B id de l'Eglise
C id de l'infirmerie
D id de la Direction
E id. des G^ds Infirmes
Asile
F Entrée de l'Asile
G Cour des agités (1e Section)
H id des paisibles (1e Sect)
I id (2e Sect)
J id des agités (2e Sect)
K id des enfants idiots et épileptiques (3e Sect^on)
L id des épileptiques (3e Section)
Services généraux
M Buanderie, séchoir et bassins
N Cour du puits
O id des marchands
P Jardins divers
Q Quinconces
Désignation des Bâtiments
1 Pavillon d'entrée
2 Direction des Postes et logement d'un des Médecins
3 Salle de consultations
4 Logement de l'Econome
5 Indigents grands infirmes
6 Lingerie
7 Chapelle des protestants, log^ts au dessus
8 Gazomètre
9 Amphithéâtre
10 Chantier et Magasin aux métaux
11 Ancien Cimetière
12.13.14.15.16 17 Indigents valides (Bat^t dit du V^x Chateau)
18 Pavillon des Bains (id id)
19 Réfectoire, Dortoirs d'indigents au dessus
20 id au dessus infirmerie d'indigents
21 Pharmacie (Galerie Breton)
22 Indigents valides
23 id, Salle de discipline
24 Bibliothèque
25 Ateliers de la maison
26 Ateliers des indigents et boutiques des Marchands
27 28 Logements divers, dortoirs de filles de service
29 Grand Puits et réservoirs, au dessus At^rs d'habillement de Cordonnerie et de Tapisserie
30 Garde-Meubles
31 32 Logement et jardin du Chirurgien
33 Eglise
34 Batiment du Presbytère
35 Aliénés agités (1re Section)
36 id Chauffoir
37 Réfectoire des épileptiques
38 Aliénés tranquilles (1re Section)
39 id id (2e Section)
40 Aliénés, Service de Chirurgie
41 Réfectoire des Aliénés (1re Section)
42 id id (2e Section) Dortoirs au dessus
43 Classe et Chauffoir (2e Section)
44 45 Gymnase (couvert et découvert) des enfants
46 Aliénés dangereux
47 Aliénés agités (2e Section)
48 49 Atelier et parloir des enfants
50 Classe et réfectoire des enfants
51 Épileptiques
52 Bureau d'admission et parloir des Aliénés
52bis Cabinets des médecins de l'Asile
53 Logements divers (Cabanons de l'anc^ne prison)
54 Ancien Atelier des enfants
55 Direction (logement et bureaux)
56 Remises
57 Ecuries
58 Hangars
59 Charcuterie, boucherie, au dessus, mag^in d'habil^t
60 Buanderie
61 Paneterie, et comestibles
62 63 Economat, cuisine et dépendances
64 Jardin pour la culture maraichère de l'hospice
65 Gardien du dit
Prolong^t de la Rue du Kremlin
Rue du Kremlin

Wie eindeutig sich all diese Gründungen bewährten und wie sehr auch der König von Frankreich vom Nutzen des neuartigen Hospitaltypus überzeugt war, beweist ein Edikt (von 1676), in dem er bestimmte, daß jede größere Stadt ein Hôpital général eröffnen solle. Damit kam eine der großen Bereinigungswellen zustande, der einerseits viele halberloschene mittelalterliche Stiftungen zum Opfer gefallen sind, während Frankreich andererseits aber die damals besten Armenhäuser und Sammelspitäler der Welt erhielt. Man mußte dabei leider oft über den geheiligten ›letzten Willen‹ vieler frommer Stifter hinweggehen und längst vergessene, uralte Rechtsbestimmungen verletzen. Entschuldigend war aber hervorzukehren, wie sehr die neue Zielsetzung, den Armen allumfassend in einem einzigen Hôpital général zu helfen, mit den mittelalterlichen Zweckbestimmungen in einem Punkt zusammenfiel. Neben vielen alten Zwölfmann-Spitälern, die oft kaum benutzt auf teuren Innenstadt-Grundstücken lagen, sind damals vor allem zahlreiche Leprosenhäuser und ihr oft wertvoller Besitz an Grund und Boden, an Bauernhöfen, Wäldern und Wiesen dem Hôpital général zur Verfügung gestellt worden.

Was aber schließlich zustande kam, vermag heute noch zu überzeugen. Bis kurz vor Revolutionsausbruch folgte ein riesiges Hôpital général dem anderen. In Lille (1739) und Valenciennes (1751), in Cambrai (1754) und Langres (1771) stehen heute noch weitläufige, oft kreuzförmige Gebäude, die es wert wären, besser bekannt zu sein.

In den deutschen Staaten wurden nach dem Dreißigjährigen Krieg (1618–1648) und nach den osmanischen Angriffen auf Mitteleuropa (seit 1663) viele Hospize und Armenhäuser in den Dienst der Pauperismus-Bekämpfung gestellt. An erster Stelle ist Wien[4] zu nennen, wo nach der zweiten Türkenbelagerung (1683) ein *Großarmenhaus* (1693) von Kaiser Leopold (1675–1705) eröffnet wurde. In vier riesigen vielstöckigen Gebäudeflügeln, die wieder einen Hof allseits umfaßten, waren bald 1000 (1698) und dann fast 2000 (1724) Arme und Obdachlose, Invalide, Studenten und Kinder untergebracht. Auch dieses Armenhaus ist nach fast ständigen Erweiterungen (Zweiter Hof 1725, Sechster Hof 1775) zum Ausgangspunkt einer weltweiten Erneuerungsbewegung geworden. Denn hier eröffnete Kaiser Joseph II. etwa ein Jahrhundert nach der Gründung das *Allgemeine Krankenhaus* (1784), in dem er vor allem wieder eine Irrenabteilung, den ›Narrenthurm‹ (1784), hinzufügen ließ.

Das damals noch kleine Berlin[5] ahmte das österreichische Vorbild in verkürzten Abmessungen nach. Der Sohn des Großen Kurfürsten und erste König von Preußen, Friedrich I. (1688, 1701–1713), baute dort fast gleichzeitig das *Große Friedrichs Hospital* (1697–1702) für Arme, Irre (?) und Waisen (Abb. 65). Wieder lagen vier Flügel um einen Innenhof. Finstere Mitteldielen führten zu den kleinen Zimmern. Nur die Kapelle an einer der Ecken nahm die ganze Breite des Hauses ein. Schließlich entstand auch im Zuge einer Erweiterung (1725–1727) ein hoher Turm, der später als Wahrzeichen das Stadtviertel überragte.

Bald folgten auch die kleineren deutschen Staaten diesen Beispielen. In Celle[6] entstand damals das vorbildliche *Zucht-, Werk- und Tollhaus* (1710–1732), das der Baumeister Johann Caspar Borchmann errichtete. Der Landesfürst Ernst August, Herzog von Braunschweig-Lüneburg, hatte wenige Jahre vorher (1692) die 9. Kurwürde erhalten und regierte so vorbildlich, daß seinem Nachfolger Georg Ludwig (1698–1727) die Anwartschaft auf den

64a

64b

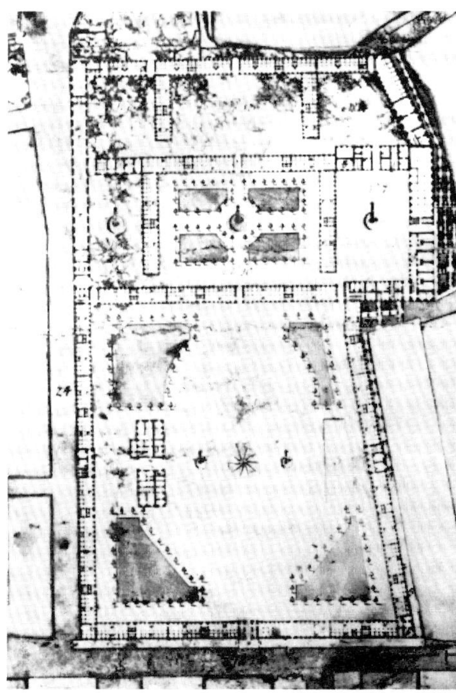

64 Wien, Großarmenhaus und Invalidenhaus. 1693 gegründet von Kaiser Leopold I. (1675–1705). Vogelschau von Süden, Kupferstich (a) von Salomon Kleiner, 1733; Grundrißzeichnung (b), um 1750; der Narrenthurm von 1784 fehlt noch

englischen Thron (1701) übertragen wurde. Vier Jahre nach der Gründung des Zucht- und Tollhauses kam die Personalunion mit dem Königreich Großbritannien (1714) tatsächlich zustande. So überrascht es nicht, daß heute noch am Giebel in Celle das hannoveranisch-englische Wappen von George I. zu sehen ist.

Im Kurfürstentum Sachsen wurde fast gleichzeitig im alten Schloß in Waldheim[7] ein *Armen-, Waysen-, Zucht- und Tollhaus* (1710–1716) eingerichtet. Gründer war der Landesherr, August der Starke (1694–1733), der damals in Dresden den Zwinger durch Daniel Pöppelmann erbauen ließ und außerdem wieder in Personalunion als König Polen (1697–1706 und 1710–1733) regierte.

Während die geistlichen Kurfürsten und Erzbischöfe von Köln, Mainz und Trier kaum vergleichbare Anstrengungen machten, ihr Land von Räubern und Bettlern zu säubern, gründete der Markgraf Karl Wilhelm von Baden-Durlach (1709–1738) in Pforzheim ein weiteres *Waisen-, Toll-, Kranken-, Zucht- und Arbeitshaus* (1714–1725). Es wurde zwar in altem Gemäuer eingerichtet. Dann aber entstanden zahlreiche Neubauten, aus denen das quadratische Zuchthaus mit seinem viereckigen Hof hervorragt (1725). Es wurde später (1753) als Tollhaus benutzt, nachdem man die Mitte des Westflügels abgerissen hatte, um so Luft und Licht in den dumpfen Innenhof hineinzulassen.

Im benachbarten Herzogtum Württemberg kam man wegen allzu großer Sparsamkeit lange Zeit über Planungsarbeiten nicht hinaus. Als aber Carl Eugen (1737–1793) mündig geworden war und selbst regierte (1744), entstand in Ludwigsburg[8] ein *Doll-Hauss* (1746–1749). Es lag direkt neben dem Zucht- und Arbeitshaus hinter dem Schloß und gehörte damit zum unmittelbaren Einwirkungsbereich des regierenden Fürsten.

Selbst kleinste Staaten hielten es in Deutschland für nötig, noch ganz verspätet Zucht- und Tollhäuser zu gründen. Wie dies in Schüben vor sich ging, kann man in Schwabach[8] lernen. Der Beschluß ein Zucht- und Arbeitshaus zu bauen, kam dort erst 1756 zustande. Nach der Eröffnung 1769 fehlte aber das Tollhaus, das erst 1780 angebaut werden konnte. Inzwischen hatte der Landesfürst Christian Friedrich Carl Alexander, Markgraf von Ansbach, das benachbarte Ländchen Bayreuth (1769) dazugeerbt. Weil dort bereits ein Zucht- und Arbeitshaus bestand (1724–1735), fehlte damit nur noch das Tollhaus. Es wurde noch 1788 angefügt, ein Jahr vor der Großen Revolution in Frankreich! Der Zufall wollte es, daß gerade in diesem Gebäude wenig später die erste *Psychische Heilanstalt für Geisteskranke* (1805) im deutschen Sprachgebiet durch den Arzt Johann Gottfried Langermann eröffnet wurde.

Gewiß sollten im Zucht- und Tollhaus zunächst nur Arme gesammelt und Bettler versorgt und verpflegt werden. Als sich dann aber die Möglichkeit bot, ›mißratene Landeskinder‹ in die englischen Kolonialtruppen und Fremdenlegionen nach Übersee zu verkaufen, da nutzte mancher Fürst diese Möglichkeit mit dem heute noch übel klingenden Ruf »ab nach Kassel!«. Denn über Hessen-Kassel wurde damals dieser Söldner-Export abgewickelt. Hier zeichnet sich aber auch der Weg ab, der zu den Sträflingskolonien führte. England schickte seine Mörder nach Australien. Frankreich meinte, daß dies viel zu teuer sei und öffnete deshalb schon auf halbem Wege die Tore zur ›Hölle von Cayenne‹ an der Nordküste von

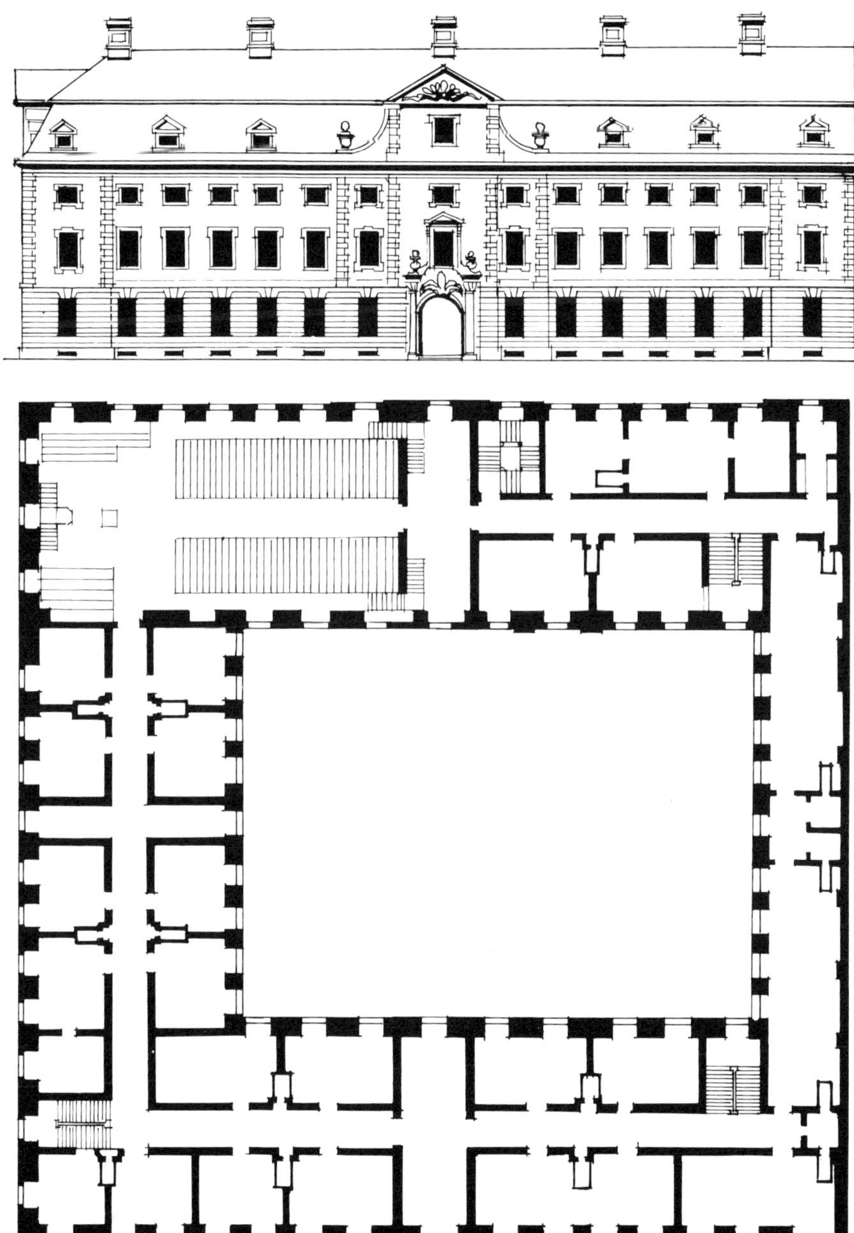

65 Berlin, Großes Friedrichs Hospital. 1697–1702, 1725–1727, Architekt: Martin Grünberg. Nach einem Stich von Jeremias Wolff

66a

66 Palermo, Albergo dei Poveri, 1746 gegründet, Architekt: Orazio Turatto. Blick in den Mittelhof (a); Grundriß (b) nach Hittorf und Zanth, 1835

66b

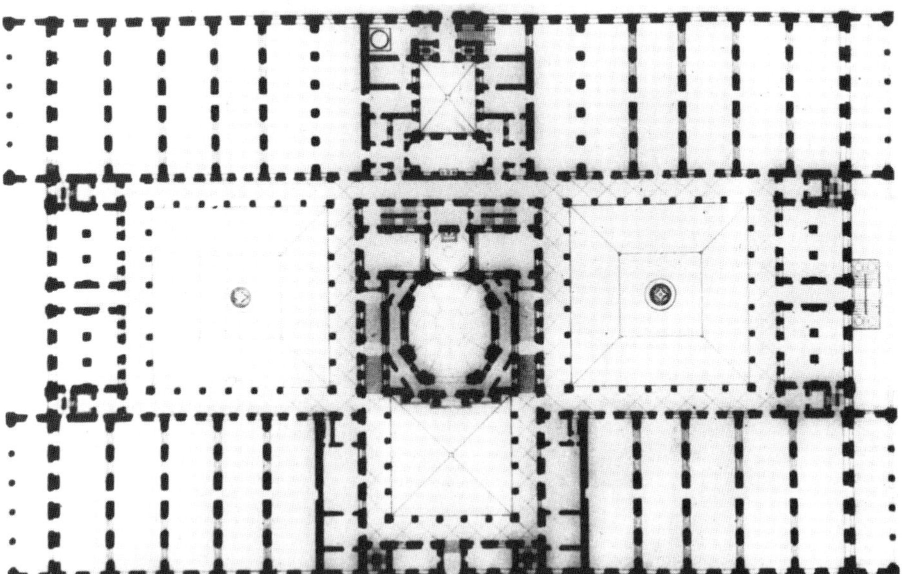

DISCVRSOS DEL
AMPARO DE LOS LE-
GITIMOS POBRES, Y REDVCCION
De los fingidos: y de la fundacion y principio de los
Albergues destos Reynos, y amparo de la
milicia dellos.

POR EL DOCTOR CHRISTOVAL PEREZ
de Herrera, Protomedico por su Magestad de las galeras de
España, natural de la ciudad de Salamanca.

DIRIGIDOS AL PODEROSISSIMO
Principe de las Españas, y del Nueuo Mundo, Don
Filipe III. nuestro señor, &c.

Año 1598.

CON PRIVILEGIO.
En Madrid, Por Luis Sanchez.

67 Titelblatt des Werkes, das Christoval Pérez de Herrera als *Protomedico de las galeras* im Jahre 1598 seinem König, Felipe III. (1598–1621), widmete

Südamerika. Ziel all dieser Gewaltmaßnahmen war die öffentliche Sicherheit auf den Straßen und Plätzen. In den Kulturstaaten Nordeuropas sollte man die dunklen Waldgebiete durchreisen können, ohne ausgeraubt und ermordet zu werden.

Ein völlig anderes Bild bot sich in Südeuropa. In Italien sind leider die Anfänge noch ganz verhüllt. So kann erst mit Genua begonnen werden, wo man heute noch den riesigen *Albergo dei Poveri* (1635, 1654) bestaunen kann. Das wieder auf kreuzförmigem Grundriß errichtete Gebäude hat eine gewaltige Fassade zum Meer hin, die aber kaum sichtbar ist, weil alles in ein enges Talende eingezwängt und dann hoch ummauert wurde. Lohnend ist heute noch in Palermo[9] der Besuch des *Albergo dei Poveri* (1746 gegr.) des Orazio Turatto. Man betritt die Halbruine durch eine Vorhalle, die den Blick auf die sorgfältig gestaltete Kirchenfront freigibt. Die Betrachtung des Grundrisses zeigt, daß beiderseits des achteckig-ovalen Heiligtums zwei weitere Höfe liegen. Sie werden von zahlreichen parallelen Wand-an-Wand-Sälen umgeben, während den Seitenfassaden offene Säulenhallen vorgelegt sind. Noch größer ist in Neapel der *Albergo Reale* (1751), den der vielbeschäftigte Ferdinando Fuga errichtete. Als Kern baute er eine allerdings nie vollendete Kirche, deren sechs Hallen wie die Speichen eines Rades vom Altarraum abstrahlen sollten. Genannt sei außerdem in Mailand die *Casa di Lavoro* (1759), die Crocec errichtet hat. Auch der Papst beteiligte sich an der Pauperismusbekämpfung. In Rom entstand das weiträumige *Ospizio Apostolico di San Michele* (seit 1700)

68 Madrid, Hospicio Real de San Fernando, heute Städt. Museum. 1722–1799, Architekt: Pedro Ribera. Hauptportal mit Fernando III. el Santo (1217–1252)

69 Oviedo, Hospicio Provincial. 1752 vollendet, Architekt: Pedro Menendez. Blick in den Innenhof (a); Grundriß (b) nach Schubert, 1908 ▷

nach Plänen von Fontana (?). Es liegt Tiber-abwärts am rechten Ufer, ist aber leider fast unbetretbar oder zugemauert. Zwischen seinen vielen Höfen lag auch das *Böse-Buben-Haus,* eine zur Strafanstalt umgeformte Kirche, die als Ausgangspunkt einer weltweiten Gefängnisreformbewegung zu betrachten ist. Auch um 1800 baute man in Italien immer noch gewaltige Armenhäuser von größter Trostlosigkeit. Als Beispiel eines besonders häßlichen Gebäudes sei noch der *Albergo dei Poveri* in Turin erwähnt.

Wieder ein anderes Bild bietet Spanien[10]. Hier kann zunächst auf eine Schrift hingewiesen werden, die Christoval Pérez de Herrera bereits 1598 (!) vorlegte (Abb. 67). Um das Heer der Armen und Bettler einzudämmen und die von ihnen ausgehende Gefahr zu beherrschen, machte dieser erfahrene Galeeren-Chirurg den Vorschlag, ein riesiges *Hospitium Pauperum* auf kreuzförmigem Grundriß vermutlich in Madrid[11] zu bauen. Die vier Flügel sollten dreischiffig sein und vier quadratische Höfe zwischen sich haben. Wie ein Turm hätte das Altarhaus im Zentrum alles überragt.

Eines der ältesten spanischen Armenhäuser steht noch in Zamora[12]. Das *Hospicio* (1629) ist besonders durch eine prächtige Treppe bekannt. Als Gründer werden hier private Stifter genannt, und zwar sollen Don Isidor und Don Pedro Morans durch ein Testament das Haus gegründet haben, das aber später mit Sicherheit der Provinzialverwaltung gehörte.

Das schönste Armenhaus des Landes steht in Madrid[13]. Dort wurde das *Hospicio Real de San Fernando* (1722–1799) von Felipe V. (1700–1746) begonnen, der als erster Bourbone den spanischen Thron bestiegen hatte. Das Haus wird vor allem wegen seines Hauptportals viel beachtet, das den besonderen Barock-Stil des José Churriguera (1650–1723), den ›Churri-

69a

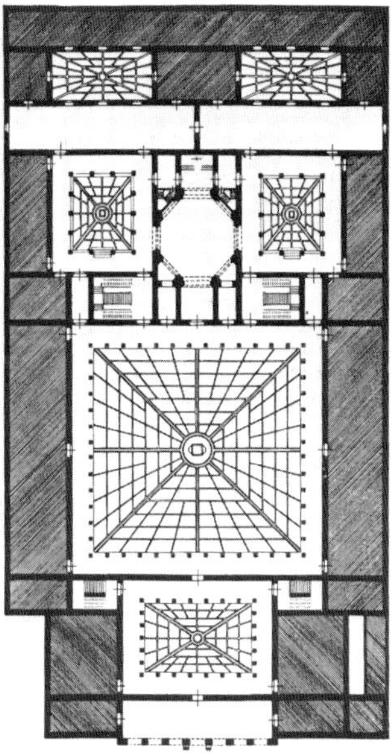

69b

guerismo‹, in seinen ausschweifenden Prunkformen deutlich zeigt. Wichtiger ist, was innerhalb der Rahmungen gezeigt wird. Man beachte zunächst über der Tür das prachtvolle spanische Bourbonenwappen. Den Schildern von Burgos und Leon, von Aragón und Sizilien sind im Zentrum die Lilien Frankreichs aufgelegt. Die burgundische Kette mit dem Goldenen Vlies und das Band mit dem Kreuz des *Ordre de Saint Esprit* zeigen die große Tradition des neuen Fürstenhauses, das hier die Impulse wieder aufnahm, die einst Ferdinand III., König von Kastilien (1217–1252), gegeben hatte, als er Cordoba (1236) und Cádiz (1250) dem Islam entriß. Ganz oben in der Nische ist der Glaubenskämpfer lebensgroß dargestellt, wie er, das erhobene Schwert in der Hand, halb als Erzengel, halb als heiliger Jakob, die Mächte der Finsternis überwindet. Wie lebendig die Erinnerung an San Fernando ein halbes Jahrtausend nach seinem Wirken in Spanien immer noch war, zeigt auch die Nachricht, daß er erst damals (1671) durch Papst Clemens X. zum Heiligen erklärt wurde. Die große Verehrung, die dem beliebten König fast wie Louis IX in Frankreich entgegengebracht wurde, ließ den Wunsch entstehen, die Armen der Hauptstadt gerade seinem Schutz anzuvertrauen. Leider sind die Gebäude des Hospicio Real fast ganz abgetragen und erneuert. Das Städtische Museum zeigt hier seine Schätze.

Wer heute noch ein ideal erhaltenes nordspanisches Armenhaus in Ruhe besuchen und bewohnen möchte, der sollte nach Oviedo[14] reisen und dort im ehemaligen *Hospicio Provincial* übernachten, das seit einigen Jahren als Hotel genutzt wird. Das weitläufige Haus, das wieder fast ein Stadtviertel einnimmt, umschließt sechs Höfe. Als Baumeister gilt Pedro Menendez, der seine Arbeiten 1752 abschloß, obwohl die große Kirche des berühmten

Baumeisters Ventura Rodriguez (?) erst 1768 fertig wurde. Die Fassade mit den sieben Toren hat man sogar erst 1770 vorgelegt. Sie zeigt über dem abschließenden Steingeländer am Dachansatz wieder riesengroß das Wappen des Königs unter der Krone Spaniens. Im Inneren betritt man heute zuerst einen jetzt glasüberdeckten Vorhof, der in einen der schönsten Spitalhöfe des ganzen Landes hinausleitet. Der fast quadratische, plattenbelegte Platz wird von einem doppelten Umgang gebildet, über dem die hohe Kuppel der Kirche aufsteigt. Das Heiligtum selbst liegt zwischen dreiläufigen Treppenhäusern, die zu den zahlreichen Emporen führen, die um die achtkantige Halle angeordnet sind. Leider weiß man kaum, wo die Küche oder die Speisesäle lagen und wer in welchen Räumen gewohnt hat.

Schließlich sollte man noch in Cádiz ein Hospicio beachten, das direkt am Meer besonders reizvoll liegt. Daß aber auch in Spanien die prunkvolle Festlichkeit der alten Armenhäuser bald verschwand, kann man in Zaragoza lernen. Das dortige Hospicio ist zwar noch größer als alle anderen um zwei lange Höfe gruppiert worden. Die Öde seiner endlosen Fensterreihen wirkt aber niederdrückend.

Zusammenfassend betrachtet kann man sagen, daß weder in Italien noch in Spanien durch immer größere Armenhäuser die Bettlerfrage zu lösen war. Wenn der hohe baukünstlerische Aufwand der Zeit um 1750 schon ein Jahrhundert später völlig aufgegeben wurde und einer besonders lieblosen Architektur Platz gemacht hatte, dann zeigt auch dies, daß man einzusehen begann, wie unmöglich es war, mit Hilfe von Armenhäusern eine Welt ohne Arme zu erreichen. Ein großer Nachteil war für beide Länder, daß im Hospicio wahrscheinlich keine Irrenabteilungen eingerichtet waren. Wenn die frühe Psychiatrie in Italien wie in Spanien so wenig Anknüpfungspunkte fand, dann liegt dies auch in der Hospitalgeschichte dieser Länder begründet.

14. Invalidenhäuser für Soldaten und Matrosen

Herbergen und Armenhäuser für Kriegsinvaliden und im Dienst altgewordene Kämpfer sind selten. Es gibt in Europa kaum 20 solcher Gründungen. Sie gehören aber fast alle zu den schönsten und größten Hospitälern überhaupt. Die volle Kapitalkraft der erwachenden Nationalstaaten stand als mächtiger Antrieb hinter den Invalidenhäusern und machte sie zu Kultstätten einer vaterländischen Begeisterung, die erst nach den Schrecken zweier Weltkriege ins Zwielicht geraten ist. Daß in Frankreich Kaiser Napoleon I. unter der Kuppel des Invalidendoms in einem riesigen Steinsarg beigesetzt wurde, ist keineswegs Zufall, sondern zeigt, wie sehr man bestrebt war, die Helden der Nation systematisch als Reliquien des vaterländischen Ruhmes zu sammeln, um sie dann in festlichem Stil vorzuzeigen.

Das Invalidenhaus als Hospitaltypus ist eine sehr französische Erfindung (1634). Sie wurde bald von England (1682) übernommen, das von seinem Kriegsgegner zu lernen bestrebt war. Dann erst folgten die deutschen Staaten, wobei wieder Österreich in Wien (1686) und Budapest (1692) den Anfang machte. Der preußische Militärstaat zögerte lange.

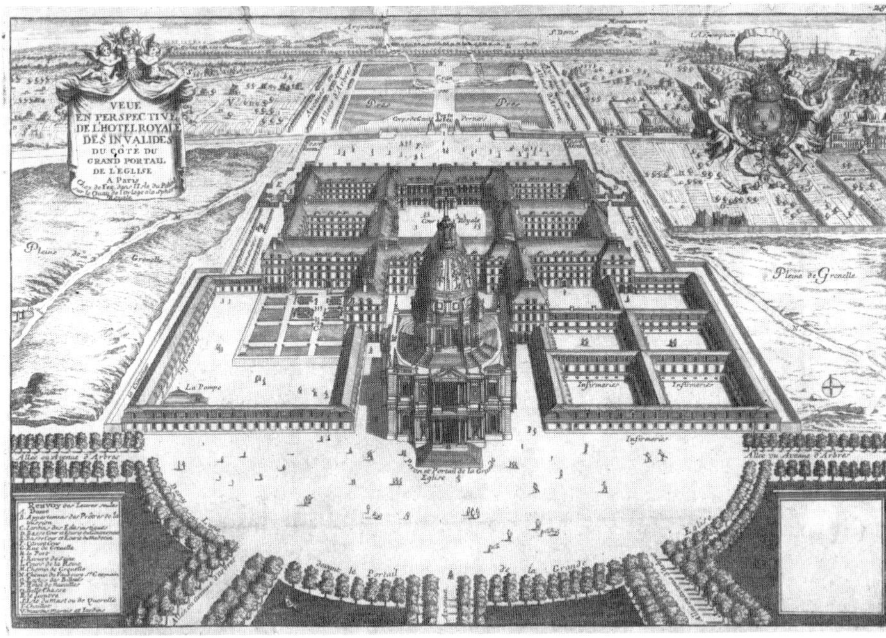

70 Paris, Hôtel Royal des Invalides und *Infirméries* (rechts). 1670–1676, Architekt: Libéral Bruant. Kupferstich

Aber das zaristische Rußland und die Vereinigten Staaten gelangten kaum über Pläne und Projekte hinaus.

Die Anfänge in Frankreich sind bis jetzt kaum freigelegt worden. Es ist aber zu vermuten, daß bereits mittelalterliche Könige für ihre kampfunfähigen und alten Dienstleute gesorgt haben, indem sie diese am Rande ihrer Haus-Klöster als Gärtner oder Glöckner unterbrachten. Als diese Plätze nicht mehr ausreichten, gründete man unter Louis XIII (1610–1643) und seinem Minister Kardinal Richelieu in Paris eine frühe Institution für Kriegsveteranen, die am Rande des Schlosses Bicêtre (1634) eingerichtet wurde. Es ist derselbe Palast, in dem man später (1656) die Männerabteilung des Hôpital général von Paris eröffnet hat.

Damals wurde aber auch deutlich, wie entwürdigend es wirkte, die treuesten Gefolgsleute des Königs, die in Ehren ergraut waren, mit Bettlern und Verbrechern zusammenzunehmen, die in Ketten ihren Abtransport auf die Galeeren erwarteten. Es war der Sonnenkönig Louis XIV (1643–1715) selbst, der hier eingriff und bestimmte, daß in Paris ein *Hôtel Royal des Invalides* (1670–1676) errichtet wurde. Man beachte, daß nicht von *hôpital* oder *dépôt* die Rede war, wie später beim *Dépôt de Mendicité* (Bettlerheim). Vielmehr stellte der König dem alten Hôtel-Dieu des Bischofs sein neues Hôtel Royal gegenüber, das zunächst *Hôtel de Mars* heißen sollte. Als Gäste des Königs bis ans Ende ihrer Tage sollten jene aufgenommen werden, die oft genug das Leben für den Herrscher aufs Spiel gesetzt hatten.

Es ist gezeigt worden, daß der Baumeister Libéral Bruant am Escorial Maß genommen hat. Die Ausdehnung, das Blockhafte des Ganzen und die beherrschende Kirche in der Mittelachse schienen dies zu bestätigen. Man bedenke aber, daß die damals entstehenden Großbauten des Hôpital général sehr wohl auch als Leitbild dienen konnten. Das riesige Haus in Lyon (1619) mit seinen neun Höfen, aber auch das alte Hôtel-Dieu in derselben Stadt zeigten deutlich, wie man Gäste beherbergt, Pilger aufnimmt und Bettler versorgt. Im Invalidenhaus sollte dies alles übertrumpft werden. Hier konnte die königliche Gewalt zeigen, um wieviel sie mehr vermochte als ein Bischof oder eine Stadtverwaltung. Der Anspruch, die Macht in Frankreich absolut und ohne jede Einschränkung zu besitzen, steht somit bereits hinter dem Architekturprogramm.

Als Bauplatz wurde eine Ebene im Westen vor der Stadt nahe am Fluß gewählt. Diese Lage galt später auch in London und Greenwich als angemessen. Wer mit dem Boot ankam, ging durch die *Allées d'Arbres* oder auf dem breiten Mittelweg, der die grünen Flächen der *Prés* durchschnitt, auf die Fassade zu. Er traf aber dann auf einen Graben, hinter dem ein Eisengitter jeden Zugang wie bei einer Festung verwehrte. Nur an der *Porte de Fer,* wo das *Corps de Garde* Wache hielt, konnte man den Vorgarten betreten. Die lange Front mit ihren

71 Kaiser Napoleon I. besucht Kranke in den *Infirméries* des Hôtel Royal des Invalides. Gemälde von Véron-Bellecourt. 1808. Musée de Versailles

vier Stockwerken wurde an beiden Seiten durch vorspringende Eckbauten optisch verankert und öffnete sich nur in der Mitte mit einem hohen Rundbogen, der fast bis zum Dachfirst hinaufreichte. Hier sieht man heute noch den Sonnenkönig hoch zu Roß.

Unter ihm hindurchgehend, betrat der Besucher die Weite des *Cour Royal*, einen allseits von Bogengängen zweistockig umgebenen Riesenkreuzgang, der auch heute noch an die Strenge alter Klosterhöfe erinnert. Hinter den Längsflügeln lagen je zwei weitere, allseits umschlossene Höfe. Nach hinten aber folgten auffallend niedrige, breite Bauten, die kein Obergeschoß hatten. Zur besseren Platzausnutzung war ihr Mansardendach aber ausgebaut. Von der Rückseite her betrachtet, wirken diese flachen und ausgestreckten Baukörper wie liegende Wächter, die das weiter hinten aufragende Invalidenhaus als Vorhut beschützen. Vor allem aber steigern sie heute die Höhe der erst später angefügten Kuppelkirche (1675–1706) mit dem Napoleon-Grab, über dem der *Dôme des Invalides* wie ein bekrönender Helm aufsteigt. Die prunkvolle Grabkapelle hat eine direkte Verbindung zur Invalidenkirche. Man betritt diese vom *Cour Royal* her und kann dann die uralten, blutig erkämpften Fahnen sehen, die dort in langen Reihen aufgehängt sind. Zwischen Netzen eingenäht, erinnern sie an beigesetzte Mumien, die Jahr für Jahr weiterzerbröckeln.

Ärztlich betrachtet, gab es im Invalidenhaus einstmals viele erschreckende Narben und manchen Stelzfuß zu sehen. Denn nach den großen Schlachten mußten immer Hunderte von Amputationen oft auf freiem Feld durchgeführt werden, wenn die Verblutenden überhaupt gerettet werden sollten. Wer aber im Invalidenhaus krank wurde, kam in die *Infirmeries,* die rechts neben der Kuppelkirche in die niederen Anbauten eingefügt waren. Man fand dort vier Bettenhallen, die kreuzförmig zueinander einer quadratischen Kapelle zustrebten. Über dem Altar öffnete sich die Decke kreisförmig und gab so den Blick frei in vier weitere Hallen, die im Mansardendach Platz hatten. Noch Kaiser Napoleon besuchte hier mit seinen Generälen (1808) die erkrankten Veteranen, wobei er sich von den Ärzten und von den Schwestern des Pflegeordens die Behandlung erläutern ließ. Nur selten hat man Gelegenheit, das Innere einer Krankenabteilung mit den Himmelbetten und dem Steinfußboden, der Holzdecke und mit den großen Fenstern so deutlich zu sehen.

Nach der Vollendung des *Hôtel Royal des Invalides* (1676) traf der Sonnenkönig zwei wichtige Entscheidungen: Jede Stadt seines Reiches sollte so bald wie möglich ein Hôpital général eröffnen (Edikt von 1676); außerdem wurde wenig später (um 1680) nach osmanischem Vorbild ein stehendes Heer eingeführt.

Der König von England hatte diese Entwicklung auf dem Kontinent stets mit großer Aufmerksamkeit verfolgt. Schon während der Ausführung des Invalidenhauses wurde ihm genau berichtet. Dann aber entschloß sich Charles II. (1660–1685), in London das *Chelsea Hospital* (1682–1692) errichten zu lassen. Als Baumeister gewann er Sir Christopher Wren (1632–1723). Dieser geniale Rechenkünstler erbaute damals St. Paul's Cathedral (1675–1716), gründete die Sternwarte von Greenwich und führte erste Injektionsversuche (mit Alkohol) an Hunden durch. Auch Sir Christopher ließ zwischen die Schiffslandestelle und das Invalidenhaus lange Alleen pflanzen. Dann folgten einige Stufen, die durch einen steinernen Zaun hindurch in einen Ehrenhof führten. Er war von drei Gebäuden umgeben

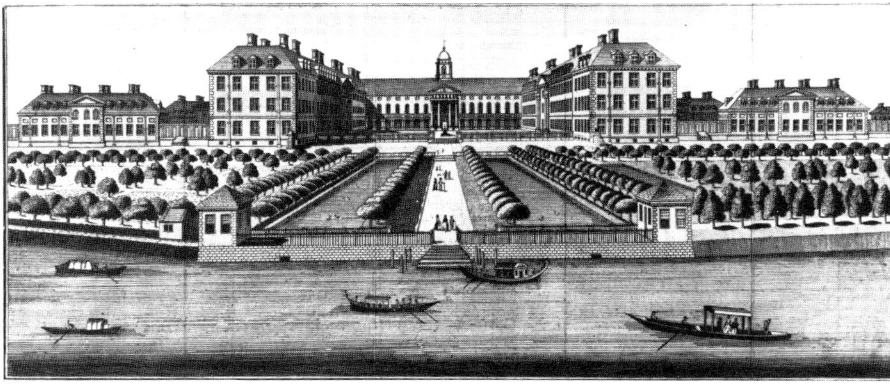

72a

72b

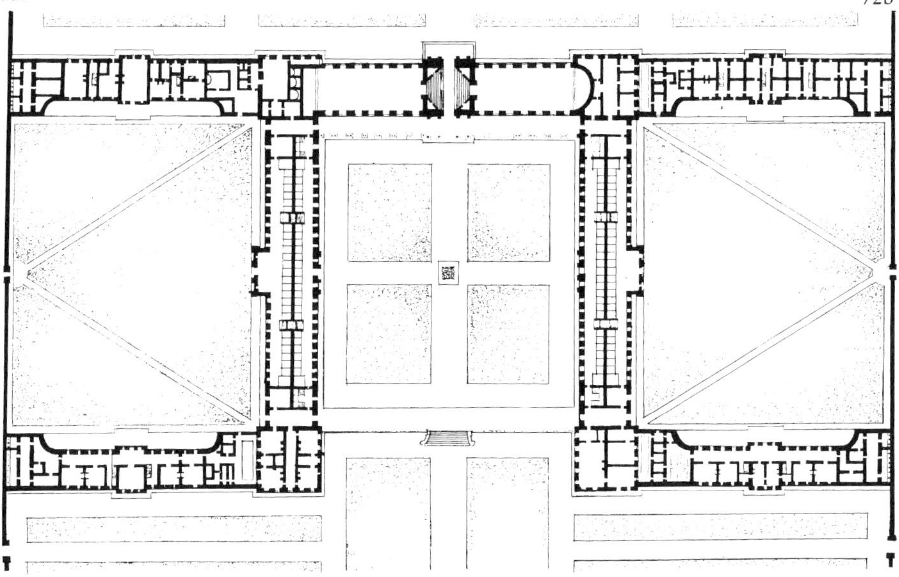

72 London, Chelsea Hospital für invalide Soldaten. 1682–1692, Architekt: Sir Christopher Wren. Ansicht von der Themse, Kupferstich (a); Grundriß (b) nach Ersch und Gruber, 1834

und wirkt deshalb heute noch sehr französisch. Sobald man aber das Innere betritt, wird deutlich, daß die Leitbilder mehr in der College-Architektur zu suchen sind. In Oxford haben das Magdalen College (1448) und das Wadham-College (1610–1613) vergleichbare Grundrisse; auch dort liegt gegenüber der *Chapel* die *Great Hall,* in der wie bei einem monasterialen Speisesaal (Refektorium) das Essen gemeinsam an langen Tischen eingenommen wurde. Im Chelsea Hospital sind, beiderseits des Mittelgebäudes mit dem vorgelegten Vier-Säulen-Portikus, in den Seitenflügeln die Schlafzellen der Invaliden eingebaut, die

73a

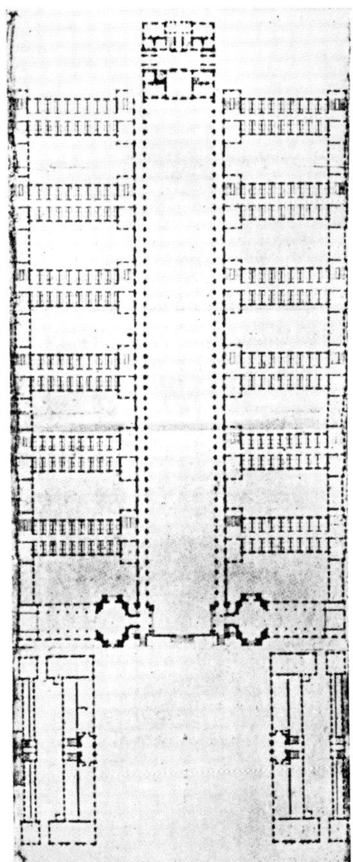

73b

73 London-Greenwich, Royal Hospital for Seamen. 1692–1717, Architekt: Sir Christopher Wren. Kupferstich von Caldwell (a); Grundriß-Projekt (b) von Sir Christopher Wren, vor 1700

heute noch benutzt werden. Beiderseits des *Main Court* umschließen vier weitere Bauten zwei offene Höfe, so daß zusammenfassend im Blick auf Paris das Vergleichbare doch überwiegt. Während an der Seine die Höfe aber allseits umschlossen sind, öffnen sie sich an der Themse in drei Himmelsrichtungen. In Paris haben alle Bauten um den Mittelhof die gleiche Höhe. In London aber hat Wren einer hohen Dreiflügelanlage vier ganz niedrige Häuser angefügt. Diese sind außerdem in auffallender Weise auseinandergerückt, um so die Teile des großen Hauses zu isolieren. Gerade diesem Prinzip der abgrenzbaren Einheiten sollte in der Krankenhausarchitektur des kommenden 19. Jahrhunderts die Zukunft gehören.

Aber zunächst wurde in London alles für die Marine wiederholt, die ein besonderes Invalidenhaus in Greenwich[15] flußabwärts errichtete (Abb. 73). Es erhielt den Namen *Royal Hospital for Seamen* (1692–1717). Auch hier hat Sir Christopher Wren bei der Planung mitgewirkt und dabei ein Projekt (vor 1700) vorgelegt, das mehr als alle anderen einen Markstein in der Geschichte des Hospitals in Europa darstellt. Er empfahl nämlich, zwischen dem Flußufer und dem bereits bestehenden *Queen's House* (1618–1635), einem Palast der Königin, der einbezogen werden mußte, ein langes Mittelfeld abzustecken, an dessen Seiten je sechs pavillonartige Bettensäle wie die Zinken eines Kammes nach außen abgehen sollten (!). An den Schmalseiten dieser parallelen Gebäude wollte der Baumeister Treppen und Teeküchen, Bäder und Aborte in turmartigen Anbauten unterbringen. Dies aber ist nichts anderes als eine hellseherische Vorwegnahme der typisch englischen *Nightingale-Wards,* die um 1860, fast zwei Jahrhunderte später, als das Beste und Vernünftigste galten, was man den Patienten bauen konnte.

Es ist heute rückblickend sehr bedauerlich, daß das Wren-Projekt damals nicht ausgeführt wurde, sondern völlig in den Archiven verschwand und bald gänzlich vergessen war. Erst 1956 sind diese bewundernswerten Pläne wieder ans Licht gezogen worden. Ihre weit in die Zukunft weisende Genialität hat man damals aber noch nicht voll erkannt. Als jedoch 20 Jahre später die Zeichnungen durch einen Doktoranden[16] noch einmal abgebildet wurden, war die Forschung so weit fortgeschritten, um deutlich sagen zu können, daß das Pavillonsystem des 19. Jahrhunderts hier seinen Ursprung hat.

Das einzige, was Wren folgend verwirklicht wurde, waren der 13. und 14. Pavillon oder die ersten beiden Bauten, die man erreicht, wenn man vom Ufer her kommt. Hier wirkte noch einmal das Chelsea-Hospital nach. Der Portikus wurde verdoppelt und, mit je einem Kuppelbau hinterlegt, aus der Mittelachse gerückt, um so den Blick auf das Queen's House freizumachen. Links schloß die *Chapel* an, und rechts folgte dem kuppelgekrönten Eingangsbau die Große Halle, einer der prunkvollsten Innenräume, der jemals auf den Britischen Inseln geschaffen wurde. Die näher am Fluß liegenden Bauten (der *Queen Anne's Block* links und der *King Charles Block* rechts, 1663–1667 von John Webb errichtet), waren bereits vor der Hospitalplanung begonnen worden und mußten deshalb bei allen Projekten von Anfang an berücksichtigt werden.

74 Triumph des Friedens. Ausschnitt aus dem Deckengemälde von Sir James Thornhill im Royal Hospital for Seamen in Greenwich ▷

Die Säulengänge, die Wren beiderseits des Mittelfeldes vorgeschlagen hatte, wurden nur etwa zur Hälfte ihrer Länge ausgeführt. Da man sich zu parallelen Pavillon-Sälen nicht entschließen konnte, wurden wieder wie bisher rechteckige Höfe mit langen Gebäuden allseits umschlossen. Niemand kann heute ahnen, was für ein großartiger Vorschlag damit endgültig verdorben war.

Schließlich sollte man in Greenwich das Deckengemälde[17] im Speisesaal ganz genau in allen Einzelheiten betrachten. Hier werden nämlich die königlichen Gründer des Invalidenhauses – William and Mary – gefeiert und mit ihnen eine Politik, die, wie man meinte, ein ›Triumph des Friedens‹ gewesen ist. Sir James Thornhill vollendete das politisch brisante Riesengemälde im Jahre 1727. Man sieht fast im Zentrum des großen Ovals das königliche Paar, William III. (1689-1702) mit der Krone und Mary mit dem Zepter. Zu ihren Füßen verkriecht sich der überwundene Feind im Schatten. Es ist Louis XIV, der in Frankreich so gefeierte *Roi Soleil,* der die Seeschlacht von La Hogue (1692) vor der normannischen Küste gegen England verloren hatte. Während Apollon als Lichtgott mit seinem Wagen über den Siegern durch den Himmel rauscht, haben am festlichen Baldachin der Könige edle Tugenden Platz genommen. Man sieht die Friedfertigkeit mit dem ovalen Spiegel und die Eintracht, die ein verschnürtes Bündel in den Armen hält. Die Wohltätigkeit überreicht der Königin einen Zweig. Weiter rechts sieht man die Klugheit und die Mäßigkeit, die Tapferkeit und die Gerechtigkeit zusammen mit der Wahrheit (Abb. 74).

Die Baukunst hat (weiter unten im Oval) einen großen Plan entrollt, auf dem einer der Kuppelbauten des Royal Hospital zu sehen ist, während Minerva mit Schild und Lanze Wache hält und Herkules durch wuchtige Keulenschläge die feindlichen Mächte der Finsternis aus dem Oval hinaus in die Tiefe stürzen läßt. Am Rand der dramatischen Siegesfeier sind die Sterne des Himmels und ihre Sternbilder Zeugen des Geschehens. Man sieht (bei 12 Uhr beginnend im Uhrzeigersinn) die Jungfrau und den Löwen, den Krebs und die beiden Zwillinge. Dann folgen der Stier und der Widder. Links haben die Fische und der Wassermann ihren Platz. Die Hörner des Steinbocks und den Bogen des Schützen sieht man vor dem Licht des Himmels besonders gut. Skorpion und Waage beschließen den Zyklus, der vielleicht auf den Sonnenpalast von Marly hinweisen soll, wo ja 12 Häuser für 12 Sternbilder den Sitz des Sonnenkönigs umgaben.

Zum Fest der Sieger schrieb Georg Friedrich Händel (1717) die »Wassermusik«. Sie wird so genannt, weil damals beim nächtlichen Feuerwerk auf der Themse die königliche Barke nicht groß genug war, um auch noch die Musikkapelle aufzunehmen. Sie folgte auf einem anderen Boot. Dies aber erforderte eine kräftige Besetzung mit Trompeten, damit ein voller, schmetternder Klang das Ohr des Königs erreichte.

Die Invalidenhäuser in Wien (Stiftung Frankh, 1686) und in Budapest (1716–1728) können hier[18] nur genannt werden. Lehrreiche Projekte hat um 1700 Jean de Bodt für Berlin[19] und London vorgelegt. In Potsdam eröffnete der Preußenkönig Friedrich Wilhelm I. trotz seiner legendären Sparsamkeit eine *Heimstätte für die Invaliden der Garde* (1730).

Dann entstand in Berlin[20] in der Regierungszeit von Friedrich dem Großen (1740–1786) das *Königliche Invaliden-Haus* (1746–1748), das Petri erbaut hat. Noch einmal errichtete

75b 75a

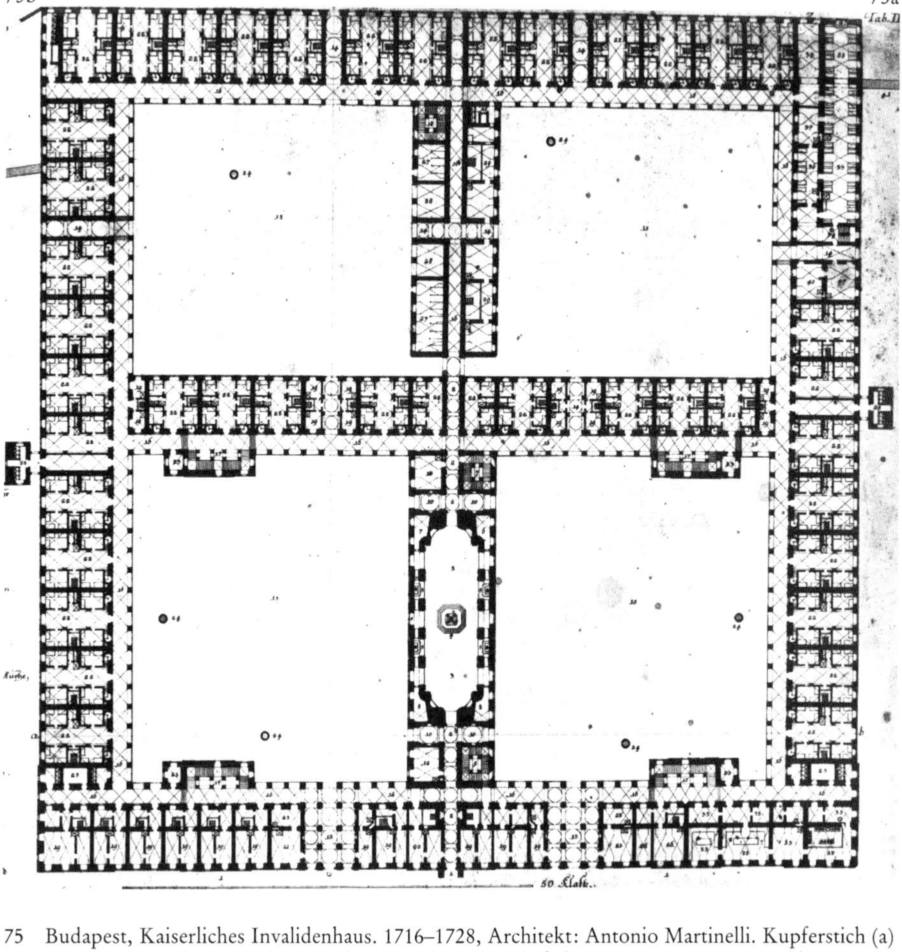

75 Budapest, Kaiserliches Invalidenhaus. 1716–1728, Architekt: Antonio Martinelli. Kupferstich (a) von Salomon Kleiner, 1739; Ausschnitt aus dem Grundriß (b), Történeti Múzeum, Budapest

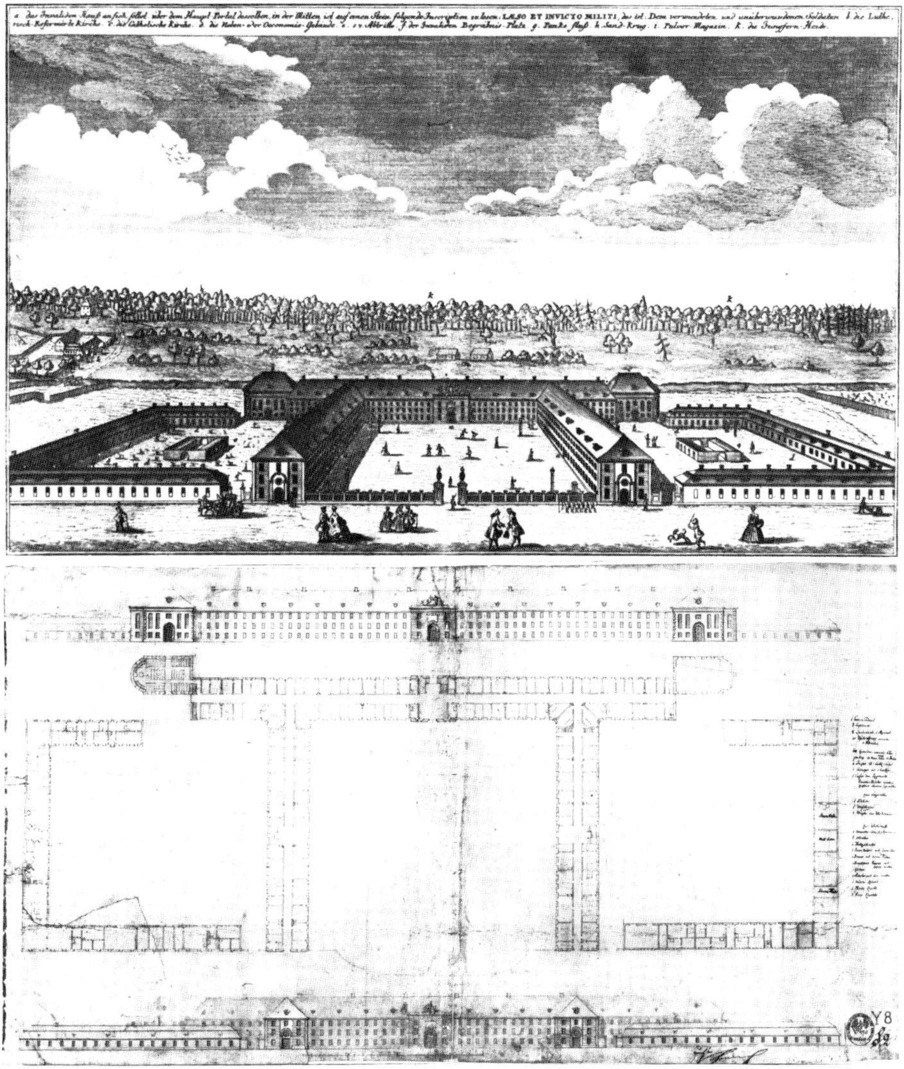

76 Berlin, Königliches Invaliden-Haus. 1746–1748. Architekt: Petri. Kupferstich (a) von Schleuen; Grundriß (b), Landesarchiv Berlin

man eine Dreiflügelanlage. In der Mitte wohnten die Offiziere, links saß im Erdgeschoß der Kommandant. Darüber lebten die Prediger. Auf der rechten Seite gab es ein *Lazareth* mit 36 Betten in fünf Zimmern. Außerdem wohnten hier die Ärzte und Apotheker. Eine Besonderheit bildeten am Berliner Invalidenhaus die beiden Kirchen. Links lag an einer Verlängerung des Mitteltraktes die Lutherische Kapelle, die auch von den Reformierten (Calvinisten) benutzt wurde, die in Preußen seit der Aufnahme französischer Glaubensflüchtlinge durch den Großen Kurfürsten (1640–1688) eine beträchtliche Minderheit darstellten. Rechts lag die ebenso große Katholische Kapelle. Denn seit den Schlesischen Kriegen (1740–1763) gegen Maria Theresia in Österreich hatte der König von Preußen auch viele ›Unterthanen‹, die nur den Papst in Rom als obersten Priester anerkannten. Auch im Invalidenhaus in Berlin sollte jeder »nach seiner Façon selig werden«, wie damals der Alte Fritz meinte, der gewiß zu den aufgeklärten Monarchen gehörte und sich deshalb gerne als ›Ersten Diener des Staates‹ betrachtete. Die Inschrift in der Mitte des Invalidenhauses ist überliefert: »LAESO · ET · INVICTO · MILITI – MDCCXLVIII«, dem kampfunfähigen, aber unbesiegten Soldaten sollte dieses Haus seit 1748 gewidmet sein; und auch die Figuren am Dach der Hauptfront stellten dar: den gesunden, den verwundeten und den sterbenden Krieger. Ein Riesenreiterbild des absolutistischen Monarchen wie noch in Paris (1676) gab es jetzt nicht mehr.

Zum Abschluß sollen noch genannt werden die Invalidenhäuser in Prag (1751) und Karlshafen, in Wien (1783) und in Lemberg (1855–1860, von Theophil Hansen). Viel wichtiger aber sind die russischen Invalidenhaus-Projekte, aus denen jenes von D. Uchtomski (1758) herausragt.[21] Vermutlich führten diese Bauplanungen in St. Petersburg zum Marine-Invalidenhaus, das aber erst 1796 entstand. Wie sehr neben Rußland damals auch bereits Amerika Impulse aus dem alten Europa aufzunehmen vermochte, zeigt in Washington[22] das schöne Projekt für ein Kranken- und Invalidenhaus (1812), das Benjamin Henry Latrobe vorlegte. Es wurde nicht mehr verwirklicht.

Dagegen hat Kaiser Napoleon III. in Paris noch einmal eine Wiederbelebung versucht, als er bei Charenton-St. Maurice ein *Asile Impérial* für ›die Invaliden der Arbeit‹ (1855–1857) durch den Baumeister E.J.B.G. Laval errichten ließ. Doch auch dieses halbvergessene Hospital, das nach 1848 zu einem neuen Heldentum der Industrie-Revolution aufrufen sollte, hat die Hoffnungen seines Gründers nicht mehr erfüllt.

15. Feldlazarette und Militärspitäler

Die Einführung stehender Heere in der Zeit um 1680 machte es notwendig, die Behandlung aller Soldaten zu übernehmen, die im Dienst erkrankten oder verwundet wurden. So entstanden Militärhospitäler, die man aber von Anfang an viel besser Militärkrankenhäuser genannt hätte. Denn hier ging es niemals um Wohltäter oder Seelenheil, sondern einzig und allein um die Wiederherstellung der Gesundheit und damit um das staatspolitische Ziel, die Schlagkraft der Armee zu erhalten.

Militärspitäler[23] rücken damit typologisch in die Nähe der Sklavenhospitäler, bei denen ebenfalls nur die Erhaltung der Gesundheit beabsichtigt wurde, um so den drohenden Verlust teuer gekaufter Arbeitskräfte abzuwenden. Schon in der römischen Antike nannte man deshalb die Behandlungsstätten der Soldaten wie die der Landarbeiter *Valetudinarium* (*valetudo* = Gesundheit). Bereits damals wurde festgelegt, wie die Wiederherstellung der Kampf- und Arbeitsfähigkeit zu erfolgen habe, nämlich: *cito, tuto, jucunde.* Schnell, sicher, erfolgreich und vor allem aber billig behandelte (um 100 v. Chr.) der aus Griechenland importierte Medizinal-Sklave Asklepiades die Arbeitskräfte römischer Großgrundbesitzer. Seine ›Methoden‹, Bäder und Gymnastik, Diät und möglichst wenig (teure) Arzneimittel, öffneten den Weg für die Ärztegruppe der ›Methodiker‹, die bei Sklavenhaltern und Heerführern stets beliebt war.

Mit dem Untergang des Römischen Reiches in den Stürmen der Völkerwanderung verschwand auch das Militärkrankenhaus der Antike. Während des ganzen Mittelalters gab es keine Hospitäler für Soldaten, und zwar vermutlich deshalb, weil man damals die Heere nur unmittelbar vor den Kriegen ›aushob‹ und zusammenstellte, aber in den Friedensjahren auf größere Kampfgruppen der Kosten wegen verzichtete.

Eine neue Zeit kündigte sich an, als der Islam in der Türkei (1329) noch vor der Eroberung von Byzanz (1453) aus christlichen Gefangenen die Fremdenlegion der Janitscharen bildete. Ob sie in Friedenszeiten bereits eine Behandlungsstätte für Kranke hatten, ist nicht geklärt. Man hat aber wahrscheinlich machen können, daß es nach 1400 in Südspanien transportable islamische Zeltspitäler gegeben hat, die auf Lasttieren und Karren den Kriegern in die Kampfgebiete folgten.

Diese Gepflogenheiten haben die Katholischen Könige vom Gegner lernend übernommen, als sie in Südspanien jeden Sommer eine andere befestigte Stadt belagerten. Vor Malaga gab es bereits (1487) Hospitalzelte der Isabel, die auf Karren verladen werden konnten. Auch bei der Eroberung von Granada (1492) fünf Jahre später, stand ein *Hospital de la Reina* zur Verfügung, das transportabel der kämpfenden Truppe folgte. Nach dem Sieg wurde dieses frühe Feldlazarett allerdings ortsfest auf der eroberten Alhambra in bestehenden Häusern untergebracht und später nach Madrid verlegt, wo es als *Hospital de la Corte* mitten in der Stadt am zentralen Platz Puerta del Sol noch bis um 1800 vielen Kranken offenstand.

Die langen Friedenszeiten nach 1492 machten zunächst in Spanien keine Militärspitäler erforderlich. Als aber die Verteidigung der Pyrenäengrenze gegen Frankreich immer mehr Truppen im Norden des Landes band, gründete man in Pamplona[24] ein *Hospital Militar* (vor 1579), das zu den ersten der christlichen Länder zu zählen ist. In Frankreich wurde diese Neuerung, vom Gegner lernend, übernommen. So gab es in Metz bereits im Jahre 1551 ein *Hôpital Ambulatoire,* in dem vielleicht auch Ambroise Paré (1510–1590) gewirkt hat. Seine Nachfolger gründeten bald nach seinem Tod Behandlungsstätten für Verwundete. In Rouen entstand ein Feldspital (1591) und in Amiens wurde in der Regierungszeit von Henri IV (1589–1610) eine *Maison des Blessés* (1597) eröffnet.

Obwohl vor 1600 die Sorge um Verwundete im Vordergrund stand, galt gewiß auch schon damals die wichtige Regel, daß in fast allen Kriegen durch Krankheiten viel größere Verluste entstanden als durch die Waffen selbst. So kam noch im Krimkrieg (1853–1856) auf drei Verstorbene ›nur ein Gefallener‹. Man bedenke aber, daß von den Verwundeten weit über die Hälfte noch Tage später verblutete oder nach Wundinfektionen einer Blutvergiftung (Sepsis) erlag. Erst die frühzeitige Amputation (um 1800) und die Anti- und Asepsis (nach

1870) brachten hier eine Wende. So lag es nahe, dem transportablen Feldlazarett (vorwiegend für Verwundete) ein permanentes Militärspital (für Kranke) zur Seite zu stellen.

Ob diese Entwicklung erst mit der Einführung stehender Heere (um 1680) in Gang kam oder schon vorher, ist ungeklärt. In Lille gab es jedenfalls ein *Hôpital Militaire* (1604), das wahrscheinlich permanent bestehen sollte. Auch in Bayonne entstand ein anderes *Hôpital Militaire* (1644), das nie mehr aufgelöst wurde und noch nach 1800 zu den wichtigsten in Frankreich zählte. Daß aber andererseits auch Feldlazarette nach wie vor benötigt wurden und stets verbessert werden mußten, zeigt ein Blick auf La Rochelle, wo Kardinal Richelieu (1624–1644) als Minister des Königs eine Behandlungsstätte für Verwundete (1627) geschaffen hat.

Die vorbildlichen Militärspitäler des Sonnenkönigs in Straßburg (1691), seit 1681 besetzt, und in Nancy (1702), seit 1670 französisch, reizten die Nachbarn, wenigstens Vergleichbares zu schaffen, um so beim Gegner lernend die eigene Angst vor Unterlegenheit zu überwinden.

Der Kurfürst Max Emanuel von Bayern (1679–1726) gründete in München ein Lazarett am Sendlinger Tor (1694). In Preußen folgte König Friedrich I. (1701–1713), der in Potsdam ein Lazarett für die Garde (1711) errichten ließ. Dann eröffnete August der Starke als Kurfürst von Sachsen (1694–1733) in Dresden ein Lazarett für seine Garde-Grenadiere (1714). Man sieht deutlich, wie sehr zunächst Elite-Truppen bevorzugt worden sind. Dann aber wurde in Preußen das erste von vielen *Garnisons-Lazaretten* (um 1720) gegründet. Ein leerstehendes Pesthaus vor Berlin, das Große Lazarett, war gut genug für diesen Zweck, obwohl in anderen Teilen des Gebäudes damals bereits ein Hospital bestand, das (seit 1727) *Charité* genannt wurde, womit man wieder Paris folgte. Auch Rußland übernahm das französische Beispiel. Zar Peter der Große (1696–1725) eröffnete in Moskau (1706) und in St. Petersburg (1718) zwei Militärspitäler, die zu den ersten im Osten gehören.

Die besten Theoretiker der Kriegsheilkunde brachte jedoch England hervor. Den Anfang machte der Boerhaave-Schüler Sir John Pringle[25], der zum Generalinspekteur des Militärgesundheitswesens aufgestiegen war und seine Erfahrungen schließlich in einem vielbeachteten Werk (1752) niederlegte, dem sein Schüler Richard Brocklesby ein zweites (1764) zur Seite stellte. Während in Frankreich Jean Colombier (1772) die Empfehlungen überprüfte und sogar in Nordamerika James Tilton (1780) als Militärarzt in der Armee von George Washington besondere Indianerhütten für Verwundete vorschlug, erprobte man in England auf der Insel Wright bereits seit 1758 winddurchwehte Holzhäuser, in denen die Kranken absichtlich ständig im Luftzug lagen. Man hoffte nämlich, so den Gestank vermeiden und damit die Mortalität senken zu können.

Damals erneuerte auch Österreich seine Militärmedizin. Der spätere Kaiser Joseph II. (1780–1790) bemühte sich schon als Mitregent seiner Mutter Maria Theresia vor allem um bessere Chirurgen, wobei ihm der aus Oberitalien stammende Giovanni Alessandro Brambilla große Hilfe leistete. Zunächst wurde in Wien-Gumpendorf ein großes Militärspital (vor 1775) eröffnet. Dann folgte in Wien in der Währinger Straße das *Militär-Hauptspital* (1784–1785), das wieder in einen umgebauten Pesthof einzog.

Auch kleinere deutsche Staaten meinten jetzt, nicht mehr ohne Militärspitäler auskommen zu können. Düsseldorf erhielt damals sein *Garnisonslazarett* (1772), München errichtete ein neues Lazarett (1777), und auch Hannover folgte mit einem Neubau (1790).

Die Sorge des Fürsten um den Verwundeten im Feldlazarett und um den Kranken im Militärspital hatte aber nur dann einen Sinn, wenn es gelang, die sprichwörtliche Hilflosigkeit der Armeechirurgen zu überwinden. Gewiß gab es stets hervorragende Naturbegabungen, die seit den Tagen des Hans von Gersdorff und des Ambroise Paré die Hauptlast getragen hatten. Ein stehendes Heer benötigte aber nicht einzelne Meister, die in kurzen Feldzügen mit beiden Händen zugreifen konnten. Vielmehr waren zahlreiche Chirurgen ständig heranzubilden und weiterzuschulen. Auch diese wichtigen Vorgänge der europäischen Medizingeschichte vollzogen sich am und im Spital.

Vielleicht ging auch hier Spanien voraus und dort wieder die Marine. Aber leider sind die militärärztlichen Akademien in Cádiz (Flotte) und Barcelona (Heer) nur ungenau erforscht. In Frankreich entstanden jedoch unter der Herrschaft von Louis XV (1715–1774) zwei wichtige Ausbildungsstätten. In Metz eröffnete man die *Ecole de la Médecine Militaire* (1757). In Paris[26] folgte die fast-militärische *Académie Royale de Chirurgie,* die musterhafte Neubauten (1769–1786) nach Plänen des Baumeisters Jacques Gondoin vom König erhielt.

Als der spätere Kaiser Joseph II. im Jahre 1777 seine Schwester Marie Antoinette in Paris besuchte, lernte er auch hier beim möglichen Kriegsgegner. Denn die ›Lehranstalt‹, die er bereits 1775 dem Militärspital in Wien-Gumpendorf angefügt hatte, genügte noch nicht den Ansprüchen der Zeit. So entstand in einer zweiten Anstrengung in Wien an der Währinger Straße beim Militär-Hauptspital ein eleganter Neubau nach Plänen des Isidor Canevale, in dem die *Medico-chirurgische Militair Academie,* das spätere *Josephinum,* (1785) eröffnet wurde.

16. Hospitäler und Projekte der Marine

Die christliche Seefahrt des Mittelalters vollzog sich fast nur an den Küsten entlang. Auch weiter gespannte Unternehmungen wie der Orienthandel oder die Fahrten der Hanse auf der Ostsee waren um so sicherer, je besser es gelang, das Festland oder wenigstens eine Insel im Blick zu behalten. Der Ozean im Westen galt als unberechenbar. Pilger aus England, die zum Jakobsgrab wollten, wagten nicht, die oft stürmische Biskaya zu durchqueren, sondern landeten bereits in Soulac bei Bordeaux, um dann auf dem Landweg Santiago zu erreichen.

Zu dieser friedlichen Seefahrt passen die bewaffneten Unternehmen. Als Louis IX der Heilige, König von Frankreich, Tunis (1270) erobern wollte, um so die Wege zum heiligen Grab in Jerusalem zu sichern, da war er von Aigues Mortes an der Rhône-Mündung aufbrechend zuerst nur bis nach Cagliari auf Sardinien gefahren, um dann nach einer Pause vollends nach Afrika überzusetzen, wo er während der erfolglosen Belagerung an der Pest starb. Als die Überlebenden dieses Fehlschlags krank und verwundet in südfranzösische Häfen zurückflohen, waren dort keine besonderen Auffangstationen oder gar Marinespitäler vorbereitet. Aber auch über hundert Jahre später, als Dom João Primeiro, der erste König der Aviz-Dynastie (1385–1433), von Portugal nach Afrika herüberzuspringen wagte und nach der Eroberung von Ceuta (1415) seinen Sohn Fernão, den ›standhaften Prinzen‹, als Geisel zurücklassen mußte, da segelte er in Häfen zurück, die immer noch keinerlei Marinespitäler hatten, in denen wenigstens 100 oder 500 Seuchenkranke und Halberschlagene aufgenommen werden konnten. Damals schwor sich der Bruder des Entführten, der Infante Dom Henrique, wenigstens zu klären, wie man eine Flotte sicher ans Ziel bringt. Prinz Heinrich der Seefahrer begründete damals die Kunst, mit Hilfe der Sonne und der Sterne die Orientierung auch dann nicht zu verlieren, wenn man sich in die (scheinbar) unendlichen Wasserwüsten des Westens hinauswagte. Die Entdeckung der Ozeane und der entferntesten Länder (Kongo 1482, Amerika 1492, Indien 1498, Brasilien 1500) wurde dann aber später mit wenigen kleinen Schiffen durchgeführt, so daß weder Portugal noch Spanien in ihren Atlantikhäfen irgendwelche Hospitäler für Seeleute oder auch zur Ausbildung von Schiffschirurgen eröffneten. Bestehende Einrichtungen reichten aus, was man in Lissabon gut sehen kann; denn das dortige *Hospital Real de Todos-os-Santos* hatte nicht nur eine der ganz frühen Abteilungen für Syphilis-Kranke, die vorwiegend von den Schiffen kamen, sondern schulte auch junge Männer in der Kunst, mit der Hand und dem Messer zu heilen.

Die erste, aber möglicherweise falsche Nachricht von der Gründung eines Flottenspitals stammt aus dem südspanischen Ort Sanlúcar de Barrameda, der an der Mündung des Guadalquivir liegt. Hier berührten später die aus Amerika kommenden Silberflotten erstmals Europa, bevor sie mit den Hochseeschiffen vollends bis Sevilla hinauffuhren; und hier in Sanlúcar soll angeblich der englische König Henry VIII. (1509–1547), der die Witwe seines Bruders, die jüngste Tochter der Katholischen Könige (1509) geheiratet hatte, das heute noch bestehende *Colegio de San Francisco* als Hospital für englische Seeleute (1517) gestiftet haben.[27] Ein Jahr vorher (1516) war der spätere Kaiser Karl V. König in Spanien geworden. Mit ihm verbündete sich Henry VIII. gegen Frankreich (1521), so daß die Gründungsnachricht vielleicht doch zutreffen könnte.

Die Seemacht Spanien hatte aber noch viele Jahrzehnte lang keine Marinespitäler. Gewiß war der Sieg von Lepanto vor der Westküste Griechenlands (1571) ein gewaltiger endgültiger Triumph über den Islam, der seither die spanischen Küsten nicht mehr bedrohte. Aber er mußte erst mit vielen Toten teuer erkauft werden. Wenigstens die Kranken und Schwerverletzten hätte man nach dem Kampf in den christlichen Hafenstädten besser behandeln und pflegen sollen. Auch Miguel de Cervantes, der Dichter des »Don Quichote«, befand sich damals unter den Verwundeten. Vielleicht gaben die Erinnerungen an solch unwürdige Siegerempfänge den Anstoß, vor der nächsten Seeschlacht besser vorzusorgen. Jedenfalls wurde im kleinen Hafenort Santa Maria an der Bucht von Cádiz ein *Hospital Real de las Galeras* eingerichtet, und zwar im Jahre 1587, wenige Monate vor dem Untergang der *Armada,* der größten Flotte der Welt, vor der Küste von England (1588). Obwohl es kaum Überlebende gab, die ohnehin in nordspanische Häfen flohen, war die völlig neuartige Einrichtung des Marinespitals doch für viele überzeugend.

Als nach langer Pause die Lähmung schließlich überwunden war und eine neue Generation noch größere Siege erringen wollte, wurde beim Aufbau der Flotte auch an Behandlungsstätten für Seeleute gedacht. In Cartagena[28], an der Mittelmeerküste, entstand damals ein zweites Hospital de las Galeras (1621), dem schließlich ein weiteres in Cádiz selbst hinzugefügt wurde (1669). Es erhielt den etwas moderner klingenden Namen *Hospital de Marina del Rey* und wurde, nachdem eine Chirurgenschule angeschlossen war, zur wichtigsten marineärztlichen Schulungsstätte, die es damals auf der Welt gab. Hier entwickelte Antonio Gimbernat die später von John Hunter so sehr gelobte neue Operationsmethode des Leistenbruches.

Dann aber kam Frankreich als neue Seemacht auf den Weltmeeren hinzu. In Toulon wurde ein erstes *Hôpital de la Marine* (1670) eröffnet. Wenig später entwarf ein unbekannter Baumeister sogar ein kreuzförmiges Marinehospitalprojekt, das in Rochefort (1677) verwirklicht werden sollte. Dann folgte Brest mit dem *Hôpital maritime* (1684). Wie gut diese Vorsorge war, zeigte sich bald, als durch den englischen Seesieg von La Hogue vor der Küste der Normandie (1692) wieder bestätigt wurde, daß Britannien die Wogen der Weltmeere auch in Zukunft regieren würde. Diesmal ging die Flotte Frankreichs verloren, und zwar fast in Sichtweite der nächsten Marinehospitäler.

Zar Peter der Große (1682–1725), der damals nichts mehr wünschte als ein ›Fenster zur Ostsee‹ und deshalb St. Petersburg gründete, baute die russische Flotte energisch aus, wozu ihn sein Praktikum als Schiffszimmermann in den Niederlanden besonders befähigte. Damals entstand in St. Petersburg[29] ein erstes Marinehospital (1715), dem bald ein zweites in Astrachan (1725) folgte. Diese Stadt liegt an der Mündung der Wolga in das Kaspische Meer, dessen südliche Ufer damals noch mehr persisch und türkisch als russisch waren.

In diesen Jahrzehnten entstanden in Frankreich bereits die ersten Marineärztlichen Schulen, die sich wahrscheinlich jene spanische in Cádiz zum Vorbild nahmen. In Rochefort (1722), Toulon (1725) und Brest (1731) wurden seither neben den bereits vor 1700 gegründeten Marinehospitälern systematisch Ärzte am Krankenbett geschult. Das Sensationelle, das mit dieser Feststellung verbunden ist, drang bisher kaum ins Bewußtsein der Geschichtsschreiber. Denn der Übergang vom Hospital zum Krankenhaus oder gar zur Ausbildungs-Klinik wurde fast nur im ›zivilen Bereich‹ im Zusammenhang mit Herman Boerhaave (1668–1738) und der Schule von Leiden untersucht. Und schließlich muß noch besonders betont werden, daß die drei französischen Marineärztlichen Schulen (1722, 1725, 1731) eindeutig allen Militärärztlichen Ausbildungsstätten (Metz, 1757; Wien, 1785) vorangegangen sind. Wieder wird deutlich, wie sehr die ohnehin besonders teueren Seestreitkräfte als Elitetruppe bevorzugt wurden. Daß die Marine die in sie gesetzten nationalen Hoffnungen nicht immer füllen konnte und immer wieder wertvollste Güter einfach im Meer versanken, mag ihr Schicksal gewesen sein. Ärztlich betrachtet, ist es aber fast noch bedauerlicher, daß von den frühen Lehrkrankenhäusern der Schiffsärzte fast keine Initialwirkungen ausgingen, die zu einer verbesserten Ausbildung an den Medizinischen Fakultäten führten. Schon damals lebten Marineärzte abgekapselt auf fernen Schiffen und an entlegenen Küsten weit entfernt von der Hauptstadt.

77 London, Foundling Hospital. Vor 1742, Architekt: Theodore Jacobsen. Kupferstich

Auch in England läßt sich dies deutlich zeigen; denn die beiden weit in die Zukunft weisenden Krankenhausneubauten, die durch die *Royal Navy* in Südengland um 1750 errichtet wurden, blieben viel zu lange unbekannt. Wäre nicht der Pariser Chirurg Jacques René Tenon mit dem Auftrag des Königs von Frankreich nach England gereist, dann hätte es vermutlich noch weitere zwei Jahrzehnte gedauert, bis auf dem Kontinent bekannt wurde, daß es dort längst Pavillon-Spitäler gab. Aber auch Tenon besuchte zuerst die vergleichsweise weniger wichtigen Spitäler in London. Erst 1788, ein Jahr vor dem Ausbruch der Französischen Revolution (1789), konnte er wenigstens noch kurz über die englischen Marinehospitäler berichten und sie als die überlegenen Leitbilder für Paris und die Welt vorschlagen. Doch dann zerriß das Chaos in Frankreich alle Verbindungen. Erst mitten im 19. Jahrhundert wurden jene Pavillon-Krankenhäuser errichtet, die man längst hätte haben können, wenn sich die Ärzte der englischen Marine nicht wie eine Muschel verschlossen hätten.

In Portsmouth-Haslar[30] wurde das *Royal Naval Hospital* (1746–1752) nach Plänen des Baumeisters Theodore Jacobsen gebaut, der bereits in London[31] das große *Foundling Hospital* (vor 1742) errichtet hatte. Während für das Haus der Kinder wieder eine Dreiflügelanlage gewählt wurde, so daß die vierte Seite des Hofes dem Wind geöffnet blieb, wollte der Architekt am Marinehospital alles vollkommen schließen. Der quadratische Hof hätte sogar von je zwei parallelen Bauten umgeben sein sollen, die sich teilweise auch noch durchkreuzten. An manchen Stellen wären nur noch bedenkliche Luftschächte als Zwischenraum übriggeblieben. Während in London am Foundling Hospital das Haus in der Mitte völlig von den

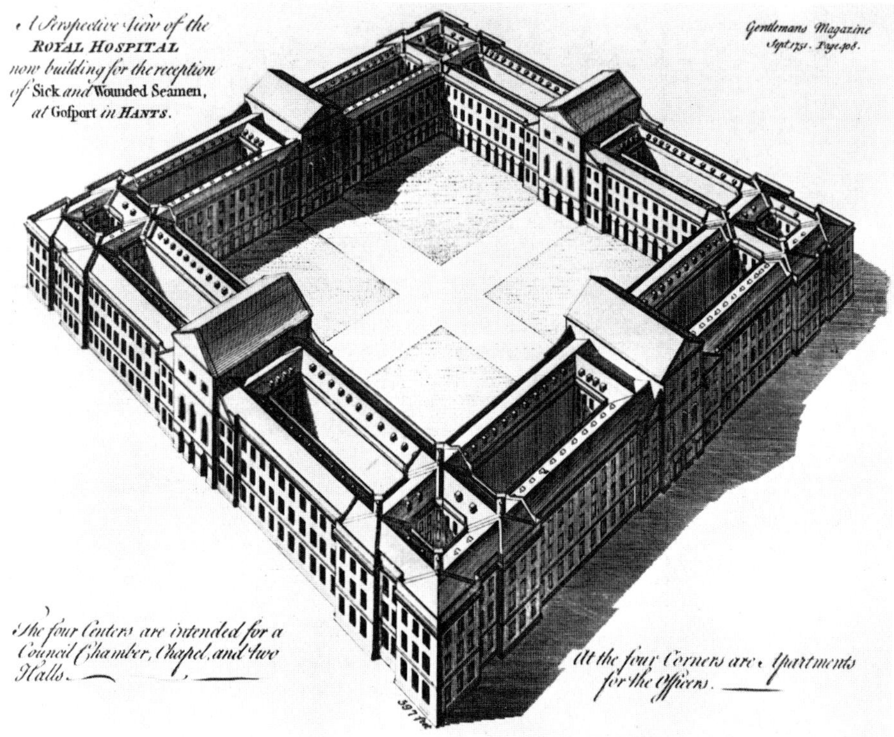

78 Portsmouth, Royal Hospital of Sick and Wounded Seamen. Projekt vor 1751. Kupferstich

Seitenflügeln abgetrennt war, so daß der Wind gerade in den Ecken hindurchwehen und gefährliche Ausdünstungen mitnehmen konnte, sollte in Portsmouth am Royal Naval Hospital alles ganz zugemauert sein.

Noch ist völlig ungeklärt, was Jacobsen oder seine Auftraggeber zu diesem fatalen Entwurf veranlaßt hat, nach dem man zunächst sogar zu bauen begann. Dann aber kam es zu einer bemerkenswerten Planänderung. Man entschloß sich, den vierten Flügel nicht auszuführen und, soweit dies noch möglich war, auf alle Durchkreuzungen der parallelen Bauten zu verzichten. Dadurch wurde das Haus nachträglich doch noch weitgehend geöffnet.

In Plymouth[32] errichtete man das *Royal Naval Hospital* (1756–1765) nach den Plänen von Alexander Rovehead. Am Rand eines quadratischen Feldes wurden parallel zueinander 14 Pavillon-Bauten aufgereiht, die mindestens im Abstand von einer Gebäudebreite auseinander gerückt waren. Ein offener Säulengang verband die einzelnen Häuser, die an den Ecken des Feldes zu Paaren zusammengefaß waren. Zwischen diesen acht Gebäuden gab es zwei weitere gleich große, die an die Mitte der Hofseiten gerückt waren. In die so entstehenden Zwischenräume schob der Baumeister vier weitere, kurze und niedrige Bauten, die für

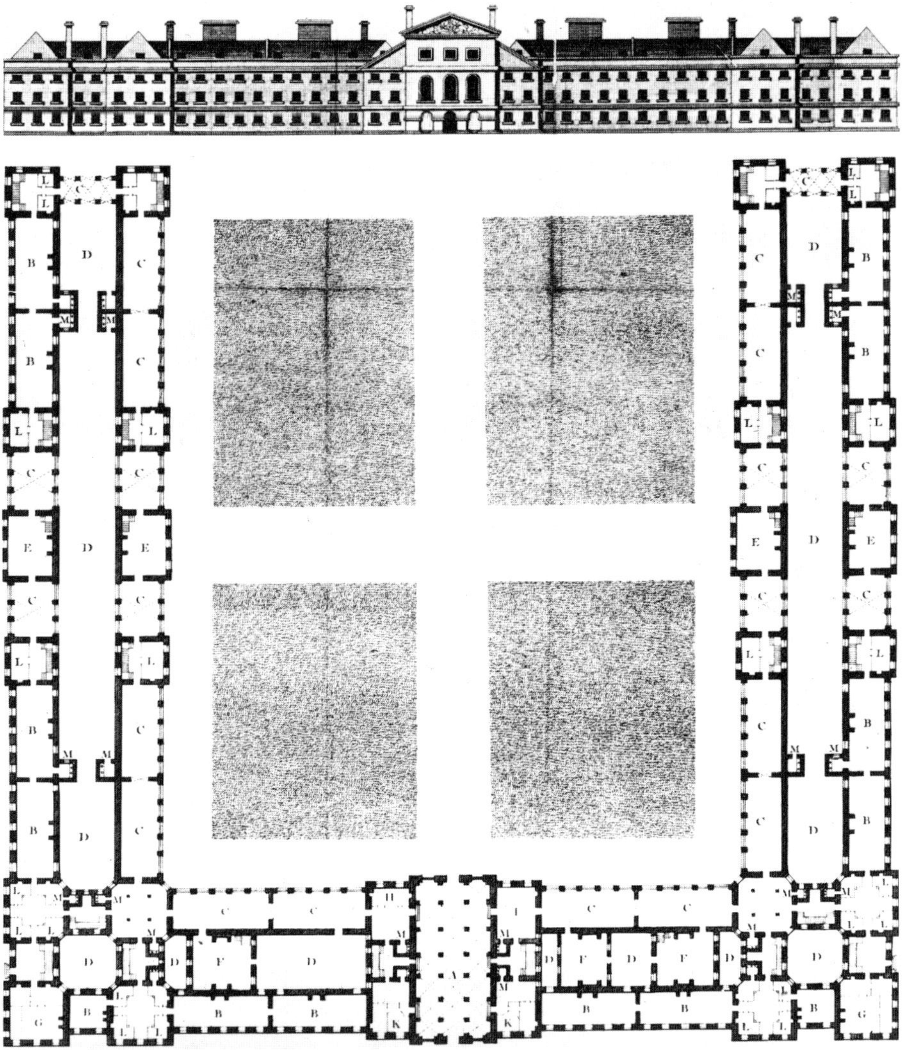

79 Portsmouth, Royal Naval Hospital at Haslar. 1746–1752, Architekt: Theodore Jacobsen. Aufriß (a) und Grundriß (b) nach Howard, 1791

Pockenkranke, als Personalwohnräume sowie für die Küche und für Vorräte benutzt wurden. Nimmt man noch an 15. Stelle die kreuzförmige Kirche in der Mittelachse hinzu, dann überblickt man die ganze Gruppe. Gewiß liegt es nahe, den künstlerisch wirksamen Wechsel von geschlossener Platzwand und Lücke, von hoch und niedrig, lang und kurz, im rhythmi-

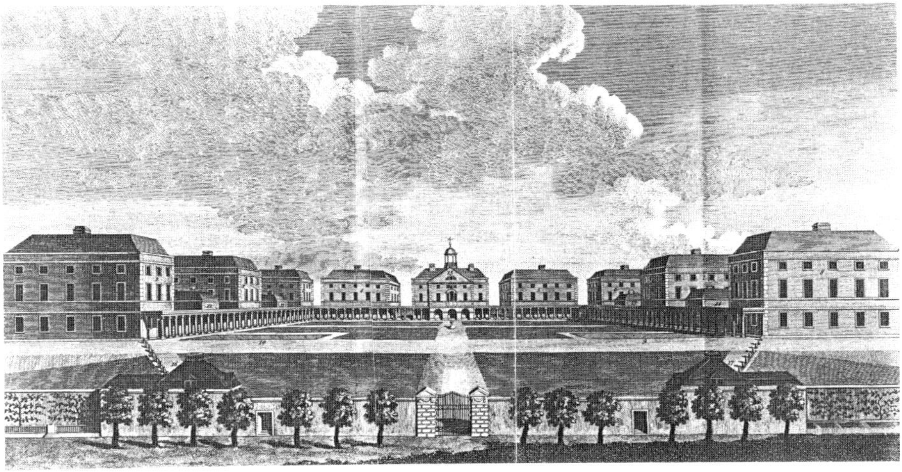

80a

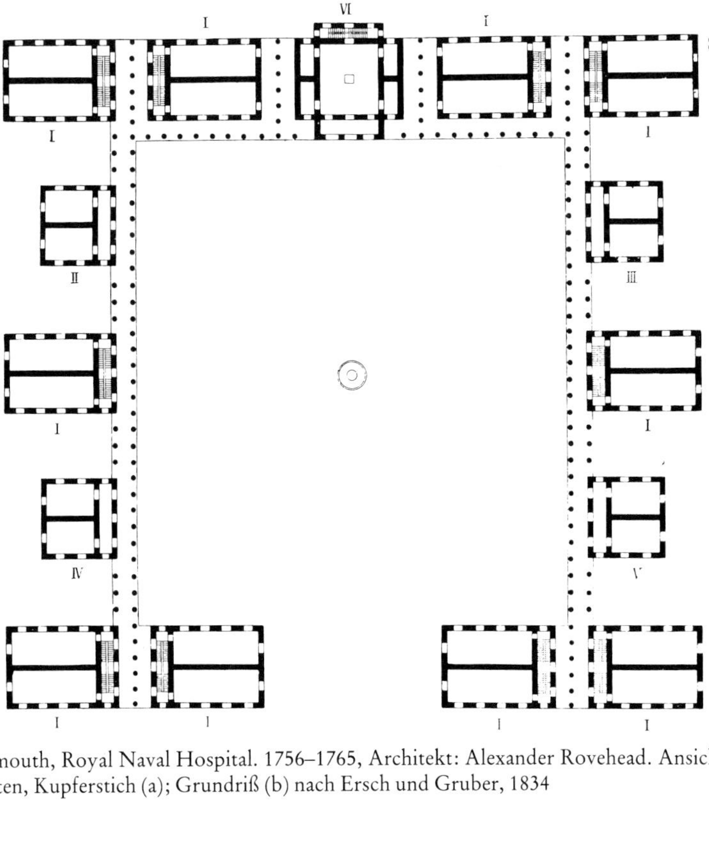

80b

80 Plymouth, Royal Naval Hospital. 1756–1765, Architekt: Alexander Rovehead. Ansicht von Südwesten, Kupferstich (a); Grundriß (b) nach Ersch und Gruber, 1834

schen Wechsel geordnet, zuerst zu würdigen. Aber wahrscheinlich ist es viel richtiger, alles lüftungstechnisch zu sehen und mehr an verankerte Schiffe zu denken, die durch das Tau des Säulengangs miteinander verbunden sind. Außerdem sollte man an das Schloß in Marly (1695) bei Versailles denken. Um den Sonnen-Palast des *Roi Soleil* waren dort die 12 Häuser der Sternbilder (Jungfrau, Löwe, Krebs) am Rande eines rechteckigen Feldes aufgereiht worden. Kupferstiche[33] dieser französischen Königsbauten waren mit Sicherheit nach London gelangt. Auch sei erwogen, ob Rovehead vielleicht doch den Greenwich-Plan von Wren gesehen haben könnte. Das Rätsel, wie die Royal Navy zu solchen Grundriß-Vorstellungen gelangen konnte, ist nach wie vor ungelöst.

Welch genialische Persönlichkeiten damals in dieser Elite-Truppe tätig waren, zeigt schließlich ein Blick auf den Marinearzt James Lind. Im Jahre 1753 berichtete er über die alte Seemannskrankheit, den Skorbut, und schlug vor, dieses Leiden mit Orangen und Zitronen zu behandeln. Heute weiß man, daß dieser Vitamin-Mangel durch nichts besser behoben werden kann. Außerdem empfahl Lind, die Kleider von Kranken eine Zeitlang im Ofen zu backen, wenn man die Absicht hatte, sie Gesunden zum Gebrauch zu überlassen.

Die große Begeisterung für das Pavillon-System in Plymouth wird etwas gedämpft, wenn man das Innere der Häuser betritt. Man findet hier nämlich wie in London (St. Barholomew's 1730–1740) und in Kopenhagen (Kgl. Frederiks Hospital 1752–1758) typische Wand-an-Wand-Säle. *Cross ventilation* ist unmöglich, denn die Pavillon-Gebäude sind in ihrer Längsachse durch eine Wand halbiert, die jeden Luftwechsel zwischen gegenüberliegenden Fenstern verhinderte. Außerdem ist es nicht günstig, daß die Häuser der Kranken zwei Obergeschosse haben, in die jene gefährlichen Ausdünstungen der darunterliegenden Säle eindringen konnten. Auf diese Weise gelang es aber, in jedem der zehn Patientenhäuser auf drei Ebenen zusammen je sechs *wards* unterzubringen. Dies gibt im ganzen Hospital die stattliche Zahl von 60 Krankensälen. Nimmt man an, daß in einem Saal etwa 25 Betten standen, dann ergibt dies eine Gesamtkapazität von 1500 Patienten. Auch in dieser Hinsicht entsprach das Royal Naval Hospital in Plymouth vor über 200 Jahren durchaus einer modernen Klinik.

In Spanien wurden in denselben Jahrzehnten neue Marinehospitäler errichtet. Zunächst muß im Atlantik-Hafen El Ferrol[34] auf das *Hospitalillo de la Graña* (1736) hingewiesen werden. Wichtiger war in Cádiz-San Fernando das große *Hospital de Carraca* (1756). Wenig später folgte in Cartagena das *Hospital Real de Marina* (1762). Den Abschluß dieses Ausbaus sollte in El Ferrol ein nicht mehr errichtetes Haus bilden, für das man das ›Projecto Josef Müller‹ (1789) ausarbeiten ließ. Noch einmal wurde hier durch einen bayerischen Ingenieur in spanischen Diensten ein Hospital auf kreuzförmigem Grundriß vorgeschlagen. Die Kirche sollte aber nicht mehr im Zentrum stehen, sondern ragte als ovaler Raum aus der Mitte der Eingangsfassade hervor. Damit blieb der Kreuzungspunkt der Hallen frei, um hier die Einrichtung einer zentralen Versorgung unterzubringen. Das leider sehr unbekannte Projekt sollte auch wegen des ovalen anatomischen Theaters beachtet werden, das hinter dem großen Spital als lehrreiches, erweitertes Leichenhaus errichtet wurde. All dies deutet darauf hin, daß die Regierung in Madrid sehr wohl über die Neuerungen in Frankreich unterrichtet war, während sie vom Pavillonsystem in Plymouth trotz aller Verbindungen zur gegenüberliegenden Küste noch nichts wußte.

Schließlich sei an dieser Stelle auf Lissabon hingewiesen, das in dieser Zeit ein neues *Hospital da Marinha* (1797) eröffnete, das aber vermutlich nicht das erste in diesem alten Seefahrerstaat gewesen ist.

Zum Abschluß soll noch einmal Nordeuropa in den Blickpunkt gerückt werden. In Dänemark richtete man in der Haupstadt Kopenhagen ein Marinehospital (1777) in einem ehemaligen Waisenhaus ein. Wichtiger aber ist Rußland. Das damals für Kronstadt[35] vorgelegte Projekt von Michail Baschmakow (1762) schlug vor, vier riesige Flügel um einen quadratischen Hof zu legen. Geplant war nur ein einziges Obergeschoß, auf dem ein gewölbtes Dach liegen sollte. Im Inneren hatte der Baumeister teilweise Wand-an-Wand-Säle für günstig gehalten. Meistens aber verzichtete er auf die teilende Längsmauer und setzte statt dessen nur eine Reihe von Mittelstützen. Vermutlich gab es vier quadratische Kirchen an den vier Ecken. Hofseitig liefen Gänge den Hallen entlang, von denen (4 × 8 =) 32 Aborterker ins Innere ragten. All dies erinnert an das alte Pesthaus in Paris, das Hôpital St. Louis (1607–1612), obwohl andererseits vielleicht doch auch das Royal Naval Hospital in Portsmouth als Anregung gedient haben könnte.

Fast gleichzeitig legte S. Tschewakinski (1763) ein völlig anderes Projekt für ein Marinehospital in Kronstadt[36] vor. An eine Dreiflügelanlage in der Mitte sollten sich in treppenförmiger Abknickung weitere Flügel anlegen. Gewiß wurden damit Anregungen des Alexander-Newski-Klosters in St. Petersburg aufgenommen (von Domenico Trezzini). Andererseits gab es in Frankreich ein treppenförmiges Projekt von Chirol, das dank eines veröffentlichten Grundrisses in Rußland bekannt gewesen sein könnte. Daß damit aber außerdem das ›Kirkbride-System‹ vorweggenommen wurde, nach dem um 1850 viele Irrenanstalten in den USA gebaut wurden, zeigt, wie auffällig manche Ähnlichkeiten der kommenden Supermächte schon damals gewesen sind.

17. Pesthäuser und Quarantäne-Stationen

Den unzählbar vielen Leproserien stehen in Europa nur wenige Pesthäuser gegenüber. Sie wurden vor allem an den Drehpunkten des Orienthandels errichtet, an den Mittelmeerhäfen (Venedig, Marseille), aber auch bei den Fernhändlerstädten diesseits und jenseits der Alpen (Verona, Mailand, Augsburg, Regensburg). Dann schützten die Niederlande ihren Handel (Amsterdam, Leiden), denen sich die Hansestädte an der Nord- und Ostsee (Hamburg, Danzig) anschlossen. Alles zusammengenommen sind aber kaum 100 Pesthäuser bekannt, die jedoch noch wenig erforscht worden sind.

Trotzdem kann man diese meist erst nach 1500 entstandenen Gründungen ohne Mühe von den fast immer mittelalterlichen Leproserien unterscheiden. Während der Leprröse nur ›einen Steinwurf‹ von der Stadtmauer entfernt an den großen Fernstraßen, am liebsten in ihren Gabelungen, seinen Platz fand, wurde der Pestkranke viel weiter weggeschickt und fast immer auf einer Insel oder wenigstens in einer künstlichen Isolation hinter tiefen Wassergräben viel perfekter abgesondert. Lepra verlief aber auch langsam und betraf meist nur einzelne. Die Pest dagegen führte in wenigen Tagen zu Massenerkrankungen ganzer Bevölkerungsgruppen und verschwand dann für Monate oder Jahre völlig. Während die Lepra seit 1400 immer seltener wurde und um 1600 in Europa fast ganz erloschen war, wütete die Pest nach ersten Höhepunkten im Hochmittelalter (1348) bis an die Schwelle unseres Jahrhunderts für kurze Zeit an wenigen Orten. Hatte man den Leprösen eine Kapelle gebaut und ihnen dann die Errichtung ihrer Holzhütten selbst überlassen können, so mußte für den Pestkranken viel besser vorgesorgt werden, weil er schwerkrank oder oft schon sterbend auf die Insel kam.

Pesthäuser sind deshalb – wenn überhaupt – vorsorglich errichtet worden, ehe die Seuche zu wüten begann. Oft waren sie nach wenigen Wochen schon wieder entbehrlich, weil niemand mehr krank war. Manchmal blieben sie aber auch gänzlich unbenutzt, wenn die Pest die Stadt doch nicht heimsuchte. Da leerstehende Häuser rasch verfallen, entstand so stets die Frage, ob man sie im Intervall nutzen könne oder ob auch hier das Provisorium so viel Bestand haben würde, daß im Ernstfall das Pesthaus gar nicht mehr rasch zu räumen war, um dann seinem Zweck zu dienen. Sobald man es zuließ, daß Bettler und Irre, Kranke und Schwangere sich einnisteten, war das Pesthaus fast immer für seinen Zweck verloren. Statt dessen entwickelten sich dann, für viele damals wie heute erstaunlich, erste Irren- und Krankenbehandlungsstätten.

In Hamburg entstand aus dem Pesthof das vorbildliche *Krankenhaus St. Georg*. In Berlin wurde das Große Lazareth in die später weltbekannte *Charité* verwandelt. Im Pariser *Hôpital St. Louis* bildete sich eine Abteilung für Syphilis-Patienten, aus der die besten Kenner der Hautkrankheiten (Alibert) hervorgingen. Im Wiener Pesthaus entstand das *Militär-Hauptspital,* dem das *Josephinum* als Chirurgenausbildungsstätte angeschlossen wurde. Wenn Pesthäuser aber nicht neben den Brennpunkten Europas standen, zerfielen sie schnell und wurden dann vollkommen vergessen. Wer betrat jemals die abgelegenen Pesthofruinen vor Verona oder die kaum erreichbaren Inseln bei Venedig oder Mahón, wo vielleicht immer noch Reste alter Seuchenstationen erkennbar sein würden? Von etwa der Hälfte der heute nachweisbaren Pesthäuser kennt man ohnehin nur noch den Namen, kaum die Lage und oft keine zuverlässige Jahreszahl.

Unter den Gründungen, die hier genannt werden können, ragt nach 1500 als erstes in Augsburg das *Pesthaus St. Sebastian* (vor 1521) hervor. Es war ähnlich gebaut wie in Nürnberg[37] ein anderes Pesthaus St. Sebastian (1554), das damals nach einem Brand den Gründungsbau (1498) ersetzte. Zwei parallele Giebelhäuser begrenzten einen rechteckigen Hof und waren zugleich durch Mauern oder Wassergräben ausbruchsgesichert. Günstigere Voraussetzungen bestanden in Regensburg, wo das Pesthaus (vor 1600) auf einer Donauinsel gebaut werden konnte. Auch dort standen mehrere Giebelhäuser parallel nebeneinander.

Schwieriger zu beurteilten ist in Utrecht[38] das gut erhaltene *Gasthuis Leeuwenberch* (1562). Zwar galt es immer als Pesthaus. Aber die beiden hohen Hallen stehen Wand an

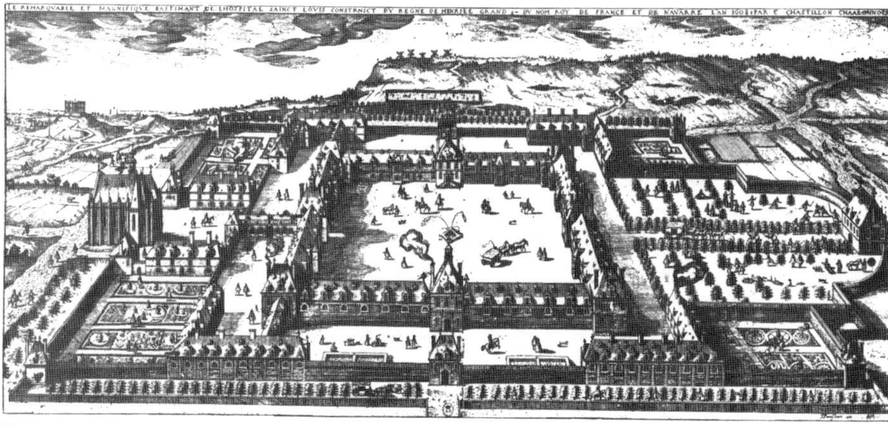

81a

81b

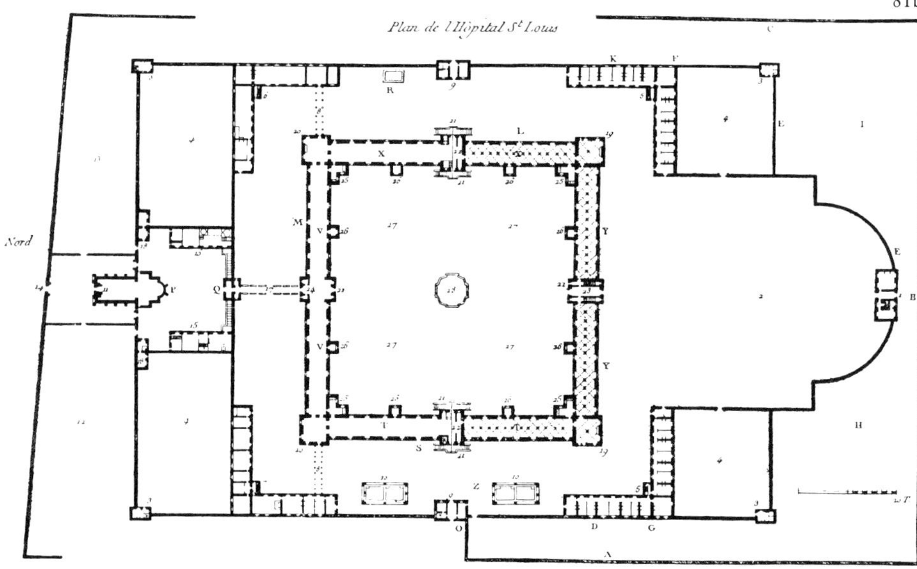

81 Paris, Hôpital St. Louis. 1607–1612, Architekt: Claude Vellefaux. Kupferstich (a) von Claude Chatillon, 1608; Grundriß (b) nach Tollet, 1892

Wand parallel nebeneinander, anstatt durch einen Hof getrennt zu sein. Außerdem fehlt die isolierende Zone. Auffallend ist dagegen die hohe Unterkellerung, so daß die Hallen wie emporgehoben wirken und die Frage möglich wird, ob vielleicht von unten Luft durch den Saalboden gelangen sollte, um so die Zirkulation zu verbessern. Dazu passen große, offene Feuerplätze, über denen ein langer Rauchabzug die warme mit der verbrauchten Luft nach oben wirbelte.

Dies alles erinnert an Paris[39], wo etwa 50 Jahre später das vielleicht schönste Pesthaus entstand, das jemals nördlich der Alpen erbaut wurde. Es erhielt nach dem vor Tunis verstorbenen König Louis IX (1226–1270) den Namen *Hôpital St. Louis* (1607–1612). Als Baumeister gilt Claude Vellefaux, während Claude Chatillon 1608 einen aufschlußreichen Kupferstich des neuen Hauses vorgelegt hat. Bauherr war Henri IV, König von Frankreich (1589–1610), der, calvinistisch erzogen, 1593 zum katholischen Glauben zurückkehrte, wobei die Bemerkung gefallen sein soll »Paris ist eine Messe wert«. Mit der Widmung des Pesthauses an seinen heiligen Amtsvorgänger, der zugleich das prominenteste Pestopfer in Frankreich war, stellte sich Henri IV demonstrativ in die traditionsreiche Reihe der Könige, indem er in öffentlicher Zeremonie mit dem Grundstein des Pesthauses auch ein Fundament der Bourbonendynastie legte.

Das Hôpital St. Louis nutzte als Ausgangspunkt den Großen Lazaretto für Verpestete, der in Mailand (1488) über 100 Jahr vorher errichtet worden war. Am quadratischen Feld wurden diesmal aber keine Einzelzellen mehr errichtet, sondern lange Hallen. Diese saßen nicht direkt auf dem Boden, sondern waren durch einen hohen Sockel, der besser als Erdgeschoß bezeichnet wird, in das erste Obergeschoß hinaufgehoben. Dies hatte den Sinn (vielleicht wie in Utrecht) Luft von unten durch den Sockel an den durchlöcherten Fußboden der Hallen heranzuführen, um so alles Verpestete vom Wind durchblasen zu lassen. Die Hallen waren mit spitzbogigen Holztonnen überwölbt, die alle verdorbene Luft aufnehmen und dann weiterleiten sollten, und zwar zu einem Exhaustor, der in die Hallendächer in die Mitte jeder Hofseite eingefügt war. Er ragte wie ein umgestülpter Trichter oder wie eine Kuppel in das steile Pyramidendach hinein, wo er sich am höchsten Punkt öffnete, um die gesammelten ›pestilenzialischen Ausdünstungen‹ endgültig ins Freie zu entlassen. Um diese Aushauchung stinkender Abgase zu befördern, wurden große offene Feuer am Boden des Trichters zwischen den beiden Hallen entzündet, damit die erwärmte Luft auch alle Pest mit hinauf- und hinausziehe. Es wäre falsch, im offenen Feuerplatz eine Heizung zu erblicken wie in England. Zudem würde es ganz verfehlt sein zu bemängeln, daß im ganzen Haus ein ständiger Luftzug herrschte. Gerade dies war zweifellos beabsichtigt, und deshalb mußte auch im Winter große Kälte um die Betten, aber nicht im Bett in Kauf genommen werden.

Außer dieser Luftzirkulation von unten nach oben, also vom Erdgeschoß durch den Saalboden zum Gewölbe und zu einer der vier Entlüftungskuppeln, gab es noch eine unterstützende oder alternativ wirksame *cross ventilation,* bei der die Säle quer zu ihrer Längsachse durch einander gegenüberliegende Fenster vom Wind durchweht werden konnten. Da die gewölbten Decken der Säle weit herabreichten, mußten diese Fenster weit in die Tonne eingeschnitten werden. Sie ragten außerdem wie giebelverzierte Erker aus den langen Dachschrägen hervor und reichten manchmal tief in die Saalwand hinab.

Neben den Fragen nach Lüftung und Heizung wäre zu klären, ob man im Hôpital St. Louis einen guten Tod haben konnte, also ob es möglich war, vom Bett aus im Sterben den Priester am Altar zu sehen und zu hören. In Mailand war diese Schwierigkeit dadurch gelöst, daß in der Mitte des Hofes ein einziger Altar unter einem Rundtempel stand, der nach allen Seiten geöffnet werden konnte. Auch in Paris gibt es Hinweise auf eine fast durchsichtige

Zentralkapelle. Vermutlich wurde sie aber nur vorsorglich geplant, nie ausgeführt und später durch einen Brunnen ersetzt. Denn sichtbar hätte man einen Altar bei dieser Lüftungstechnik niemals aufstellen können. Tatsächlich weiß man, daß es zwei Altäre im Hause gab, die in gegenüberliegenden Eckpavillons standen und so von den Hallen zweier Hofseiten sichtbar waren. Man konnte so leichter Frauen und Männer trennen oder nur das halbe Hospital öffnen und trotzdem die Geschlechter in zwei verschiedenen Sälen unterbringen. Die beiden anderen, einander gegenüberliegenden Eckpavillons dienten als einzige beheizbare Räume, als Wärmestuben und zur Vorbereitung der Speisen, die im Bett eingenommen wurden. Die Aborte lagen zum Innenhof, wo sie als wandgliedernde Teile mit eigenem Dach so weit vorsprangen, daß sie von drei Seiten Luft hatten. Auch hier gab es riesige Fenster, die zu allem noch weit in die Dachzone hinaufreichten und deshalb die vorragenden Regenrinnen durchstoßen und unterbrechen mußten.

Die Perfektion dieser erstaunlich funktionalen Hospitalmaschinerie brachte es mit sich, daß man Mühe hatte, auf die Ebene des Saalbodens (fast im 1. Obergeschoß) hinaufzugelangen. Man legte deshalb vor jeden Exhaustorturm eine doppelläufige Freitreppe. Wahrscheinlich ist es aber falsch, dies so zu sehen; und vermutlich dienten die vier Durchgänge unter den Türmen in der Mitte der Seiten nur dazu, um in den Innenhof zu gelangen. Es gibt Hinweise, daß man ursprünglich nur drei Zugänge zu den Hallen geplant hatte, und zwar ausschließlich über Brücken! Es gelang nämlich den Baumeistern in Paris, eine trockene Insel zu bauen, da es zu schwierig und zu teuer gewesen wäre, alles mit Wasser zu umfluten. Die drei Zugänge führten somit über eingebildete Wasserzonen hinüber auf Pfahlbauten, die in gewissem Sinne auch von unten isoliert, vor allem aber von unten durchweht waren.

Daß das Hôpital St. Louis damit aber auch ein perfektes Gefängis mit hoher Ausbruchssicherheit wurde, ist nicht zu bezweifeln. Trotzdem wurde es noch bewacht. An der quadratischen Ummauerung gab es zwei Tore und den noch wenig geklärten *Pavillon Royal*, der an einem halbrund vorgebauchten Mauerstück vielleicht den Haupteingang bildete. Ob in den vier abgewinkelten Bauten in den Ecken der Ummauerung tatsächlich vornehme Kranke (ganz unlogisch!), Schwestern, Ärzte und Priester lebten, muß noch überprüft werden. Die Pflegegemeinschaft wäre viel besser in den Häusern an der Kirche untergebracht gewesen, in denen angeblich die Küche und die Bäckerei Platz fanden. Um alles noch einmal und damit doppelt zu sichern, errichtete man eine zweite Mauer, die später allerdings teilweise mit der ersten zusammen verlief. Bei den Ecken dieser äußersten Mauer waren vier weitere Wachtürme eingefügt. Als einziger Bauteil ragte das Kirchenschiff sehr auffällig aus allen Ummauerungen heraus. Vermutlich sollte hier, wie an vielen Spitalkirchen, jedermann ständig Zutritt haben.

Das Hôpital St. Louis verkörpert stilgeschichtlich betrachtet eine besondere Form der französischen Renaissance. Es gibt italienische Motive in den Eingangszonen und gotische Merkmale im Sakralbereich der fast geosteten Kirche. Erstaunlich ist es, daß mit diesen Mitteln die Kapellen an den beiden Ecken der Isolierzone nicht hervorgehoben wurden. Wie sehr die quadratische Grundform des Hospitals, aber auch seine Dach- und Fensterformen der letzten Pariser Mode und dem besten Stil des Henri IV entsprachen, kann man erst dann

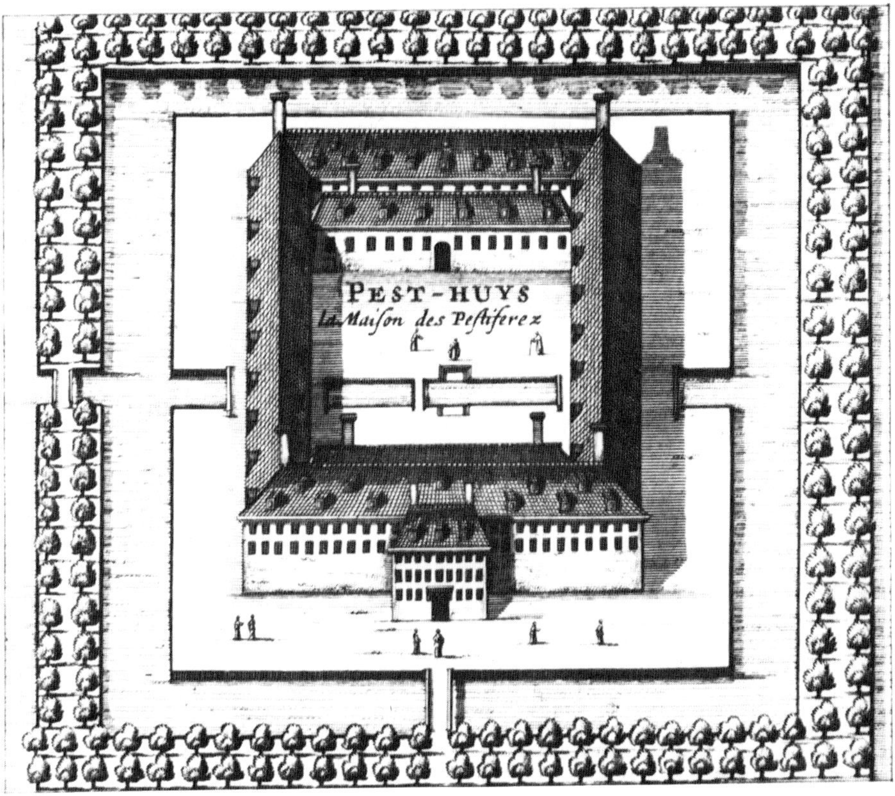

82 Amsterdam, Pest-Huys (später Buiten Gast-Huys). 1630 erbaut. Kupferstich

ermessen, wenn man in Paris die Place Royale, die heutige Place des Vosges (1605–1612), hinzunimmt. Auch hier ließ der König einen streng quadratischen Platz aus einem besonders verwinkelten Altstadtviertel herausbrechen. Auch hier hatte jedes Haus sein eigenes Dach, obwohl es mit Hilfe durchgehender Arkaden-Galerien mit allen Nachbarn verbunden war. Es gab einen *Pavillon Royal* und einen *Pavillon de la Reine* und ein Denkmal des Fürsten in der Mitte. Wie sehr die Place des Vosges damals als Vorbild empfunden wurde, sieht man auch deutlich in Charleville an der Maas bei Sedan. Der von Charles de Gonzague, Duc de Nevers und Erbe der Grafschaft Rethel, neugegründete Ort (1606) erhielt damals eine quadratische Place Ducal (1608 begonnen) mit Arkaden und zentralem Denkmal.

Obwohl das Hôpital St. Louis in Paris so sorgfältig als Kunstwerk geformt und so genau als Pestabwehrmaschine durchdacht worden war, hat man später nirgends ein ebenso großes und gut gesichertes Haus für diese Zwecke errichtet. Es gab nur verkleinerte Nachahmungen und verbilligte Abkürzungen, deren Spuren und Reste vor allem in deutschen und holländischen Städten nun zu betrachten sind.

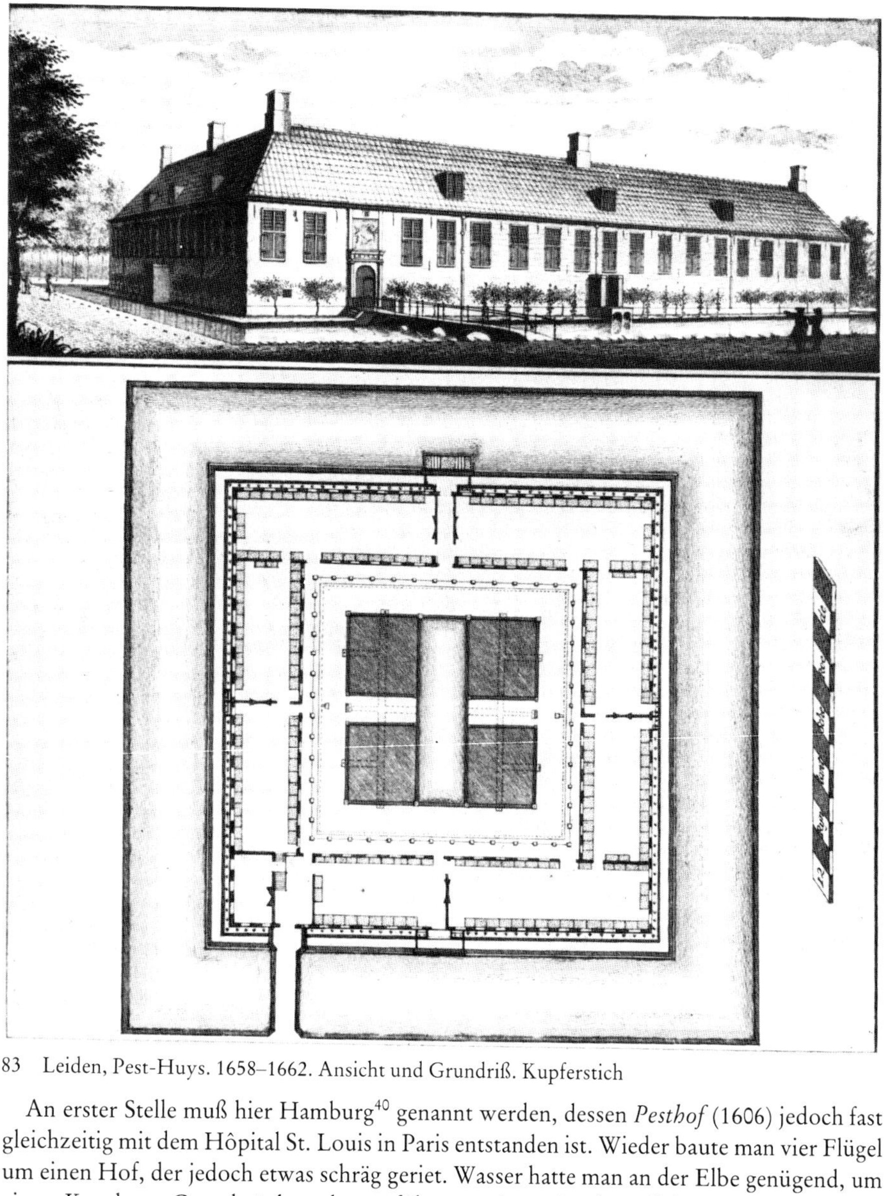

83 Leiden, Pest-Huys. 1658–1662. Ansicht und Grundriß. Kupferstich

An erster Stelle muß hier Hamburg[40] genannt werden, dessen *Pesthof* (1606) jedoch fast gleichzeitig mit dem Hôpital St. Louis in Paris entstanden ist. Wieder baute man vier Flügel um einen Hof, der jedoch etwas schräg geriet. Wasser hatte man an der Elbe genügend, um einen Kanal am Grundstück entlangzuführen und so eine künstliche Insel zu schaffen. Genauere Zeichnungen oder Beschreibungen fehlen aber im Gegensatz zu Paris, so daß man allen einzelnen Fragen nicht nachgehen kann.

Etwas sorgfältigere Abbildungen liegen in Amsterdam[41] vor. Hier wurde ein Pesthaus (1630) errichtet, das später als *»Buiten Gast-Huis«* einen wichtigen Platz in der Medizingeschichte der Niederlande einnehmen sollte. Der Gründungsbau bestand aus vier gleich langen Flügeln, die einen quadratischen Hof umgaben. Auffallend hoch eingezeichnete Fenster und vier Schornsteine deuten an, daß vielleicht manches ähnlich wie im Hôpital St. Louis in Paris gestaltet wurde. Das Pesthaus in Amsterdam war aber mit Sicherheit von vier Kanälen umgeben und lag deshalb auf einer quadratischen künstlichen Insel. Diese wurde von einem fünften Kanal durchstochen, so daß das Wasser, die Bauten zweimal unterkreuzend, mitten durch den Hof floß (Abb. 82).

Ein sehr ähnliches Pesthaus wurde später in Leiden[42] (1658–1662) errichtet. Es ist das einzige dieser Gruppe, das sich bis heute erhalten hat. Denn das Pest-Huys in Delft[43] ist wieder nur durch alte Ansichten überliefert und leider kaum datierbar.

Sehr viel genauere Angaben sind dagegen in Berlin[44] möglich. Das dortige *Große Lazareth* für Pestkranke (1710) ist wahrscheinlich niemals als Seuchenhaus benutzt worden. Statt dessen muß man damit rechnen, daß sich in diesem Vakuum bald Bettler und Diebe, Schwangere und kranke Soldaten einstellten, um wenigstens vorübergehend ein Dach über dem Kopf zu haben. Im Jahre 1726 wurde dann aber hier das erste preußische *Garnisons Lazareth* provisorisch eingerichtet. Nachdem der sparsame ›Soldaten-König‹ Friedrich Wilhelm I. (1713–1740) für seine Truppen gesorgt hatte, fügte er eine ganz unmilitärische Zufluchtsstätte an (1727), und zwar für Hospitaliten (EG) und Schwangere (1. OG) sowie für Krätze- und Syphilis-Kranke (2. OG). Dabei wurde wie beim Invalidenhaus ein Zimmer für den Lutherischen und den Reformierten (= Calvinistischen) Prediger bestimmt. Eine Kirche gab es aber nicht. Statt dessen zeigen Pläne von 1768, daß hier der vielleicht erste ›Operations-Saal‹ des deutschen Sprachgebiets eingerichtet war. Er lag im 2. Obergeschoß in der Mittelachse der Eingangsfront, genau dort, wo man in katholischen Ländern die Kapelle erwarten würde (s. Umschlagrückseite).

Aber all dies sind bereits Veränderungen, aus denen man den Gründungsbau, das Große Lazareth, rekonstruieren müßte. Dazu kann aber bis jetzt nur gesagt werden, daß auch das Berliner Pesthaus wie seine holländischen Vorläufer wieder vier Flügel um einen quadratischen Hof hatte. Gewiß sind Hallen anzunehmen. Ob diese aber zweistöckig waren oder erst später durch Zwischenböden unterteilt und durch Querwände in Zimmer zerlegt wurden, dies alles ist kaum zu beurteilen. In Berlin gab es aber mit Sicherheit die isolierenden Kanäle und damit wieder die Bildung einer künstlichen Insel.

Ergänzend sei noch nachgetragen, daß Süddeutschland an dieser Entwicklung nicht teilgenommen hat, sondern dank seiner alten Handelsbeziehungen enger mit Oberitalien verbunden blieb. So zeigt ein Pesthausprojekt des Joseph Furttenbach (1628) in Ulm[45] oder des Malachias Geiger (1649) in München[46] zwar auch vier Flügel um einen Hof, aber im Inneren Zellen oder kleinere Zimmer. Beide Projekte sahen Wassergräben und leichte Verteidigungsanlagen vor, um Raubüberfälle auf die hier ausgebreiteten Handelswaren abwehren zu können. An eine Verwirklichung dieser Planungen war aber wegen des Dreißigjährigen Krieges (1618–1648) und seiner Nachwirkungen nicht zu denken.

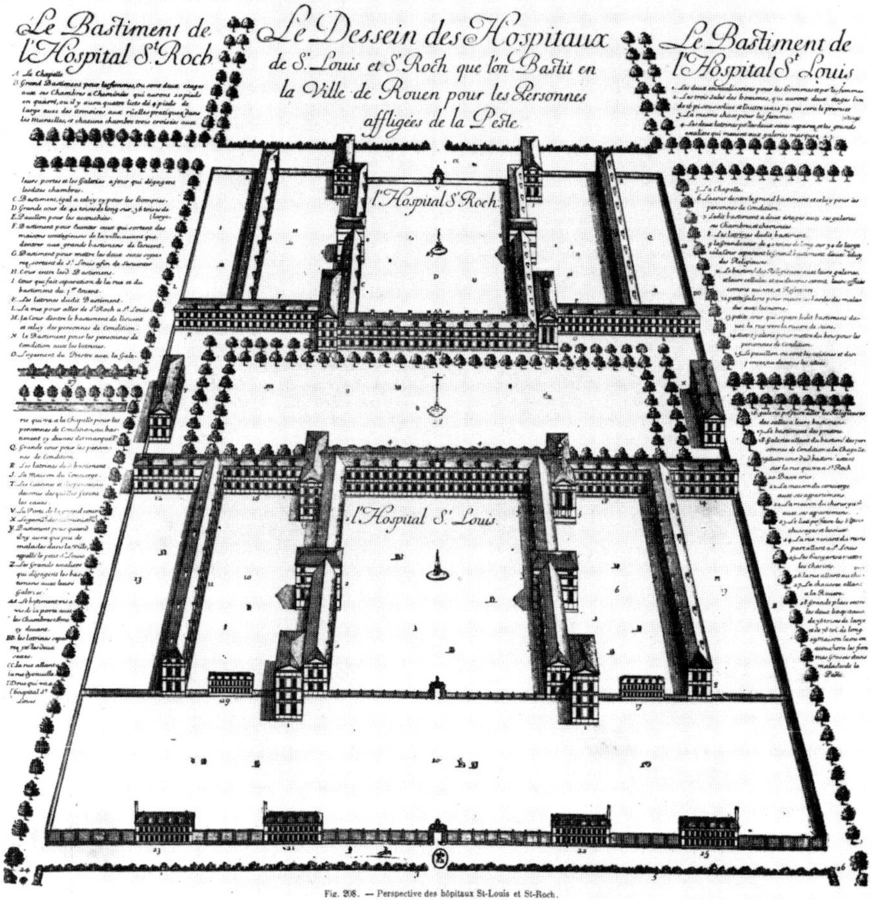

84 Rouen, Hôpital St. Louis et St. Roch. 1654 begonnen, Architekt: Antoine Hardouin. Kupferstich. Bibliothèque Nationale, Paris

Im Ausland aber wurden in dieser Zeit höchst neuartige Pesthausgrundrisse vorgeschlagen. Erwähnt sei zuerst in Rouen[47] das *Hôpital St. Louis et St. Roch* (1654 begonnen), das nach Plänen von Antoine Hardouin gebaut wurde und die Möglichkeit bot, Pestkranke und Genesende völlig zu trennen. Etwa gleichzeitig entstand in Genua[48] ein *Lazzaretto* (1657?), der verpestete Waren getrennt von verdächtigen Gütern entseuchen konnte, und zwar zusammen mit den Passagieren der Schiffe, aus denen alles kam. Die E-förmigen Grundrisse, die damals erprobt wurden, verschwanden aber bald wieder.

In Livorno hatte sich ein großes Experimentierfeld für Pesthäuser entwickelt. Denn seit dem ersten Lazzaretto am Leuchtturm (nach 1582) waren der *Lazzaretto di San Rocco* (um 1590), der *Lazzaretto di San Jacopo* (1648, 1718) und dann auch noch der *Lazzaretto di San*

85a

85b

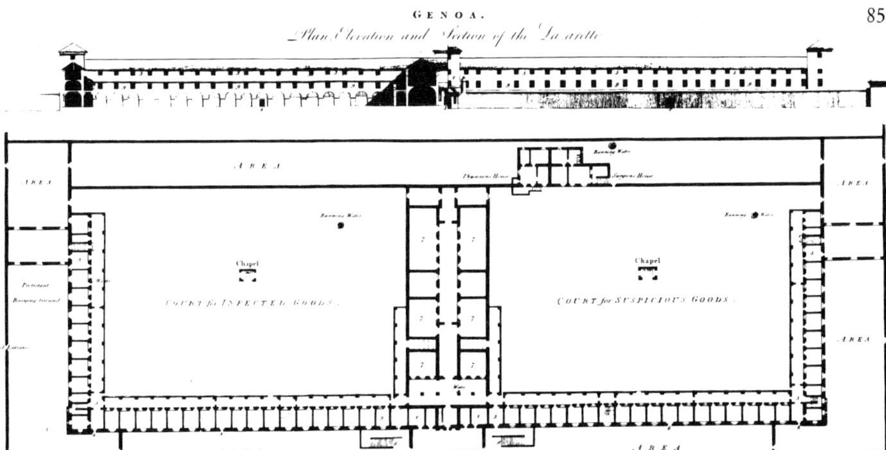

85 Genua, Lazzaretto für Verpestete und Verdächtige. 1657 erbaut. Ansicht (a) und Grundriß (b)

86a

86b

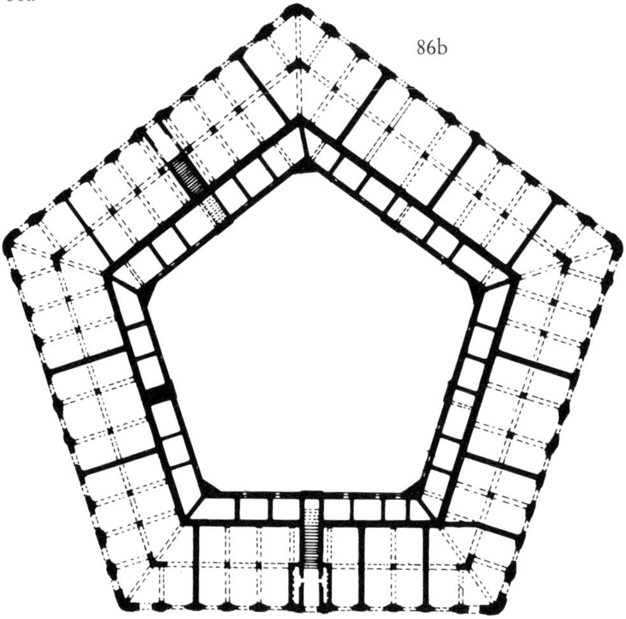

86 Ancona, Lazzaretto. 1733–1738, Architekt: Luigi Vanvitelli. Blick von Süden (a) und Grundriß (b)

Leopoldo (1773) hier errichtet worden. Im österreichischen Mittelmeerhafen Triest wurde dem *Lazzaretto Vecchio di San Carlo* (1720) bald der *Lazzaretto Nuovo di Santa Teresa* (1760–1769) zur Seite gestellt. Venedig[49] baute nach dem *Lazzaretto Vecchio* (1423) und dem *Lazzaretto Nuovo* (1468) einen *Lazzaretto Novissimo* (1782) auf Poveglia. In Marseille gelingt es kaum, die zahlreichen Pesthäuser auseinanderzuhalten, die seit 1383 immer wieder erbaut worden sind. Die riesigen *Infirmeries neuves* (1663), die Colbert zum Schutz des französischen Orienthandels errichten ließ, sollen jedoch wenigstens zusammen mit den Lazaretten von Malta[50] noch genannt werden.

Außerdem müßten zahllose Pesthausprojekte der Kunstakademien (Paris 1784) und der Seuchentheoretiker geschildert werden, aus denen vor allem John Howard (1789), der führende Hospitalfachmann seiner Zeit, herausragt.

Obwohl noch viele wichtige Projekte von Meisterschülern der Architektenschulen in Spanien und in Italien erwartet werden dürfen, können jetzt schon zwei Pesthäuser genannt werden, an denen man die Auswirkungen dieser Reißbrettarbeiten nachprüfen kann. In La Spezia-Varignano[51] steht heute noch ein prächtiger *Lazzaretto* (1724–1740), der – fast unbekannt – direkt an der Straße nach Portofino liegt. Schwieriger ist es, die Lazarett-Insel in der Bucht von Mahón[52] auf Menorca zu betreten, auf der riesige Ruinen zu sehen sind, die an Pesthausbauten des Architekten M. Pueyo aus der Zeit vor 1800 (1787–1807) erinnern.

Da dies alles doch nicht im einzelnen geschildert werden kann, so sei zum Abschluß nur noch ein Pesthaus beschrieben, das durch seinen fünfeckigen Grundriß völlig aus dem Rahmen des Typischen fällt. In Ancona[53], einem Hafen des Kirchenstaates an der Adria, wurde ein *Lazzaretto Nuovo* (1733–1738) errichtet, der wie ein Schiff verankert zu sein scheint. Der Baumeister Luigi Vanvitelli wählte als Grundriß ein Pentagon, das durch Kanäle vom Festland getrennt wurde und nur über eine einzige Brücke betreten werden kann. Die Ränder des Fünfecks säumen Lagerhallen für die Handelswaren. Zum Hof hin sind Wohnräume für die Passagiere vorgelegt, die von ihren Betten auf einen *Tempietto* sehen können, dessen Halbkugeldach nur von wenigen Säulen getragen wird, so daß man den Altar von allen Seiten gut sehen kann. Der Raum um die Zentralkapelle diente zum Ausbreiten der Waren, vor allem zum Öffnen der verschnürten Ballen, die hier in Sonne und Wind ihren verpesteten Dunst aus dem Innern entlassen sollten, bevor man sie wieder schloß und über Laufstege auf die Schiffe zurückbrachte, die direkt hinter einigen der Hallen an der künstlichen Insel vertäut werden konnten. Gerade hier in Ancona wird deutlich, wie sehr das Hospital als Typus in Europa auf ganz spezielle Aufgaben zugeschnitten werden konnte.

18. Tollhäuser und Irrenspitäler

Die faszinierende Geschichte der zahlreiche Irrenhäuser, die in Europa vor 1800 gegründet worden sind, soll hier nicht mit wenigen Worten geschildert werden. Viel wichtiger ist es, zuerst veraltete Vorurteile abzubauen und zu zeigen, daß es vor der Französischen Revolution (1789) und vor der halb-legendären ›Kettenabnahme‹ durch Philippe Pinel in Paris (vor 1800) sehr wohl Zufluchtsstätten für Irre in fast allen europäischen Ländern gegeben hat. Die Vorstellung, böse Könige des finsteren Absolutismus hätten wie im Mittelalter Hexen verbrannt oder arme Irre gequält und im Keller mit Ketten gefesselt, ist unhaltbar falsch.

Die ersten Irren wurden vielmehr gerade am Ende des Mittelalters in Hospitäler aufgenommen. Man blicke nach London, wo frühe Narrenzellen (1377?, 1403) im *Hospital St. Mary of Bethlehem* nachweisbar sind. Außerdem sei an Valencia[54] erinnert. Dort hat ein Pater des Ordens *Nuestra Señora de la Merced,* Gilabert Jofré, mit Hilfe reicher Fernhändler und unterstützt vom König das erste Irrenhaus der Welt gegründet, das unter der Bezeichnung *Casa de Orates* (1409), Haus der Narren, eröffnet wurde. Andere Zufluchtsstätten für Geistesgestörte folgten in Spanien, während in anderen Ländern Europas einzelne Irrenzellen in leerstehenden Leproserien nach 1500 immer zahlreicher wurden.

Dazu gehörten auch in Paris die *Petites Maisons* (1554), die kleinen Häuser der ehemaligen Leproserie des Klosters St. Germain des Prés an der Straße nach Sèvres, in denen erste Irre der französischen Hauptstadt eine Bleibe fanden. Wesentlich bessere Pflege boten allerdings die Barmherzigen Brüder, die Tobsüchtige gerne in besonderen Irrenabteilungen hinter ihren Hospitälern aufnahmen.

Aber auch in den protestantischen Ländern findet man nach 1500 erste größere Irrenhäuser. Als Beispiel sei hier Amsterdam und sein *Doll-Huys* genannt, das 1562 erbaut und 1592 bereits erweitert wurde. Das Irrenhaus stand im Osten der Innenstadt nahe dem alten Spital. Hinter der Fassade am Kanal lagen um einen viereckigen Hof zahlreiche ebenerdige Zellen in Reihen nebeneinander. Es gab dort aber auch rechts des Eingangs Wohnungen für die Pflegenden und links die Regentenkammer, in der die Mitglieder des Aufsichtsrates zusammenkamen, um über die Finanzen, über Aufnahmen und Entlassungen zu beschließen. Während unten die ganz armen Irren lebten, gab es im 1. Obergeschoß größere Kammern für jene Kranke, die fast wie Pfründner einen Teil ihrer Lebenskosten bezahlen konnten. Schließlich bestand noch eine dritte Abteilung für Unruhige, die, wie zu erwarten, ›ganz hinten‹ lag und Platz für 12 Tobsüchtige bot. Sie lebten in Einzelzellen, die feste Türen hatten. Um diese nicht bei jedem Essen öffnen zu müssen, gab es kleinere Klappen, durch die auf angeketteten Metallnäpfen die Speisen zerkleinert (ohne Messer und Gabel!) hineingereicht wurden, wie dies noch lange in vielen damals vorbildlichen Irrenhäusern üblich war.

Man bedenke, daß dieser gewaltsame Freiheitsentzug nicht in einem exotischen Tyrannen-Land für notwendig erachtet wurde, sondern in den Niederlanden, die soeben das spanisch-katholische Joch abgeschüttelt hatten und als besonders liberal und demonstrativ tolerant galten. So flohen die *Pilgrim Fathers* aus England hierher, bevor sie mit der *May Flower* nach Amerika segelten, um dort der Freiheit eine Heimstatt zu schaffen. Aber auch jüdische Flüchtlinge aus Portugal, wie der Philosoph Baruch Mendel de Spinoza oder der Boerhaave-Schüler Antonio N. Ribeiro Sanches schätzten die Freiheit in den Niederlanden. Niemand hatte den Einfall, man müsse die Irren befreien, ihre Ketten sprengen und die Tollhäuser zerstören. Vielmehr galt die Gründung eines Irrenhauses mindestens für so lobenswert wie die eines anderen Hospitals.

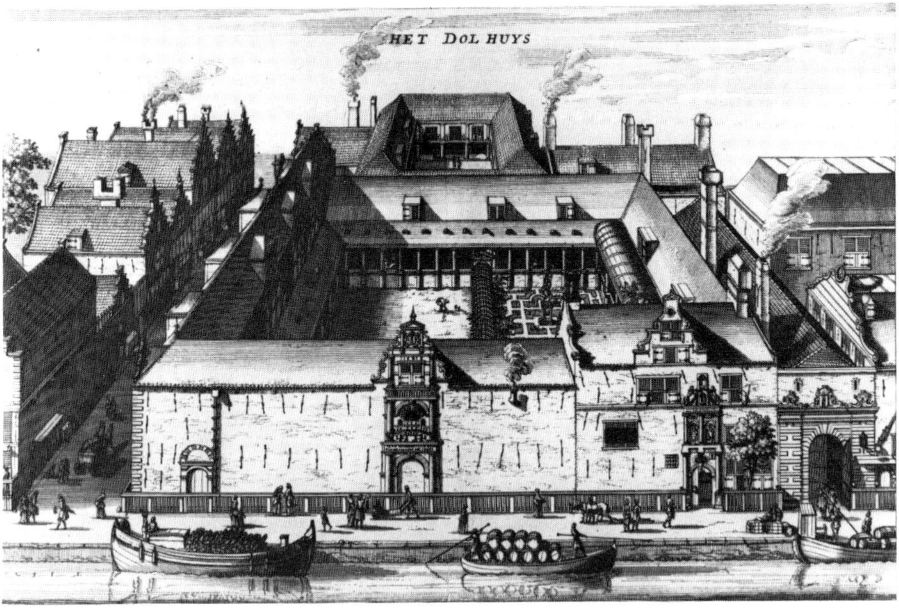

87a

87b

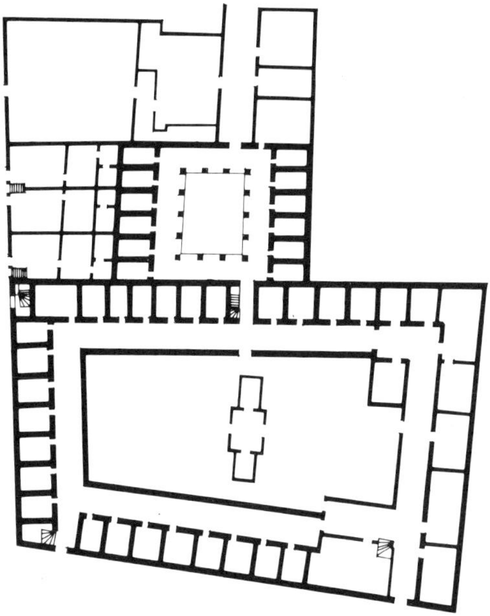

87 Amsterdam, Doll-Huys. 1562 und 1592 erbaut. Kupferstich (a) und Grundriß (b): Gemeentearchief Amsterdam

Dazu paßt auch eine Nachricht aus Dublin; denn dort hatte der anglikanische Geistliche und Dichter (von »Gulliver's Reisen«) Jonathan Swift ein Irrenhaus gegründet und es unter den besonderen Schutz des irischen National-Heiligen St. Patrick gestellt, nachdem er jahrelang in London als *Governor* des Bethlem Hospitals die großen Schwierigkeiten im Umgang mit diesen Kranken kennengelernt hatte. *St. Patrick's Hospital* (1746) markiert den Anfang der später besonders vorbildlichen Irrenheilkunde in Irland.

Ein launiges Gedicht hält die Gründungsgeschichte wach:

He gave the little Wealth he had,	Er stiftete sein Kapital
To build a House for Fools and Mad;	Zu baun' ein Irrenhospital;
And shew'd by one satyric Touch,	Und zeigt in bissiger Manier
No Nation wanted it so much.[55]	Nirgends war's nötiger als hier.

In London[56] war nach der Schließung und Wiedereröffnung des Bethlem Hospitals durch König Henry VIII. (1546) ein großzügiger Neubau errichtet worden, der hier als *zweites Bethlem Hospital* (1675–1676) bezeichnet sei. Der Bauplan stammte von Robert Hooke, der sich an den Schloßbauten der Könige, vor allem an den (heute abgerissenen) Tuilerien in Paris orientiert hat. Alte Ansichten zeigen eine prachtvolle Nordfassade mit hohem Erdgeschoß. Darüber gab es zwei obere Stockwerke, deren innere Einteilung leider fast ganz vergessen ist. Ein hoher Mittelbau zwischen niederen Flügeln und hohen Eckpavillons ließ eine fünfteilige Fassade entstehen, an der jeder Abschnitt sein eigenes Dach hatte. Seitenflügel (1725, 1736) machten später das Bauwerk noch eindrucksvoller, so daß man sich schwer vorstellen kann, daß hinter dieser fast königlichen Front schwere Mißstände geherrscht haben. Hier aber malte Hogarth seine »Szenen aus dem Bedlam«. Hausärzte wurden schon damals wegen Mißhandlung der Patienten angeklagt und riefen damit eine so große Empörung hervor, daß aus Protest in London[57] ein Reform-Irrenhaus eröffnet wurde. Es erhielt den Namen des Evangelisten und Ärzteheiligen Lukas. *St. Luke's Hospital* (1718) wurde zunächst aber nur provisorisch in einem umgebauten Haus eröffnet, war aber bald so beliebt, daß (1751) der Umzug in eine ehemalige Gießerei nötig wurde, die George Dance senior umgebaut hatte. Hier wirkte William Battie (gest. 1776), der gegen den Widerstand von John Monro im Bethlam Hospital neue Formen im Umgang mit Irren durchgesetzt hat.[58]

In Paris gab es neben dem *Hôpital des Petites Maisons* (1554) jene Irrenzellen, die Vinzenz von Paul bei der alten Leproserie von St. Lazare eingerichtet hatte. Außerdem betrieben die *Frères de la Charité de Saint Jean de Dieu* in Paris-Charenton[59] auf den Ruinen einer calvinistischen Kirche ein Hospital (1641), dem eine bald sehr bekannte Irrenabteilung angeschlossen war, aus der später die wichtigste französische Großanstalt hervorging. Neben diesen kirchlich-karitativen Irrenhäusern gab es aber bereits nach englischem Vorbild kommerziell betriebene Pensionen, in denen man gegen teures Geld vornehme Umnachtete ›in Kost und Logis‹ geben konnte. Für Arme kam eine solche hotelähnliche *maison de santé* nicht in Frage. Solche Irre wurden ins alte Hôtel-Dieu gebracht und dort besonderen Kuren (Bäder, Diät, Aderlaß, Opium) unterworfen. Trat auch nach mehrmaliger Wiederholung

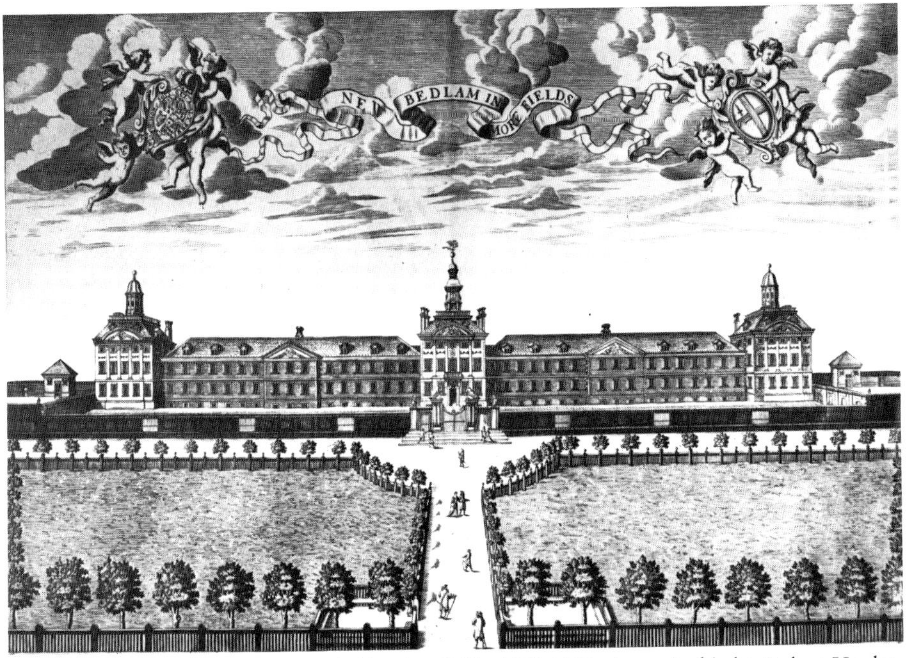

88 London, Zweites Bethlem Hospital in Morefields. 1675–1676 erbaut, Architekt: Robert Hooke. Kupferstich von Robert Greene

keine Besserung ein, so verlegte man die Patienten zu den Unheilbaren des Hôpital général, was auf pariserisch hieß: Männer kamen ins *Bicêtre,* Frauen in die *Salpêtrière.*

Gewiß war dies alles sehr unübersichtlich, zersplittert und therapeutisch nicht immer erfolgreich. Die Behauptung aber, man habe gerade in einer so kultivierten Stadt wie Paris immer alle Irren angekettet und stets für unheilbar gehalten, ist ein Greuelmärchen, das man nicht weiter verbreiten sollte. Wenn Pinel später so berühmt und bewundert wurde, dann vor allem deshalb, weil er plötzlich Unheilbare heilen konnte, und zwar mit einer neuen englischen Mode und Methode, die gewiß keine Therapie war und deshalb in London *moral management* (und nicht *moral treatment*!) genannt wurde.

Vielleicht sollte man aber lieber noch einen Blick auf andere Länder in Europa werfen. In Italien sei Bologna herausgegriffen, weil dort Antonio Maria Valsalva (1666–1723) in der Irrenabteilung des *Ospedale Sant'Orsola* um 1710 bereits Ketten ablehnte und Tobsüchtige lieber mit Leintüchern und breiten Binden im Bett ruhigstellte. In Spanien[60] kann Zaragoza genannt werden; denn die dortige Irrenabteilung des alten *Hospital General de Nuestra Señora de Gracia* wurde von Pinel später wegen ihrer Arbeitstherapie als sehr vorbildlich gelobt. Andererseits sei aber nicht verschwiegen, daß der Maler Francisco Goya in seinem großen Gemälde gerade den Keller dieses Irrenhauses angeprangert hat, in dem er wahrscheinlich selbst einige Tage beruhigt wurde.

Ein Neubau entstand in Spanien erst wieder in Toledo, wo das *Hospital de Dementes* (1790–1793) noch einmal den kreuzförmigen Grundriß übernahm. Wieder lag im Zentrum die überkuppelte Kirche, zu der eine elegante dreiläufige Treppe hinaufführte. Links lebten die Frauen, rechts die Männer. Für beide Gruppen gab es nur je zwei allseits geschlossene Innenhöfe und keinerlei Landwirtschaft, was deutlich zeigt, wie wenig die gerühmte Arbeitstherapie von Zaragoza in Spanien verbreitet war.

In Rußland kann nur St. Petersburg genannt werden. Dort entstand unter der großen Zarin Katharina ein Tollhaus hinter dem Obuchow-Hospital (1780). Leider ist immer noch nicht geklärt, ob Kaiser Joseph II. (1780–1790) dort Maß genommen hat. Denn später, als er in Wien[61] den *Narrenthurm* (1784) hinter dem Allgemeinen Krankenhaus oder in Prag das *Tollhaus* (1790) am dortigen Allgemeinen Krankenhaus errichten ließ, entstanden Bauten, die manche Gemeinsamkeit mit dem Irrenhaus der Zarin hatten.

Doch all dies gehört, wie Pinel in Frankreich, schon längst zur Aufklärung. Vielleicht ist es besser, in den kleineren deutschen Staaten noch einmal weiter zurückzugehen. Sieht man von Hessen und Würzburg ab, wo es Irrenabteilungen an Landeshospitälern gab, die ein überregionales Einzugsgebiet hatten, dann gab es nur Geistesgestörte in ehemaligen Leproserien (Stuttgart 1589) oder in alten Pesthäusern (Hamburg 1683). Hier wurden höchstens Bürger der Städte aufgenommen soweit sie verarmt waren. Überregionale Auffangstationen bildeten sich erst mit den Zucht- und Tollhäusern. Im hannoveranisch-englischen Celle erbaute man ein *Zucht-, Werk- und Tollhaus* (1710–1732) nach Plänen von Johann Caspar Borchmann, das als so vorbildlich galt, daß Sachsen in einem alten Schloß in Waldheim ein *Armen-, Waysen-, Zucht- und Tollhaus* (1710–1716) eröffnete.

Hier soll aber nur noch das *Doll-Hauss* (1746–1749) beim Zucht- und Arbeitshaus (von 1736) am Schloß in Ludwigsburg kurz betrachtet werden. Zur besseren Versorgung der »unbemittelten melancholischen und blöden Leut, der *maniaci* und *furiosi*« ließ Carl Eugen, der Herzog von Württemberg (1737–1793), einen Neubau von Grund auf errichten. Es ist derselbe Fürst, an dessen *Hoher Carls Schule* der Dichter Friedrich Schiller erzogen wurde und »Die Räuber« schrieb, um damit seinen tyrannischen Wohltäter zu brandmarken. Ohne die Patienten oder ihre Angehörigen zu fragen oder gar mitbestimmen zu lassen, errichtete der Landesherr vier Flügel um einen langen rechteckigen Hof. Im Erdgeschoß lagen »33 kleine Zimmer vor tolle und rasende« Leute sowie zwei größere Räume für »Kontagiöse«. Im 1. Obergeschoß gab es bereits »Zimmer vor Leuthe, die nicht angelegt werden dörffen« und außerdem »Zimmer vor krancke Zuchtlings-Männer und -Weiber«. Das Tollhaus hatte außerdem Räume für die Wärter und für einen ›Chyrurgen‹. Es gab zwei Küchen und ein Bad sowie mindestens vier Doppelaborte. Auch eine abgelegene Totenkammer war geplant. Geleitet wurde das Tollhaus durch einen ›Inspektor‹, der links des Eingangs (an der Schmalseite) saß. Er wurde wie überall von einem Aufsichtsrat kontrolliert, der ein besonderes Sitzungszimmer gleich rechts am Eingang hatte. Gewiß gehört das Tollhaus in Ludwigsburg nicht zu den großen Gründungen, die in der Geschichte der Hospitäler in Europa einen Markierungsstein bildeten. Es ist aber in hohem Maße typisch für das Normale und für den Alltag unserer Vorfahren. Deshalb wurde es an das Ende dieser Betrachtungen gestellt.

Vom Hospital zum Krankenhaus

Die Entwicklung nach 1800

Die Verwandlung des Hospitals in ein Krankenhaus oder der Umbau der ›Herberge zum lieben Gott‹ in eine Werkstätte zur Beseitigung ›fehlerhafter Körperzustände‹ vollzog sich in den Jahrzehnten um 1800. Treibende Kraft war dabei an erster Stelle die Aufklärung und damit eine pseudo-religiöse Erneuerungsbewegung, die wie ein Buschfeuer über Europa hinweglief. Manche Länder wie Portugal und die Toskana wurden dabei sehr früh erreicht, während andere wie Franken oder Bayern später erfaßt worden sind. Einige Staaten, besonders Spanien oder Polen, haben sich erfolgreich abschließen können und wurden deshalb kaum oder nur verspätet von der Aufklärung gestreift. Die weiten Ebenen des Ostens aber und vor allem die islamischen Nachbarländer Marokko, Ägypten oder die Türkei sind niemals von den zündenden Ideen aufgeklärter Denker berührt worden. Damit aber blieb der neuartige Institutionstyp zur Behandlung von Patienten zunächst wieder auf die christlichen Länder des Abendlandes begrenzt.

Vielleicht ist es aber richtiger, nicht in Staaten und Flächen der Landkarte zu denken, sondern lieber in Städten oder noch besser in Fürsten und Staatsmännern. Denn immer waren es einzelne Persönlichkeiten, die am Regierungssitz erste Krankenhäuser gegründet haben. Oft dauerte es Jahrzehnte, bis auch die kleineren Orte des Herrschaftsgebiets folgten. Wieder zeigte es sich, daß außer dem Christentum die Städte und besonders die Größe der urbanen Ballungszentren entscheidend waren.

Wie die Anknüpfungspunkte der Aufklärer aussahen und wie altertümlich viele der Institutionen waren, die als ›Infrastruktur‹ des Krankenhauses dienen mußten, soll zunächst ein Blick auf Brügge zeigen. Einer der Säle des dortigen *Sint Jans Hospital* wurde damals mit großer Sorgfalt in allen Einzelheiten in einem Gemälde festgehalten, das man Jan Beerblock zu verdanken hat.

Deutlich sieht man, wie parallele und querliegende Hallen im Laufe der Zeit ein Innenraumgefüge entstehen ließen, das in seiner Weite an einen öffentlichen Platz erinnert. Wie Jahrmarktsbuden sind die Bettenschränke entlang mehrerer Gassen aufgereiht. Helle Vorhänge, die man zuziehen konnte, erlaubten es zwar, das Lager selbst in eine Intimzone zu verwandeln, in die kein Einblick möglich war. Alle anderen Verrichtungen vom Essen bis zum Sterben vollzogen sich aber in einer fast schamlosen Offenheit. Wie auf einer Theaterbühne werden noch einmal barmherzige Werke vorgeführt und zur Nachahmung empfohlen.

89 Blick in die mittelalterlichen Krankensäle des Sint Jans Hospitals in Brügge. Gemälde von Jan Beerblock, 1778. Memling-Museum, Brügge

Da sieht man, wie fromme Frauen einer Pflegemeinschaft als Nonnen verschleiert aus großen Töpfen warme Speisen schöpfen und so Hungrigen Essen geben oder Durstigen einen Trank reichen. Zwar werden keine Nackten bekleidet. Aber alles ist vorbereitet, um Fremde zu beherbergen und Kranke besuchen zu können. Das Erlösen von Gefangenen, die

wie Opferlämmer in den Klauen islamischer Geiselnehmer schmachten, vermag der Pinsel des Malers Beerblock leider nicht sichtbar zu machen. Aber man erkennt, wie links hinten ein Toter auf einer Bahre hinausgetragen und begraben wird. Ihm entspricht rechts vorne eine Sänfte, in der soeben ein Schwerkranker zu den Schwestern gebracht wurde, die ihn nun mit gekonnten Handgriffen behutsam in eines der vorbereiteten Betten legen. Ganz links bringt ein Priester im weißen Chorhemd einem anderen Kranken die Hostie zum letzten Mal. Eine Schwester bereitet inzwischen ein festliches Sterbebett vor, das mitten im Gang als demonstratives Hindernis aufgebaut wurde. Deutlich sieht man die Kerzen auf einem Betpult, auf dem auch das Sterbekreuz liegt, das der Christ mit den letzten Kräften umkrampfen wird, um dann, auf den Gekreuzigten blickend, einen ›guten Tod‹ zu haben. Wie sehr diese letzten Stunden von den Schwestern festlich überhöht worden sind, kann man im Mittelgang sehen. Hier werden einem blassen Sterbenden noch einmal die uralten Worte vorgelesen, die seine Verzweiflung überwinden und ihn voller Hoffnung in eine andere Welt hinübergehen lassen.

Direkt daneben aber vollziehen sich die banalen Ereignisse des täglichen Lebens. Eine Magd kehrt mit ihrem Besen den Fußboden. Rot gewandet und mit dem Dreispitz auf dem Kopf fühlt ein Arzt den Puls eines Kranken, von dem aber nur die Hand und der Unterarm zu sehen sind, während sich eine begleitende Schwester erklären läßt, was bei der weiteren Pflege zu beachten ist. Benutzte Teller und geleerte Schüsseln werden auf einem Schubkarren von einem Helfer weggefahren, der Zeit genug hat, kurze Worte mit einer Küchenmagd zu wechseln, die soeben den Nachtisch herbeiträgt.

Wer Geduld genug mitbringt, wird noch viele lehrreiche Einzelheiten an anderen Stellen des Bildes von Beerblock entdecken können. Wichtiger aber ist es, rechts vorne am Tragstuhl die Jahreszahl 1778 zu lesen und sich vor Augen zu halten, daß der Meister mitten in der Aufklärung den Blick in einen Alltag freigibt, der sich noch ganz in einem uralten Gehäuse vollzieht. Denn die Halle ganz links, die eine Kapelle mit dem Altar im Osten umschließt, stammt noch aus der Zeit vor 1200. Aber auch die anderen Arkaden und Spitzbogen entstanden fast alle um 1300 und waren damit seit über einem halben Jahrtausend in tagtäglicher Benutzung. Hier kann man erst ganz ermessen, welche Einschnitte und Traditionsabbrüche nötig waren, um ein Hospital in ein Krankenhaus zu verwandeln.

Die Impulse für diesen Wandel kamen weder von den Ärzten noch von den Kranken oder ihren besorgten Angehörigen. Vielmehr waren es der Fürst und sein Staatsmann, die als erste die Sprengkraft der neuen Ideen durch ihre Regierungskunst zeigten. Ihnen aber hatten Theoretiker den Weg bereitet, die fast immer von England beeinflußt waren und in Francis Bacon (1561–1626) ihr Leitbild gefunden hatten. Denn dieser Lord-Kanzler des Königs zog sich schließlich ganz aus den Staatsgeschäften zurück, um sich jenem Wissen zu widmen, das, wie er meinte, erst richtige Macht verleiht. Dazu aber war es nötig, zuerst die Wissenschaft zu reinigen, und zwar vor allem vom Aberglauben und von dogmabedingten Vorurteilen. Vernunft und Erfahrung hatten aber in Frankreich auch die Verfasser der großen Enzyklopädie (seit 1751) als entscheidend wichtig erachtet. Was Diderot und d'Alembert damals vorschwebte, wurde bald von Jean Jacques Rousseau aufgenommen, der sich eine Wende zum Heil erhoffte, wenn der Mensch die Gesellschaft verlassen und zu seinen Brüdern, den Tieren im Walde, zurückkehren würde. Nicht im Schoße der Kirche, sondern am Busen der Natur sollte das Streben nach Glück sein Ziel finden. Noch unchristlicher äußerte sich Voltaire, der als ehemaliger Jesuiten-Zögling in London eine ›Anglomanie‹

entwickelt hatte, die zu lebenslangen Angriffen gegen jede Art von Religion führte. Der geistreiche Spötter hatte großen und direkten Einfluß auf Friedrich den Großen in Preußen, dessen Gast er war (1751–1754), und auf Katharina die Große in Rußland (1762–1796), mit der er in Briefwechsel stand.

Für die Medizingeschichte noch wichtiger wurde der portugiesische Boerhaave-Schüler Antonio N. Ribeiro Sanches, der als jüdischer Medizinstudent einst in den liberalen Niederlanden Zuflucht gefunden hatte und später in Rußland zum zaristischen Leibarzt aufstieg. Er beriet über die Länder hinweg den in England geschulten Minister Pombal, der in Portugal für den König Dom José (1750–1777) die Regierungsgeschäfte führte und nach dem großen Erdbeben von Lissabon (1755) zu durchgreifenden Maßnahmen schritt, die später in vielen Ländern mit ähnlichem Erfolg nachgeahmt worden sind. Es begann mit der Ausweisung der Jesuiten, die nicht nur an den Universitäten und Schulen des Landes ein Ausbildungsmonopol innehatten, sondern nach fragwürdigen Finanzgeschäften auch in die Staatskassen und nach der Regierungsgewalt zu greifen begannen. Um Portugal nicht zu einem zweiten Jesuitenstaat wie Paraguay werden zu lassen (Indianer-Reduktionen seit 1607), ließ Pombal alle Mitglieder der verhaßten *Societas Jesu* (S.J.) in ein Schiff sperren (1759) und nach Rom bringen. Die Zwangsenteignung der Gesellschaft erinnert noch heute an die Ereignisse während der Reformationszeit in Hessen und Württemberg, in Schweden und England. Riesige Klostergebäude standen über Nacht leer und verlockten dazu, in diesem Vakuum die Schulungsstätten einer neuen Elite oder Häuser für Arme und Kranke einzurichten. Das prächtige Jesuiten-Kolleg in der alten Universitätsstadt Coimbra wurde damals teils für Studenten, teils für Patienten umgebaut. Ein anderes riesiges Kloster der Gesellschaft Jesu stand kaum zerstört in der Hauptstadt Lissabon in bester Lage. Hier eröffnete man das *Hospital Real de São José* (1775), das im Blick auf den König seinen Namen erhielt.

Eine ähnliche Krankenhausgründung versuchte man in Florenz. Dort regierte Leopold (1765–1790), ein Sohn der österreichischen Kaiserin Maria Theresia, der zusammen mit seinem Bruder Joseph II. von denselben aufgeklärten Prinzenerziehern in Wien unterrichtet worden war. Man weiß, daß neben zahlreichen anderen aufgeklärten Neuerungen, die von der Abschaffung der Folter über verbesserte Friedhöfe bis zur Irrenhausgründung reichten, damals auch eine Behandlungsstätte für Kranke im alten *Ospedale di Santa Maria Nuova* (um 1775) eingerichtet wurde.

Auch in Paris versuchten aufgeklärte Freunde der Menschheit den neuen nützlichen Institutionstypus anzusiedeln. Einen der ersten Versuche unternahm Jacques Necker, der glücklose *Directeur Général des Finances* des alten Frankreich. Weil für Neubauten wieder keine ausreichenden Geldmittel zur Verfügung standen, entschloß man sich, ein leerstehendes Benediktiner-Kloster umzubauen, wobei die Frau des Ministers, Suzanne Necker (die Mutter der Madame de Staël), als Wohltäterin so sehr hervortrat, daß dieses frühe Krankenhaus bald nach seiner Eröffnung (1778) den heute noch üblichen Namen *Hôpital Necker* erhielt. Weltberühmt wurde dieses Krankenhaus aber erst später (1819), als René T.H. Laënnec hier die Kunst entwickelte, durch sorgfältiges Abhorchen, durch *Auskultation,* die inneren Erkrankungen mit Hilfe des Brustspähers, des Stethoskops, zu erkennen.

Das leuchtende Beispiel, das Madame Necker zunächst nur in einem der vielen Pfarrbezirke von Paris zu geben vermochte, sollte in einem anderen wiederholt werden. Der Abbé Jean-Denis Cochin verfügte jedoch über genügend Finanzmittel, um sein Krankenhaus von Grund auf neu erbauen zu lassen. Die Pläne dieses *Hôpital Cochin* (1780–1782) entwarf mit großer Sorgfalt Charles François Viel, ein Fachmann, der später noch viele andere Krankenhäuser in Paris gestaltet hat.

Fast gleichzeitig baute in St. Petersburg die aufgeklärte Zarin Katharina das *Obuchow-Hospital* (1780–1784). Dann folgte in Berlin die zweite *Charité*, deren drei große Flügel in drei Bauabschnitten aneinandergesetzt wurden (1785–1800). Damals regierte in Preußen König Friedrich Wilhelm II. (1786–1797), der als Nachfolger von Friedrich dem Großen die preußischen Traditionen mühsam fortzusetzen versuchte.

Die endgültige Einführung des Krankenhauses in den deutschen Staaten gelang aber weder von Berlin aus noch von London oder Paris, von Italien oder Rußland, sondern allein unter dem faszinierenden Leitbild des *Allgemeinen Krankenhauses* in Wien (1784). Aber auch dort hatte man sich aus Geldmangel und Ungeduld zu keinerlei Neubau entschließen können. Eine überstürzte Umwandlung des bestehenden Großen Armenhauses (1693) sollte fürs erste genügen. Daß es heute noch benutzt wird, konnten die Gründer nicht ahnen.

Die Planungen aber waren zunächst sehr sorgfältig begonnen worden. Vielleicht hatte Joseph II. schon 1777 sein Ziel ins Auge gefaßt, als er noch zusammen mit seiner Mutter, der Kaiserin Maria Theresia (1740–1780), regierte und nur für einige Monate nach Paris gekommen war, um dort seine Schwester, die Königin Marie Antoinette, zu besuchen. Es wird berichtet, daß der Fürst schon während der Reise, vor allem aber in der französischen Hauptstadt mehr Hospitäler und Wohltätigkeitsanstalten besuchte, als es üblicherweise schicklich sein mochte. Außerdem war in diesen Jahren der österreichische Militärchirurg Johann Hunčzovsky unterwegs, um im Auftrag des Fürsten vor allem in England, aber auch in Frankreich besonders über die Spitäler Beobachtungen zu sammeln, die 1785 veröffentlicht wurden. Ganz anders ging Johann P.X. Fauken vor, der in Wien blieb und seine eigenen Erfahrungen auswertete, die er als Arzt am *St. Marx Spital,* am Spital des Evangelisten Markus, gesammelt hatte. Diese Studien erschienen schon ein Jahr vorher (1784), kamen aber ebenfalls zu spät, um noch bei der Planung des Allgemeinen Krankenhauses (1784) berücksichtigt zu werden. Ähnlich ging es Maximilian Stoll, der als Erzieher des ärztlichen Nachwuchses vom Fürsten selbst um seinen Rat gebeten worden war, nachdem er als Nachfolger von Anton de Haën (seit 1776) den einst von Gerard van Swieten eingeführten Unterricht am Krankenbett im Dreifaltigkeitsspital übernommen hatte.

Doch dann entschied Kaiser Joseph II. (1780–1790) fast über Nacht, daß man die Planungen seines Leibarztes Joseph von Quarin zugrundelegen sollte. Den Ausschlag gab dabei der später so berüchtigte *Narrenthurm* (1784), mit dem die schwierige Frage gelöst zu sein schien, wie man gefährliche Irre und Rasende sicher wegschließen und für die bedrohte Gesellschaft unschädlich machen kann.

In all diesen Gutachten hervorragender Krankenhaus-Experten ging es aber längst nicht mehr um die Frage, ob spezielle Hospitäler allein für heilbare Patienten reserviert werden dürfen und ob dann Ärzte prägenden Einfluß und wachsende Verantwortung übernehmen sollten. Dies alles war bereits entschieden. Zu klären aber blieben noch die fast unlösbaren Probleme der Lüftung, wenn gleichzeitig geheizt werden mußte. Zu beantworten war die Frage, wie groß die Zimmer und Säle sein sollten und welche Kapazität für das ganze Krankenhaus als optimal zu gelten habe.

Zunächst meinte man, im Anschluß an die Vorschläge der *Academie Royale des Sciences* in Paris, durch eine Zerschlagung der Groß-Spitäler in praktikable Krankenhausteile die bedrohliche Mortalität senken zu können. Denn nichts schien verfehlter und trostloser zu sein, als in einer Behandlungsstätte für heilbare Patienten erst richtig krank zu werden oder gar zu sterben.

Diesen Erwägungen stand jedoch der Wunsch des Kaisers gegenüber, die Verwaltungskosten und die laufenden Betriebsausgaben so niedrig wie möglich zu halten. Deshalb sollten vor allem die vielen zerstreuten karitativen Institutionen der Hauptstadt Wien unter einem einzigen Hut im Allgemeinen Krankenhaus vereinigt werden. Nur so schien es zudem möglich zu sein, alten Pflegern und neuen Ärzten die ganz ungewohnte Rolle des zielstrebigen Heilens aufzuzwingen. Denn das oberste Ziel des Kaisers blieb stets dasselbe: Er wollte seine ›Unterthanen‹ so glücklich wie möglich machen – notfalls auch mit Gewalt.

Betrachtet man die Architektur des Allgemeinen Krankenhauses in Wien, dann ist es heute trotz aller Forschungen immer noch schwierig anzugeben, was durch Joseph II. am Großen Armenhaus umgebaut wurde. Gewiß, den Narrenthurm hat man von Grund auf neu errichtet. Alles andere wirkt aber von außen kaum verändert. Und dennoch scheint im Inneren fast alles neu gestaltet und neuen Prinzipien zuliebe ›umgedreht‹ worden zu sein.

Auch hier spielten nach wie vor Fragen der Lüftung eine heute kaum noch vorstellbare Rolle. Während das Projekt Fauken noch Längsgänge vorsah, an denen die Säle aufgereiht liegen sollten, war später auf alle Korridore verzichtet worden. Die Krankenzimmer reichten von Außenwand zu Außenwand. Wichtig ist es in dieser Zeit, die Fensterachsen genau zu beachten. Im Großen Armenhaus lagen sie sehr wahrscheinlich noch nicht einander gegenüber, während später überall die *cross ventilation* gesichert war. Im Anschluß an französische Theoretiker sind zudem ›Luftbrunnen‹, runde Löcher im Fußboden, die der Frischluftzufuhr dienten, mindestens in der Gebärabteilung vorhanden gewesen, ferner Absaugvorrichtungen an den Zimmer- und Saaldecken. Durch das Übereinanderliegen der Säle in den zweistöckigen Bauten entstanden in Wien aber noch zusätzliche Probleme.

Die Gliederung des monströsen Zentralkrankenhauses in Abteilungen, die Zuordnung der Ärzte, Hilfsärzte, Studenten, Pfleger und Schwestern zueinander, die Versorgung von etwa 2000 Patienten mit Wasser, Lebensmitteln und Arzneien und die stets heiklen Probleme, die durch die Unterordnung gerade der wichtigsten Ärzte unter die Direktion einerseits und unter eine medizinische Fakultät andererseits entstehen mußten, all dies ist viel zu unüberschaubar, um hier in wenigen Worten vermittelt werden zu können.

Die überragende Bedeutung des Allgemeinen Krankenhauses in Wien tritt aber erst dann ganz deutlich hervor, wenn man die Neubauten in Süddeutschland mit in den Blick nimmt. Viele wirken wie handliche Abreviaturen des großen josephinischen Vorbilds.

An erster Stelle ist hier das *Krankenspital* in Bamberg (1787–1789) zu nennen, wo Franz Ludwig von Erthal, ein glühender Verehrer Joseph II., als Landesfürst und Bischof revolutionsähnliche Kontinuitätsabbrüche hervorrief. Seinen »geliebten Unterthanen« wollte der aufgeklärte Monarch »einen der Wohltätigkeit und der Heilkunde gewidmeten Tempel« schenken, denn – so meinte er – »der Fürst ist für das Volk da, und nicht das Volk für den Fürsten«. Sein ganzes Bestreben sei jedesmal dahin gegangen, »sein Volk so glücklich wie möglich zu machen«.

Das vorbereitende Projekt von Gustav August Hannbaumb (1786) kann hier nur erwähnt werden. Wichtiger sind die Risse des Johann Lorenz Finck (1788), denn sie zeigen hinter dem Haupthaus mit seinen Zimmern für innere und chirurgische Krankheiten ein für sich stehendes Irrenhaus und eine abgetrennte Entbindungsabteilung. All dies entspricht genau dem Wiener Vorbild.

Im Revolutionsjahr 1789, als in Frankreich die Ansätze der Hospitalreform für Jahrzehnte erstickt wurden, eröffnete Erthal sein Krankenspital in Bamberg und ließ gleichzeitig in Würzburg den Südflügel des altehrwürdigen Juliusspitals niederlegen, um auch hier einen modernen Neubau (1789–1793) zu errichten. Seit 1791 standen damit den Medizinstudenten auch an der mainfränkischen Hochschule alle wünschenswerten Einrichtungen zur Verfügung: Internistische und chirurgische Betten sowie Säle für die Geburtshilfe und Psychiatrie. Zur berühmten alten Anatomie beim Botanischen Garten kam seit 1804 noch ein heizbarer Operationssaal mit Nordlicht hinzu, einer der ersten in Deutschland, errichtet vom Baumeister Friedrich von Gärtner aus München.

Die weitere Verbreitung des Krankenhauses in den deutschen Staaten kann hier nur angedeutet werden. Erlangen eröffnete ein *Akademisches Krankenspital* (1824), dessen Pläne der später bekannte Physiker Georg Simon Ohm (1811) gezeichnet hatte. Wichtiger ist das *Klinikum* in Freiburg (1826–1829), das Christoph Arnold, ein Neffe und Schüler von Friedrich Weinbrenner, nach ganz neuen Gesichtspunkten entwarf. Hier gab es bereits zwei große Operationssäle, die deutlich zeigen, wie sehr in wenigen Jahren das alte Hospital zum Krankenhaus verwandelt wurde.

Während die Bauten in Bamberg und Würzburg und besonders in Erlangen und Freiburg die Entwicklung der staatlichen Universitätskliniken vorbereiteten und damit eine deutsche Sonderentwicklung einleiteten, entstanden in Orten ohne Hochschule große städtische Krankenhäuser. In München hat der führende süddeutsche Fachmann, Franz Xaver von Haeberl, zunächst (1796) das St. Max-Spital der Barmherzigen Brüder zum Krankenhaus umgestaltet und dann einen damals sehr beachteten Neubau geschaffen, der unter der Bezeichnung *Allgemeines Krankenhaus* (1809–1813) eröffnet wurde. Stuttgart folgte mit dem *Catharinenhospital* (1820–1828). Hamburg errichtete das *Allgemeine Krankenhaus St. Georg* (1820–1823). In Hannover entstand ein großes *Städtisches Krankenhaus* (1829–1832). Das neue *Heilig-Geist-Hospital* in Frankfurt (1835–1839), das *Peter-Friedrich-Ludwig-Hospital* in Oldenburg (1838–1841), das neue Krankenhaus in Kempten (1835–1841) und das *Allgemeine Städtische Krankenhaus* in Nürnberg (1840–1845) können hier nur noch aufgezählt werden, ohne daß die Liste der wichtigen Neubauten damit vollständig wäre.

Auch die deutschsprechenden Teile der Schweiz öffneten sich der neuen Idee einer Behandlungsstätte für heilbare Kranke und errichteten mit dem *Kantonsspital* in Zürich (1837–1842) und dem *Bürgerspital* in St. Gallen vorbildliche Bauwerke.

In Frankreich aber, dem Land der radikalen Neuordnung der Gesellschaft, ereignete sich wenig. Zwar gelang es in den ersten Jahren der Umwälzung administrative Veränderungen durchzusetzen. Für große Neubauten fehlten jedoch lange Zeit die Mittel.

In Paris mußte das trostlose Hôtel-Dieu trotz aller skandalösen Mißstände und trotz seiner empörend vielen Sterbefälle weiter benutzt werden. Der neue Name *Grand Hospice d'Humanité* (1794–1802) wirkt heute wie Hohn. Auch die Eröffnung neuer Hospitäler für Kinder, als *Hôpital des Enfants Malades* (1802), für Frauen als *Hôpital de la Maternité* (1795, 1814), für Geschlechtskranke und für Waisen konnten nur in ehemaligen Klostergebäuden improvisiert werden.

Auch außerhalb der Hauptstadt kam man über Umbenennungen kaum hinaus. So findet man im alten Hôtel-Dieu in Blois eine *Salle Brutus* und eine *Salle de la Raison.* In Caen erhielt das üble Hôpital général im dritten Jahr der Republik, sogar den schönen Namen *Hospice de l'Egalité.*

Als jedoch mit dem großzügigen Neubau des *Hôpital St. André* in Bordeaux (1825–1829) auf Empfehlungen der *Académie Royale des Sciences* und des alten Regimes zurückgegriffen wurde, zeigte sich sofort, zu welchen Höchstleistungen Frankreich fähig war. Man errichtete dort ganz folgerichtig und vernünftig einzeln stehende parallele Krankensäle, die rechtwinklig von zwei Verbindungsbauten wie die Zinken zweier Kämme abgingen. Damit war eine Lösung gefunden, die bald alles in Mitteleuropa in den Schatten stellte und für die französisch sprechende Welt bis zum Jahrhundertende verbindlich blieb.

Orléans errichtete sein neues Hôtel-Dieu (1831) nach diesem Prinzip. Schließlich folgte auch Paris, wo mit dem *Hôpital Lariboisière* (1846–1854) die prunkvolle Verwirklichung des typisch französischen, kammförmigen ›Pavillonsystems‹ gelang. Endlich konnte nun auch die längst gebotene Beseitigung des alten Hôtel-Dieu in Angriff genommen werden. Es entstand auf der anderen Seite der Kathedrale auf der Seineinsel in neuen Formen. Die 1866 begonnenen Arbeiten sind jedoch durch den Krieg 1870/71 noch einmal verzögert worden.

Die weitere Verbreitung des Typus Lariboisière in Lille und Troyes, in Montpellier und Brüssel, ja sogar im südspanischen Malaga kann hier nur angedeutet werden.

Die fieberhafte Hospitalbautätigkeit in England ließ neben zahllosen *infirmaries* und Allgemein-Krankenhäusern auffallend früh Behandlungsstätten entstehen, die für besondere Krankheiten reserviert waren. Neben den *lying-in hospitals* für Frauen und den Kinderhospitälern, den typischen *eye and ear clinics* und den orthopädischen Krankenhäusern sowie den Hospitälern für Geschlechtskranke ragen in London noch rein nationale Gründungen wie das *German Hospital* oder das *Ospedale Italiano* hervor.

Neue Impulse verdankten die britischen Krankenhäuser vor allem verbesserten Pflegegemeinschaften, die von Florence Nightingale nach dem Vorbild der Kaiserswerther Diakonissen eingeführt worden sind. Neben der *Infirmary* in Blackburn (1859–1865) ist vor allem das *St. Thomas Hospital* in London (1866–1871) und die *General Infirmary* in Leeds

(1868–1870) zu nennen. In all diesen Neubauten findet man parallele, für sich stehende Flügel, die durch Korridore miteinander verbunden sind und damit das französische Pavillonsystem weiter abwandeln. Auf andere Krankenhausneubauten des 19. Jahrhunderts in St. Petersburg und in Rom, in Kopenhagen und Madrid, in Istanbul und Nagasaki soll hier nur noch zusammenfassend hingewiesen werden.

Die Irrenanstalten und die psychiatrischen Kliniken des 19. Jahrhunderts können so wenig wie die allgemeinen Krankenhäuser summarisch dargestellt werden. Vielleicht ist die Unüberschaubarkeit dieser besonderen Einrichtungen für Geisteskranke sogar noch größer. Denn viele Länder sind ganz verschiedene Wege gegangen, so daß man sie einzeln abhandeln müßte, wenn nicht alle Entwicklungen gleichzeitig abgelaufen wären.

Wer das vielschichtige Gewebe der Historie der Irrenanstalten nicht ganz zerreißen will, wird deshalb stets von England nach Frankreich und von Österreich in die Schweiz springen müssen. Gleichzeitig ist aber auch die Entwicklung der Psychiatrie und der Ausbildungsstätten der Irrenärzte ebenso in den Blick zu nehmen, wie die Geschichte der verwaltenden Körperschaften, die sich berufen fühlten, den Geisteskranken zu helfen.

Dabei treten die Kirchen und die Städte vorübergehend zurück. Als aber auch der Staat die Last der Irrenfürsorge nicht mehr alleine tragen konnte, waren doch wieder privat-kommerzielle und kirchlich-konfessionelle Anstaltsgründer als Helfer willkommen. Die Psychiatrischen Kliniken der Medizinischen Fakultäten konnten damals das bereits verlorene Ausbildungs-Monopol zusammen mit dem umfassenden Forschungsanspruch den Hochschulen zurückgewinnen.

Die Neuerungen begannen wieder in England, wo in den Jahrzehnten vor 1800 ein (später bald unverständlicher) therapeutischer Optimismus entstand. Man meinte, den Narren zuverlässig und dauerhaft heilen zu können, und zwar durch die Anwendung seelischer Methoden, die absichtlich nicht am Körper des Patienten ansetzten. Dennoch sprach niemand von Therapie und Behandlung *(treatment)*, sondern von *moral management*. Francis Willis in Greatford in Lincolnshire und Samuel Tuke in der frühen Quäker-Anstalt *Retreat* bei York, aber auch Jeremy Bentham, der Erfinder des kuriosen Beobachtungshauses *Panopticon*, riefen mit ihren neuen Begriffen auch eine ansteckende Zuversicht des Heilen-Könnens hervor, die bald von der Insel auf den Kontinent hinübergriff.

In Frankreich gehörte Philippe Pinel während der Revolution zu den ersten, die in Paris versucht haben, durch eine *traitement moral et philosophique* zu helfen und wenn möglich zu heilen. Der eigentliche Begründer und Organisator der französischen Irrenanstalten ist jedoch Jean Etienne Dominique Esquirol. Er war es, der die Impulse seines Lehrers Pinel aufnahm und zusammen mit seinen zahlreichen Schülern, die um 1850 überall als Anstaltsdirektoren nachweisbar sind, das Los der Irren entscheidend gebessert hat.

Durch ihn wurden in Paris im Bicêtre wie in der Salpêtrière die ersten Behandlungsabteilungen für geisteskranke Patienten erprobt und soweit verbessert, daß sie als neuer Typus im ganzen Land anwendbar waren. Während noch vor der Revolution einzelne Ärzte wie Jean Colombier (1785) oder Jacques René Tenon (1788) Irre immerhin für heilbar hielten und

Behandlungsabteilungen vorschlugen, hat man sich dennoch von den alten Zellen nicht zu lösen vermocht. Auch Esquirol knüpfte zunächst an der Hinterlassenschaft des *Ancien Régime* an, begnügte sich aber nicht mit den Entlüftungsgewölben, die Charles François Viel (1786) noch begonnen hatte, sondern entwickelte mit dem *carré isolé* um 1820 eine grundsätzlich neue Behandlungseinheit.

Die Grundidee schien einfach und einleuchtend zu sein. Esquirol war Südfranzose und von Jugend auf gewöhnt, die heißen Sommer des Midi im kühlen Innenhof des Hauses zu verbringen, wo ein Springbrunnen plätscherte, wo grüne Pflanzen und ein schläfriger Hund auch schwierige Stunden angenehm zerrinnen ließen. Eine solche Umgebung konnte allein schon als psychisches Kurmittel gelten.

Ein rechteckiges Stück Wiese war für ein paar Patienten groß genug. Im Westen und möglichst auch im Osten sollten nur Gitter für einen partiellen Abschluß sorgen, teils um den Wind hereinzulassen, teils um etwas Ausblick in die Welt zu haben. Die Nord- und Südseite konnte durch eine offene Säulenhalle geschmückt werden, die als Maskierung der dahinterliegenden Zellen gute Dienste leistete. Es war bezeichnend für Esquirol, daß er an der Rückseite dieser Reihen gleichgroßer Irrenzellen einen äußeren Gang errichten ließ, von dem er im Notfall durch eine zweite Tür zum Patienten gelangen konnte.

Die beiden ersten derartigen *carrés isolés* (1822, 1824) wurden im Hôpital de Bicêtre in Paris errichtet und bewährten sich so gut, daß zwei weitere beim alten Asyl in Charenton (1823) begonnen wurden. Nachdem Esquirol (1826) dort *médecin en chef* (aber nicht Chefarzt) geworden war, setzte er im Lauf der kommenden Jahre die Errichtung weiterer Irrenhöfe durch, so daß schließlich auf zwei Terrassen am Südhang nicht weniger als 16 *carrés isolés* bereitstanden. Sie waren reserviert für Frauen (rechts) und Männer (links) des Eingangs, für *Monomaniaques, Agités, Epileptiques, Paralytiques, Gateux et Mélancholiques.* Mit anderen Worten: Die rationalistisch-analytische Einteilung nach den damals möglichen Diagnosen blieb wie bei Pinel das Entscheidende. Die fragwürdige deutsche Trennung in Heilbare und Unheilbare war zumindest für den Augenblick vermieden.

Andere Esquirol-Schüler haben *carrés isolés* errichtet in Rouen (1821–1827) und in Montpellier (1821, 1823), in Avignon und in Aix-en-Provence sowie an vielen anderen Orten. Typologisch betrachtet sind diese Behandlungsabteilungen ganz verschiedenen Hospitälern hinzugefügt worden. Man findet sie am ehemaligen *Hôpital général,* am ehemaligen *Dépôt de mendicité*, an ehemaligen Klöstern, vor allem der Barmherzigen Brüder. Oder sie wurden als neuer Reis in jungfräuliche Erde gepflanzt. Wie sehr bald alles ins Kraut schoß, zeigt das berühmte *lois de trente-huit,* das Irrengesetz von 1838, das wieder der halb erpresserischen Agitation des Esquirol und seiner Schüler zu verdanken war. Es verlangte von jedem der damals etwa 90 *Départements* die Eröffnung von mindestens einem *Asyle départemental.*

Keiner Ärzte-Clique ist es seither jemals wieder gelungen, innerhalb so kurzer Zeit den öffentlichen Kassen soviel Geld für die armen Kranken zu entnehmen. Pinel hatte die Tür zu den therapeutischen Gefilden nur aufgeschlossen. Esquirol und seine Schüler dagegen führten ihre Patienten in schloßartige und brandneue Anstalten, die heute noch inmitten weitläufiger Parkanlagen vergessen vor sich hin träumen.

Denn der große therapeutische Erfolg blieb aus. Gewiß ist damals vieles erstmals beobachtet worden. Gewiß hat der Elan des Helfenwollens alle Möglichkeiten ergriffen bis hin zu den alten Rauschgiften, die damals gezielt erprobt worden sind. Dann aber versandete die französische Psychiatrie um 1870 beängstigend schnell.

In den deutschen Staaten ist die erste *Psychische Heilanstalt für Geisteskranke* in Bayreuth (1805) eröffnet worden. Auch dies war kein Zufall. Ansbach und Bayreuth waren (1769) vereinigt und dann (1791) an Preußen abgetreten worden. Jedes Gebiet der Markgrafschaft hatte sein eigenes Zucht- und Tollhaus. Der spätere preußische Staatskanzler Karl August von Hardenberg berief als aufgeklärter Verwaltungsfachmann den Arzt Johann Gottfried Langermann und übertrug ihm die Aufgabe, alle möglicherweise Heilbaren in Bayreuth zu vereinigen, die hoffnungslosen Fälle jedoch nach Ansbach abzuschieben. Ohne große Ausgaben sollten so die Humanität angehoben und die Kosten gesenkt werden.

Dies schien auch durchaus zu gelingen. Aber leider besetzten schon bald (1807) französische Truppen die Stadt; und 1810 mußte Bayreuth ohnehin an Bayern abgegeben werden. Langermann selbst übernahm in Berlin die Leitung des preußischen Medizinalwesens und konnte so ›auf höherer Ebene‹ die Idee der Irren-Heilanstalt fördern. Die Gründungen in Siegburg (1825) am Rhein und in Leubus (1830) in Schlesien gehen nachweislich auf seinen Einfluß zurück. Zu diesen Häusern gehörten bald die weitabliegenden Pflegeanstalten in Andernach (1835) und Plagwitz (1826).

Nur an einer Stelle war in den deutschen Staaten vermutlich durch Zufall die Heilanstalt am gleichen Ort wie die Pflegeanstalt entstanden, nämlich in Hildesheim (1827 und 1833). Die Vorteile lagen auf der Hand und mögen damals noch überzeugender gewesen sein, denn der Transport der oft halbgefesselten Patienten von einem Haus zum anderen mit der Kutsche, noch ohne Eisenbahn, war stets gefährlich. Auch anderswo hatte sich das Kombinat der getrennten Heil- und Pflegeanstalt kaum bewährt. Die sächsische Musterheilanstalt Sonnenstein, 1811 als zweite in Deutschland eröffnet, hatte ihre erfolglos Therapierten nach Colditz (1829) abzugeben. Und im Königreich Württemberg reiste man von der Heilanstalt Winnenthal zur Pflegeanstalt Zwiefalten (1834) durch das halbe Land.

So war es naheliegend, eine Vereinigung zur »relativ verbundenen Heil- und Pflegeanstalt« vorzuschlagen. Das Verdienst, diesen Umbruch eingeleitet zu haben, gebührte dem damals 29jährigen Assistenzarzt Christian Friedrich Wilhelm Roller, der in Heidelberg wirkend seine grundlegende Untersuchung über »Die Irrenanstalt in allen ihren Beziehungen« veröffentlichte (1831).

Während der Auflösung des alten Waisen-, Toll-, Kranken-, Zucht- und Arbeitshauses von Baden-Durlach in Pforzheim (seit 1714) in seine Bestandteile, hatte man 1826 alle – heilbaren und unheilbaren – Geisteskranken nach Heidelberg gebracht, obwohl Franz Joseph Gall, der Phrenologe aus dem badischen Tiefenbronn in einem Gutachten bereits Freiburg vorgeschlagen hatte. Auf jeden Fall sollte nun klinischer Unterricht erteilt werden.

Der Streit, ob dazu der Anstaltsdirektor und sein Assistenzarzt ohne Zustimmung der Medizinischen Fakultät berechtigt sei oder ob die Anstaltsdirektion sich einen Hochschullehrer aufzwingen lassen müsse, verdarb schließlich alles. Schon damals entschieden die besseren Beziehungen zum Ministerium. Die Fakultät erklärte Roller für nicht geeignet, da er sich nie habilitiert und nicht einmal eine Doktorarbeit vorgelegt habe. Roller dagegen sprach der Hochschule jede psychiatrische Urteilsfähigkeit grundsätzlich ab, da sie über keinen Anstaltsarzt verfüge und setzte schließlich durch, daß eine neue Irrenanstalt genau in der Mitte zwischen Heidelberg und Freiburg errichtet wurde. So entstand die *Illenau* bei Achern.

Dort, wo die »Früchte einer südlichen Zone reifen und liebliche Parthien mit romantischen um den Vorrang streiten, am Fuße des sanft ansteigenden, majestätischen« Schwarzwaldes, »hochbegünstigt von einer gütigen Natur« sollte sich die Anstalt auf einer »Au« ausbreiten, die die Ill freundlich durchmurmelte. Die gefühlvolle Schilderung der Natur als Heilmittel und die Wortschöpfung *Illenau* als Psychotherapeutikum dürfen nicht vergessen lassen, daß hinter allem ein unüberwindbarer Haß auf Studenten und Professoren stand. Wenn später zwischen Anstaltspsychiatrie und Hochschulpsychiatrie jener verhängnisvolle Riß hindurchging, dann war dies auch eine Folge der grundsätzlichen Überzeugungen von C.F.W. Roller.

Auch die Illenau ist ein heimliches *retreat* gewesen. Nichts sollte an Familie, Freunde und Berufsleben erinnern, die nach der Meinung von Roller oft die Ursache aller Geistesverwirrung und aller krankhaften Traurigkeit zu sein schien. Fremdländisch redende Wärter, unbekannte Ärzte und eine ins Paradiesisch-Exotische verfremdete Natur sollten für kurze Zeit totales Vergessen und dadurch die Heilung bewirken können. Verstand und Gemüt mußten ruhiggestellt werden, so wie Zwangsjacken das motorische Entladungsbedürfnis bremsten.

Wenn Besucher und Studenten nicht zu jeder Stunde des Tages kommen konnten, dann war dies eine Folge der therapeutischen Methodik. Nur ausnahmsweise wurde dieses Prinzip durchbrochen. Vor allem hat man es in der Illenau meisterhaft verstanden, den Großherzog von Baden zu jedem Jubiläum mit großem Gefolge ins Haus zu ziehen. Gewiß wurde dann die Einsamkeit zerrissen, aber aus Finanzerwägungen schien gerade dies im Interesse der Patienten geboten zu sein.

Ausländischen Fürsten und Regierungsbeamten, Zeitungsredakteuren, vor allem aber durchreisenden Irrenärzten hat man die Illenau immer gerne gezeigt. Roller tat alles publizistisch nur mögliche, um die Musteranstalt bekanntzumachen, die zunächst ja nur er verwirklichen konnte.

In Fachkreisen strahlte sein Ruhm weit über die Landesgrenzen hinaus. Irrenärzte aus allen Weltgegenden besuchten die Illenau. Franzosen und Engländer, Schweizer und Spanier lobten das Haus. Amerikaner kamen ein zweites Mal nach Europa, um Roller zu sehen. Seine Schüler waren schließlich über ganz Europa verbreitet bis nach Rußland hinein. Wenn Deutschland überhaupt einmal die Welt irrenärztlich belehrt hat, so wie dies Esquirol in Paris und Tuke in York getan hatten, dann war es in den Jahren nach der Gründung der Illenau.

Die ›relativ verbundenen Heil- und Pflegeanstalten‹ sind fast immer leicht an ihrem imaginären Achsenkreuz zu erkennen. Durch den Eingangsweg sind Frauen und Männer getrennt. Eine auf dieser Richtung stehende Senkrechte bildete die Grenze zwischen den Heilanstalten und den beiden Pflegeanstalten. Die überragende Rolle, die dem Direktor bei der Durchführung der ›psychischen Kurmethode‹ zukam, findet ihren architektonischen Ausdruck in seiner herrschaftlichen Villa, die gerne in der Mittelachse der Hauptfront plaziert wurde. Gemeinsame Einrichtungen minderer Bedeutung wie die Kirche und die Küche lagen weiter hinten in der Mitte. Dort findet man auch oft die landwirtschaftlichen Gebäude und die Wäscherei. Die ›Tobabteilungen‹ für unruhige Patienten hatten ihren Platz in den älteren Gründungen zwischen den Heil- und Pflegeanstalten, um so schneller erreichbar zu sein. Später sind sie wegen des Lärms möglichst hinten im Areal etwas abgerückt errichtet und gelegentlich aus Sicherheitsgründen wie ein Gefängnis zusätzlich ummauert worden.

Unter solchen Gesichtspunkten ist zunächst das Projekt von Roller und Voss (1831) zu betrachten. Die drei ersten Neubauten bilden eine Gruppe für sich. Dazu gehören außer der Illenau (1837–1842) die Anstalten in Eichberg (1840–1849) und in Halle-Nietleben (um 1837–1842). Von den späteren Gründungen seien Schwetz (1848–1855) und Allenberg (1852) als die wichtigsten genannt.

Der Angriff auf die gemischten, getrennten und relativ verbundenen deutschen Heil- und Pflegeanstalten erfolgte von zwei Seiten. Zuerst haben die Vertreter des aus England importierten *no restraint system* einen völligen Verzicht auf jeden mechanischen Zwang gefordert. Vor allem Ludwig Meyer und Wilhelm Griesinger verlangten, gestützt auf die Erfahrungen von Gardiner Hill und John Conolly, *the total abolition of restraint.* Dies bedeutete: Abschaffung der Zwangsjacken, die Pinel erst vor wenigen Jahrzehnten auf dem Kontinent eingeführt hatte, Verzicht auf Zwangsstühle und auf Zwangsstehen sowie auf alle Fesselungen und Behinderungen der körperlichen Bewegungsfreiheit. Dies sollte vor allem gerade dann aufgegeben werden, wenn ein Tobsuchtsanfall jene Mittel als letzte Zuflucht erscheinen ließ.

Nur wenige dieser Reformen sind noch vom alten Roller und seinen Schülern durchgeführt worden. Die deutsche Anstalt erwies sich in diesem Punkt nur als begrenzt anpassungsfähig. Als jedoch Griesinger ›Stadtasyle‹ forderte und schließlich auf die Einsamkeitstherapie in den Großanstalten verzichten wollte, als er die Auflösung der soeben erst vollendeten Irrenhäuser vorschlug, wurde die Kluft unüberbrückbar. Weder von der Roller-Schule noch von den Regierungen, die ja mit großer Mühe und gewaltigen Mitteln die Anstaltspsychiatrie geschaffen hatten, konnte sinnvollerweise erwartet werden, daß sie Institutionen aufgeben würden, die sich gerade erst zu bewähren begannen.

Der zweite Angriff auf die deutsche Heil- und Pflegeanstalt erfolgte durch die alten Gegner in den Medizinischen Fakultäten der Hochschulen. Dabei ging es nicht so sehr um ein Ausbildungsmonopol, denn die Anstalten hatten fast überall nur Studenten nach dem Abschlußexamen angenommen. Vielmehr forderten die Professoren Unterricht am Krankenbett oder an Patienten, die am Hochschulort der Unterweisung zur Verfügung stehen sollten. Seit Beginn des Jahrhunderts war man über sporadische, meist theoretische Vorlesungen nicht hinausgekommen.

So lag es nahe, sich mit den Anhängern des *no restraint* zu verbünden. Als Griesinger einen Lehrstuhl in Berlin (1865) und Meyer einen Ruf als Hochschullehrer nach Göttingen (1866) erhielten, trat der Kampf in eine neue Phase. In vielen Universitätsstädten entwickelte sich eine neue Form der Personalunion und Ämterhäufung, weil Professoren der Psychiatrie gleichzeitig Direktoren staatlicher Irrenanstalten wurden.

Auch in der Schweiz beschritt man diesen Weg. Viele der dortigen Neubauten lagen am Rande von Hochschulorten. Hier sei nur an die Anstalten in Bern-Waldau (1849–1855), Zürich-Burghölzli (1865–1870) oder später an Basel-Friedmatt (1884–1886) erinnert, alles Häuser, die nicht als Universitätskliniken gegründet wurden.

Auch in Baden vermochte man sich der neuen Entwicklungsrichtung auf die Dauer nicht zu widersetzen. Bereits der Nachfolger von Roller in der Illenau stimmte zu, als die ersten ›Irrenkliniken‹ in Heidelberg (1878) und in Freiburg (1887) eröffnet wurden.

Anders als in Westdeutschland oder in der Schweiz vollzog sich die Entwicklung der Irrenanstalten in Österreich und in Bayern. Mit der Eröffnung des Narrenthurms hinter dem Allgemeinen Krankenhaus in Wien (1784) hatte Joseph II. eine zwar vorbildlich sichere und gut gelüftete Anstalt für besonders gefährliche Patienten geschaffen. Sie hatte jedoch den schweren Nachteil, für die Anwendung der psychischen Kurmethode gänzlich ungeeignet zu sein. Analoge Irrenabteilungen, die in den folgenden Jahren an anderen Allgemeinen Krankenhäusern entstanden, erwiesen sich bald als ebenso unbrauchbar. Hier ist nicht nur Prag (1790) zu nennen, sondern ebenso Brünn, Graz, Laibach.

Erst die Neugründungen in Ybbs (1817), Prag (1822) und in Hall (1830) versuchten eine zielstrebige Therapie. Der entscheidende Durchbruch erfolgte dann in beiden Donauländern fast gleichzeitig, als in Prag die *K.u.K. Irrenanstalt* (1846) und in Erlangen (1846) ein panoptischer Neubau eröffnet werden konnten.

Ihre Direktoren sind später in die Hauptstädte gerufen worden, um als bewährte Anstaltsfachleute die Wende im ganzen Land zu bewirken. So holte man Joseph Riedel (1853) nach Wien und August Solbrig (1859) nach München und beauftragte sie, dort Musteranstalten zu schaffen. In Bayern entstanden nach der Jahrhundertmitte die vorbildlichen Neubauten in Klingenmünster in der Pfalz (1857), Deggendorf (1869) und Bayreuth (1870), Anstalten denen in Österreich Ybbs (1860), Linz-Niedernhart (1867), Kosmanos (1869) und Graz-Feldhof (1872) entsprachen.

All diese Häuser folgten in abgewandelter Form noch immer der Illenau. Zwei- und dreistöckige Bauten waren fest aneinander gefügt, symmetrisch um ein zentrales Feld mit der Kirche in der Mittelachse gelegt.

Erst nach 1880 entstand im Deutschen Reich wie in der Donaumonarchie der neue ›koloniale Anstaltstyp‹ im Sinne von Alt-Scherbitz. Die Neubauten in Gabersee (1883) in Bayern und Dobrzan (1883) in Österreich sind hier hervorragende Beispiele. Ihre einzeln stehenden Häuser lagen weit zerstreut in riesigen Gärten unter oft exotischen Bäumen. Dahinter aber dehnten sich weite Felder für die Arbeitstherapie. Die riesige Stadt der Geisteskranken in Wien-Steinhof (1904–1907), im Jugendstil erbaut, markierte den Endpunkt einer langen Entwicklung.

Zum Abschluß seien noch einige Anstalten der britischen Inseln genannt: In Glasgow (1810–1814) errichtete William Stark das *Royal Asylum for Lunatics*, das ebenso nach panoptischen Prinzipien errichtet war wie die Anstalt in Wakefield (1815–1818). Das dritte Bethlem Hospital in London (1812–1815), die Anstalt in Hanwell bei London (1831) und die riesigen Irrenhausbauten in Exeter (1832–1845) gehören zu den hervorragendsten Behandlungsstätten für Geisteskranke in diesem Land.

Für Italien sei die *Reale Casa dei Matti* in Palermo (1825) und Aversa (1813) hervorgehoben, während in Spanien San Baudilio de Llobregat (1854) zu nennen ist und das *Manicomio Modelo* in Barcelona (1880–1889), das durch Emilio Pi y Molist, den damals wichtigsten Irrenarzt des Landes, geschaffen wurde.

Die Pesthäuser und Quarantänestationen des 19. Jahrhunderts bilden ein besonders faszinierendes Kapitel der Hospital- und Krankenhausgeschichte. Zunächst war die Frage zu klären, welche Krankheiten überhaupt ansteckend seien. Es ist für heutige Betrachter fast unbegreiflich oder mindestens höchst erstaunlich, daß so gefährliche Massenseuchen wie Pest und Cholera, Typhus und Gelbfieber als nicht ansteckend galten. Doch diese Überzeugung war nicht bei allen Ärzten und allen Gesundheitsbeamten der Regierungen zu finden, sondern nur bei den ›Anti-Kontagionisten‹.

Ihnen stand die fast ebenso geschlossene Gruppe der ›Kontagionisten‹ gegenüber, die es für unerläßlich hielten, die Bevölkerung ihres Landes mit Pestgrenzen und teuren Isolierhäusern zu schützen. Sie betonten, daß es keineswegs entbehrlich sei, auf jene Gewaltanwendungen des Staates zu verzichten, die freiheitsliebende Bürger und risikofreudige Fernhändler schwer behinderten.

Der Kampf zwischen den politisch meistens königstreuen und staatsfrommen Kontagionisten einerseits und den oft republikanisch gesinnten Anti-Kontagionisten flammte nach jedem Seuchenzug wieder auf und tobte seit dem Ägyptischen Feldzug von Napoleon (1798) bis fast ans Ende des 19. Jahrhunderts. Jeder Gelbfieberausbruch in Amerika und jede Cholera-Pandemie in den europäischen Ländern (1832, 1848) goß aufs neue Öl ins Feuer, ohne daß die grundsätzlichen Fragen geklärt werden konnten. Selbst Rudolf Virchow, der vielleicht wichtigste Pathologe der Zeit, meinte noch 1868, Pest und Cholera, ja sogar Tuberkulose, seien nicht oder nur in Ausnahmefällen vielleicht von Mensch zu Mensch übertragbar. Erst die Begründung der Bakteriologie durch Louis Pasteur und Robert Koch schuf um 1880 endgültige Klarheit. Wie hartnäckig aber die Verteidigung des anti-kontagionistischen Lagers geführt wurde, zeigt am Ende des Jahrhunderts noch einmal das ›Cholera-Frühstück‹, das der Begründer der modernen Hygiene, Max von Pettenkofer, (1892) in München zu sich nahm, um so durch einen Selbstversuch zu zeigen, was richtig und was falsch sei.

Zum Verständnis der Hospitäler für ansteckende Kranke wäre es wünschenswert gewesen, für jedes einzelne Land und für jedes Jahrzehnt den genauen Frontverlauf zwischen den Gegnern und den Befürwortern der Ansteckungstheorie zu kennen. Doch die Forschungen sind leider noch nicht so weit vorgedrungen.

Für die Zeit nach 1800 sei nur festgehalten, daß dem Kontagionismus der Mekkapilger die Überzeugung napoleonischer Ärzte in Ägypten (1798) gegenüberstand, Pest komme aus Mumien, obwohl sie ihrer republikanischen Tendenz entsprechend oft jede Kontagiosität ablehnten. Während der Gelbfieberepidemie in Philadelphia (1799) war auch der führende amerikanische Quäker-Arzt, Benjamin Rush, als Republikaner und Unterzeichner der Unabhängigkeitserklärung durchaus Anti-Kontagionist. Intensive Beschäftigung mit der Seuche führte jedoch zu seiner ›Bekehrung‹. Die Errichtung eines großen Lazaretto unterhalb von Philadelphia am Delaware beim kleinen Ort Essington mag mit diesem ›Gesinnungswandel‹ in Zusammenhang stehen.

Den umgekehrten Weg aber ging man in England. In diesem traditionell anti-kontagionistischen Staat verhinderte der Liberalismus lange jede Quarantäne-Maßnahme, weil sie den Handel zu sehr geschädigt hätte. Dennoch kam nach endlosen Debatten der Beschluß zustande, in Chetney Hill im Mündungsgebiet der Themse unterhalb von London wenigstens probeweise ein einziges Lazarett zu bauen (1801). Schleppend ausgeführt, wurde das nie eröffnete Haus 1815 auf Abbruch verkauft. Im Jahre 1819 erklärte das *House of Commons* ausdrücklich, Pest sei nicht ansteckend!

Die französische Regierung dagegen blieb auch nach der Revolution von autoritären Kontagionisten durchsetzt. Im Jahre 1804 ließ die *Académie des Beaux Arts* in Paris einen Wettbewerb für den *Prix de Rome* ausschreiben, um so das beste Lazarettprojekt ausfindig zu machen. Die Pläne des Siegers François Debret sind erhalten und zeigen das alte Schema in klassizistischer Steigerung: Im Zentrum eines quadratischen Feldes, umgeben von Bogengängen und Wohnräumen, erhebt sich ein festlicher Rundtempel mit dem von allen Seiten sichtbaren Altar.

Neue Wege wurden jedoch beschritten, nachdem es französischen Kontagionisten gelungen war, 1822 ein strenges Quarantäne-Gesetz verabschieden zu lassen. Fieberhaft wurden an den Grenzen Lazarette errichtet. Wie in den früheren Jahrhunderten so galt auch jetzt Marseille wieder als die wichtigste Stelle. Hier konnte stündlich Pest und Cholera aus den alten Seuchenherden in Asien über die südrussischen, türkischen und ägyptischen Häfen eingeschleppt werden.

Während Seuchenstationen für Marseille bisher stets an der Küste errichtet wurden (rechts oder später links der Einfahrt zum alten Hafen), entschloß man sich nun, die Neubauten auf Inseln zu verlegen. Man wählte dazu die Ile de Ratonneau sowie die direkt neben ihr liegende Ile de Pomergues, die dank einer natürlichen Bucht einen geeigneten *Port de la Quarantaine* bot. Erst später (um 1850) ist durch zwei künstliche Dämme zwischen den Inseln ein neuer größerer Ankerplatz für die Schiffe mit der gelben Flagge geschaffen worden.

Auch der Landverkehr sollte damals geschützt werden. Dies zeigt ein typisches Fernhandelslazarett, das bei Urdos (1822) am Aufstieg zum alten Pyrenäenpaß der Santiago-Pilger am Somport lag. Es wurde vom Baumeister Latapie errichtet, der wenig später ein weiteres Lazarett im Biskaya-Hafen Bayonne (1823) begann.

Als Seuchenstation für Bordeaux entstand damals (1822) das *Lazaret provisoire Marie Therèse* in Trompeloup nördlich von Pauillac am linken Ufer der Gironde. In völliger

Einsamkeit findet man dort noch heute stimmungsvoll zerfallende Ruinen. Allseits von Wasser und doppelten Mauern umgeben, lagen die Gebäude einst vorbildlich auf einer sandigen Anhöhe, der Sonne und dem Wind ausgesetzt, abseits größerer Straßen und direkt am Schiffahrtsweg. Der Baumeister Pierre Alexandre Poitevin hatte das quadratische Areal durch zwei T-förmig zueinander liegende Höfe unterteilt. Im Zentrum stand auch hier eine kleine Kirche. Beiderseits der Eingangsachse waren streng symmetrisch fünf schmale *enclos* abgeteilt. Die südlichen dienten den nicht verdächtigen, die nördlichen den verdächtigen Passagieren und Handelswaren. Außerhalb des Quadrats lagen die Kasernen des Wachpersonals und der Friedhof mit einer Abteilung für Nicht-Katholiken.

Die *Académie des Beaux Arts* in Paris hielt es 1829 noch einmal für richtig, den *Grand Prix* für einen Lazarettentwurf zu vergeben. Diesmal wurden Simon Claude Constant-Dufeux und Pierre Joseph Garrez ausgezeichnet. Wieder überwiegen formal-künstlerische Erwägungen, während Fragen des Funktionsablaufs und alle Kostenprobleme zurücktraten: Auf riesigen sechs- und achteckigen, künstlichen Inseln mit drei großen Hafenbecken sollten weitläufige Paläste entstehen, die, wenn überhaupt, nur für wenige Monate benutzt worden wären.

Solchen Projekten hatte es Frankreich zu verdanken, daß die meisten Lazarette im Vorderen Orient von seinen Baumeistern errichtet worden sind. Frédéric Chasserian führte (zwischen 1828 und 1833) in Ägypten, wahrscheinlich in Alexandria, eine Seuchenstation aus. Außerdem hat François Schaal ein Lazarett in Odessa und ein zweites auf der Halbinsel Kertsch errichtet.

Neben den Allgemeinen Krankenhäusern, den Irrenanstalten und Pestlazaretten hat das 19. Jahrhundert eine Fülle anderer Hospitaltypen hervorgebracht oder weiterentwickelt. Diese verwirrenden und immer noch ganz unübersichtlichen Vorgänge können hier leider nur angedeutet werden.

Vieles läßt sich auf dem Hintergrund der Spezialisierung und der Verzweigung in die medizinischen Fachgebiete besser verstehen. An den Hochschulen gab es um 1800 fast überall eine Zweiteilung in die Lehrstühle für Innere Medizin, Pathologie und Therapie einerseits, denen die operativen Professuren für Chirurgie, Augenheilkunde und Geburtshilfe gegenüberstanden. In den Krankenhäusern der Städte und in den Ausbildungs-Kliniken der Hochschulen entsprachen dieser Gliederung die ›Inneren Abteilungen‹ auf der einen Seite, während die ›Äußeren Abteilungen‹ andererseits alle operativ-chirurgischen Aufgaben übernahmen.

Völlig abgetrennt bestand als dritte Einheit die Geburtshilfe, die in den Entbindungsabteilungen gebärunfähige Kindslagen durch eine Wendung in günstigere verändern konnte und außerdem, dank der Zange, über ein Instrument verfügte, das eine rasche Beendigung des Gebärvorgangs bei Gefahr zu erzwingen vermochte. Entsetzliche Kindbettfieber-Epidemien entvölkerten aber um 1830 manches Entbindungshaus und manche Hebammenlehranstalt so sehr, daß erwogen werden mußte, alles zu schließen. Die schlichte Empfehlung des ungarischen Geburtshelfers Ignaz Semmelweis in Wien, doch vor der Untersuchung der

Schwangeren die Hände gründlich zu waschen (1847), brachte die Wende. Fast gleichzeitig wurde die *Curettage,* die heilsame Ausschabung der Gebärmutter, eingeführt (1846). Außerdem konnte man in diesen Jahren erstmals dank der Chloroform-Narkose schmerzlos operieren (1847); und schließlich zeigte der Amerikaner James Marion Sims, daß es sehr wohl möglich war, die Blasen-Scheiden-Fistel zu nähen, wenn man statt mit Zwirn oder Seide mit festem Silberdraht alles zuverlässig zu schließen vermochte (1849). Als dann noch mit der Hormon-Therapie um 1900 Teile der Inneren Medizin in ein primär chirurgisches Fachgebiet hinübergezogen wurden, vereinigten sich die Geburtshilflichen und Gynäkologischen Abteilungen endgültig zur ›Frauenklinik‹.

Inzwischen hatte sich von der Chirurgie die Augenheilkunde und die Ohrenheilkunde abgetrennt, was in England und Amerika zu den dort heute noch beliebten *eye and ear clinics* führte, während in den deutschen Staaten die Augenkliniken neben den Hals-Nasen-Ohren-Kliniken abgetrennt fortbestanden.

Vor allem gliederte sich aber die Chirurgie als solche immer mehr auf, nachdem die Narkose (1847) ein schmerzloses und sehr viel sorgfältigeres Operieren gestattete. Die zweite Säule der modernen Chirurgie wurde durch den schottischen Quäker-Arzt Joseph Lister errichtet, der die Antisepsis begründete. Diese neue keimfeindliche Technik, die sich aber zunächst nur zögernd (nach 1870) durchsetzte, ging gleitend in die Asepsis über (nach 1880), wodurch erstmals keimfrei und extrem sauber und damit ohne Eiterung und Blutvergiftungsgefahr (Sepsis) operiert werden konnte. Fast alle Chirurgischen Kliniken wurden damals neu gebaut und erhielten als auffallende Eigentümlichkeit zwei Operationssäle. Im ersten wurden wie bisher eiternde Wunden behandelt. Im anderen begründete man die Bauchchirurgie, wodurch die ›äußere‹ Heilkunde erstmals in die Tiefe einer Körperhöhle hineinzugreifen vermochte. Außer der Appendektomie, der Wurmfortsatzabtragung bei Blinddarmentzündungen (1848), gelang nun auch dank der überragenden Fähigkeiten des Wiener Arztes Theodor Billroth die Magenresektion, die Entfernung des unheilbar kranken Magens (1867). Die zweite Körperhöhle öffnete noch vor 1900 Ferdinand Sauerbruch, indem er im Brustraum nun auch die Lunge und das Herz mit der Hand und dem Messer heilte und so der Abdominalchirurgie die Thoraxchirurgie zur Seite stellte. Wieder wurde es unumgänglich, viele Chirurgische Krankenhäuser und Universitätskliniken völlig umzubauen.

Eine besonders lehrreiche Entwicklung zeigen die Orthopädischen Heilanstalten, die nach 1800 häufiger gegründet wurden. Fast gleichzeitig entstanden die Kinderkrankenhäuser. Sie blieben aber lange Zeit klein, weil Internisten wie Chirurgen ihre jungen Patienten lieber selbst behandeln wollten. Erst um 1890 gründete man erste Universitäts-Kinderkliniken, nachdem die immer noch viel zu hohe Säuglingssterblichkeit als öffentlicher Skandal empfunden wurde.

Im Rahmen der großen Fachgebiete und ihrer Krankenhäuser entwickelten sich kleinere ärztliche Betätigungsfelder, die sich zunehmend abzusondern vermochten. Dazu gehören die Urologischen Abteilungen für Krankheiten der Nieren und der Harnblase, die kinderchirurgischen Stationen oder die tropenmedizinischen Behandlungsstätten.

Auch für einzelne Krankheiten gab es im 19. Jahrhundert besondere Einrichtungen. Erwähnt seien die Seehospize für skrophulöse Kinder, die am Strand mit Wasser, Sonne und Wind durch eine ›amphibische Lebensweise‹ geheilt werden sollten. Wichtig sind um 1900 auch die zahlreichen Tuberkulose-Sanatorien in den schlesischen Wäldern und im Taunus, im Schwarzwald und im Hochgebirge. Auch hier wurde das Klima, kombiniert mit Ruhe und Überernährung, in der ›Freiluft-Liege-Kur‹ zu einer erfolgreichen Therapie gebündelt, die jedoch über Nacht entbehrlich war, als chemische Arzneimittel um 1950 schneller und billiger zu helfen vermochten.

Hospitäler und Krankenhäuser der letzten Jahrzehnte können aber auch nach ihren Bauformen betrachtet werden. Altertümlichen Dreiflügelanlagen (um 1830) folgten platzfressende Pavillonsysteme (um 1870). Hohe Grundstückspreise erzwangen ›Blockbauten‹ (um 1900), die vor allem in Amerika, dann aber auch in Paris und London zu Hochhäusern und zu ›Wolkenkratzer-Hospitälern‹ (um 1930) führten. Fast gleichzeitig erfand man aber auch den ›Terrassentyp‹ (1926, 1929) und das nach Süden konkav gebogene Haus, das die heilsamen Sonnenstrahlen wie ein Brennspiegel sammeln und nutzen sollte.

Nach dem Zweiten Weltkrieg wurde die Kombination eines schmalen ›Bettenhochhauses‹ mit einem ›Breitfuß-Anbau‹ für die Behandlungsabteilungen sehr beliebt. Dann aber entstanden die ›weißen Elefanten‹, jene riesenhaften Klinik-Kombinate, die kaum noch überblickt, kaum verwaltet und vor allem kaum bezahlt werden konnten. Schon während der Bauzeit gab es erste, fast sprichwörtliche ›AKH-Skandale‹, weil Bestechungsgelder für Großaufträge bezahlt oder Fehlplanungen nicht erkannt wurden. Wenn dann aber nach vielen Jahren endlich eröffnet werden konnte, zeigte sich oft erst zu spät, daß Kies und Lehm die schweren Hospital-Kolosse nicht tragen konnten und daß der ›Hauskeim‹ alle Operationsbemühungen wie um 1830 wieder zunichte machte. Vor allem aber sollte heute die ›alarmierende Kostenexplosion im Gesundheitswesen‹ Anlaß genug sein sich zu überlegen, ob nicht doch die gemütlichen kleinen Hospitäler der erfahrenen alten Ärzte in den meisten Fällen völlig ausreichend sind und deshalb ein günstigeres Preis-Leistungs-Verhältnis zu bieten vermögen.

So betrachtet, lohnt es sich vielleicht sogar, die historischen Krankenhäuser nicht nur zu besuchen und zu studieren, sondern sie sogar zu benutzen. Dies hätte den zusätzlichen Vorteil, daß man wichtige Erbstücke unserer Kultur, die uns heute nur anvertraut sind, einer kommenden Generation weitergeben könnte. Falls aber die großen Seuchen der Vergangenheit in Zukunft vielleicht doch wiederkommen, dann werden viele nicht einfach sterben wollen wie ein Tier bei den Tieren im Walde. Einen guten Tod würde auch dann nur eine einzige Institution zu bieten vermögen: das Hospital.

90 Bristol, St. Peters Hospital. Stich, 19. Jh. ▷

Übersichtskarten der Hospitalgründungen

1. Hospitäler in Italien

in der Reihenfolge ihrer Entstehung

Rom, Herberge am Aesculapius-Tempel, um 300 v. Chr.
Rom, Xenodochium, 399
Tebessa in Tunesien, Herberge an der Pilgerkirche, um 500
Fossanova, Zisterzienser-Infirmarium, um 1100
San Antonio di Ranverso, Ospizio der Antoniter, um 1188
Siena, Ospedale di Santa Maria della Scala, 1250
Florenz, Ospedale di Sante Maria Nuova, 1285–1288

Ragusa, Quarantäne auf der Insel Mrkan, 1377
Florenz, Ospedale di San Matteo, 1385
Lastra a Signa, Ospedale, Loggia, 1411
Florenz, Ospedale degli Innocenti, 1419
Venedig, Lazzaretto Vecchio, 1423
Ferrara, Arcispedale di Santa Anna, 1440
Mailand, Ospedale Maggiore, 1456–1465–1500
Rom, Arcispedale di Santo Spirito, 1473–1477
Mailand, Großer Lazzaretto für Verpestete, 1489–1507

Pistoia, Ospedale del Ceppo, Loggia, 1514
Livorno, Lazzaretto di San Rocco, um 1590
Genua, Albergo dei Poveri, 1635
Rom, Arcispedale di Santo Spirito, 3. Flügel, 1660
Genua, Lazzaretto, 1657 (?)
Turin, Ospedale di San Giovanni Battista, 1680

La Spezia-Varignano, Lazzaretto, 1724–1740
Rom, Ospedale San Gallicano, um 1726
Ancona, Lazzaretto, 1733–1738
Palermo, Albergo dei Poveri, 1746
Neapel, Albergo Reale, 1751
Triest, Lazzaretto di Santa Teresa, 1760–1769
Padua, Ospedale Civile, 1778–1798
Città di Castello, Spedale Unito, 1785

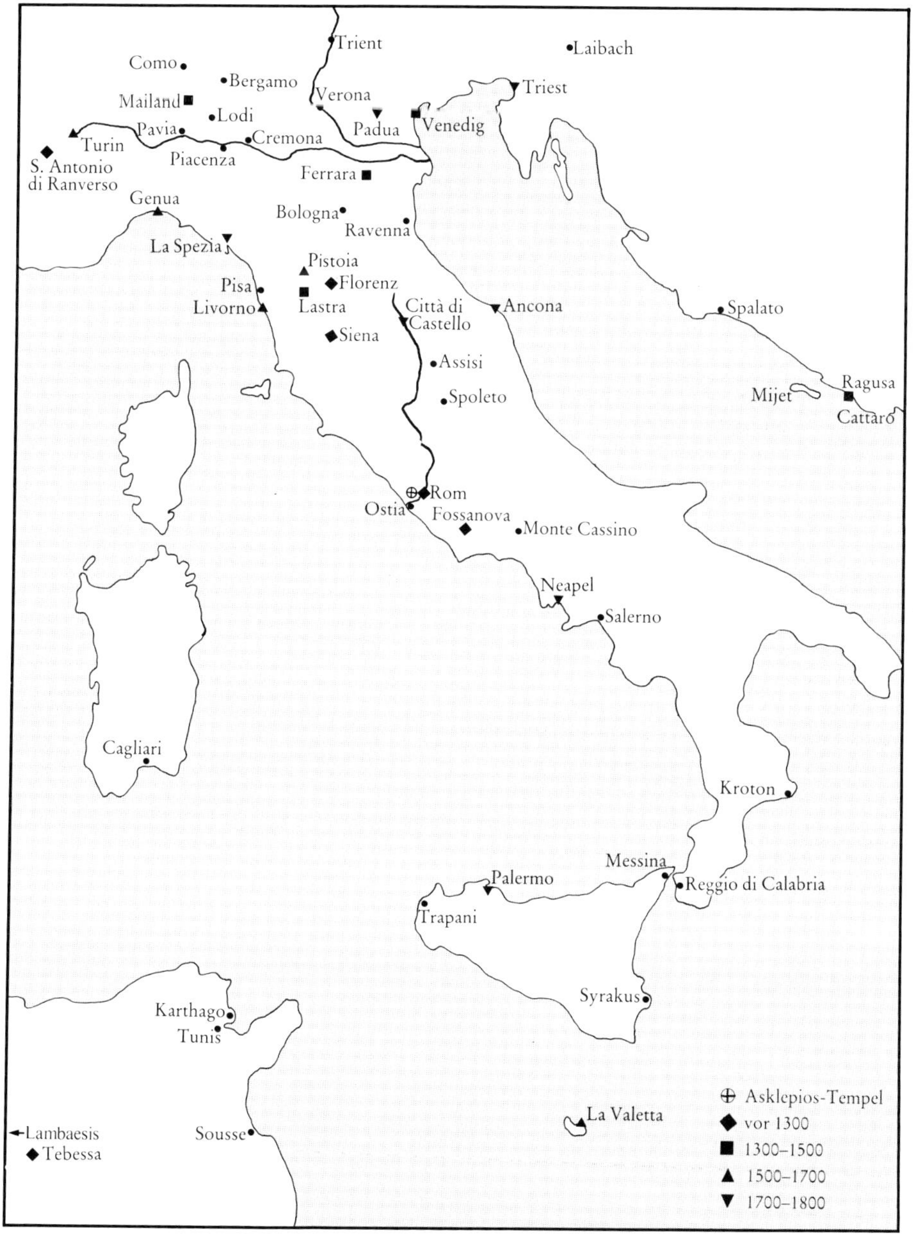
Trient
Laibach
Como
Bergamo
Mailand
Lodi
Verona
Triest
Padua
Venedig
Pavia
Cremona
Turin
S. Antonio
di Ranverso
Piacenza
Ferrara
Genua
Bologna
Ravenna
La Spezia
Pistoia
Florenz
Pisa
Livorno
Lastra
Città di
Castello
Ancona
Spalato
Siena
Assisi
Spoleto
Mijet
Ragusa
Cattaro
Rom
Ostia
Fossanova
Monte Cassino
Neapel
Salerno
Cagliari
Kroton
Messina
Palermo
Reggio di Calabria
Trapani
Syrakus
Karthago
Tunis
La Valetta
Lambaesis
Tebessa
Sousse
Asklepios-Tempel
vor 1300
1300–1500
1500–1700
1700–1800

2. Hospitäler in Spanien und Portugal

in der Reihenfolge ihrer Entstehung

Ampurias, Herberge am Asklepios-Tempel, um 400 v. Chr.
Merida, Xenodochium des Bischofs Masona, nach 589
Poblet, Zisterzienser-Hospitäler, um 1158, um 1375
León, Hospicio de San Marcos, vor 1176
Burgos, Hospital del Rey, 1209

Hospitalet del Infante, Pilgerspital, 1310
Barcelona, Hospital de Santa Cruz, 1401
Valencia, Manicomio, 1409
Guadalupe, Hospedería Real, 1487
Lissabon, Hospital Real de Todos-os-Santos, 1490–1504
Granada, Hospital de la Reina, 1492

Santiago de Compostela, Hospital de los Reyes, 1501–1511
Toledo, Hospital de Santa Cruz, 1504–1514
Granada, Hospital Real, 1511–1522
Benavente, Hospital de la Piedad, 1517
Toledo, Hospital de San Juan Bautista, 1541–1602
Sevilla, Hospital de la Sangre, 1546–1600
Granada, Hospital de San Juan de Dios, 1550
Ubeda, Hospital de Santiago, 1562–1565
Escorial, Hospitäler des Kloster-Palastes, 1563–1581
Cadiz-Santa Maria, Hospital Real de las Galeras, 1587
Medina del Campo, Hospital, 1597–1619
Sevilla, Hospital de la Caridad, 1647

Madrid, Hospicio Real de San Fernando, 1722–1799
Oviedo, Hospicio Provincial, vor 1752
Porto, Hospital de Santo António, 1770
Lissabon, Hospital Real de São José, 1775
El Ferrol, Projecto Josef Müller, 1789
Toledo, Hospital de Dementes, 1790–1793

Pilgerweg
El Ferrol
Oviedo
Santiago de Compostela
Pajares
Roncevalles
Somport
Pamplona
León
Cebrero
Rabanal
Burgos
Puente l.R
Benavente
Tudela
Braga
Valladolid
Zamora
Zaragoza
Porto
Medina d. C.
Salamanca
Tortosa
Escorial
Coimbra
Madrid
Hospitalet del Infante
Yuste
Toledo
Alcabaca
Guadalupe
Valencia
Merida
Lissabon
Jativa
Montemor-
o-novo
Cordoba
Ubeda
Murcia
Cartagena
Sevilla
Granada
Sanlucar d. B.
Malaga
Cádiz
Tanger
Ceuta
Tetuan
Rabat
Fez
Meknes
Perpignan
Seo d. U.
Ampurias
Gerona
Lerida
Santes Creus
Poblet
Barcelona
Tarragona
Tortosa
Palma
Mahón
⊕ Asklepios-Tempel
◆ vor 1300
■ 1300–1500
▲ 1500–1700
▼ 1700–1800

3. Hospitäler in Frankreich, Belgien und den Niederlanden

in der Reihenfolge ihrer Entstehung

Arles, Xenodochium des Bischofs Caesarius, um 500
Cluny, Hospitäler des Reform-Klosters, 910–1132
Angers, Hôpital St. Jean des Königs von England, 1175–1180
Brügge, Sint Jans Hospital, vor 1181
Paris, Hôtel-Dieu an der Kathedrale, 1195
Issoudun, Hôtel-Dieu, 1207
Ourscamp, Zisterzienser-Infirmarium, um 1210
Paris, Hospice des Quinze-Vingts für 300 blinde Ritter, um 1226
Gent, Biloke, 1228
Tonnerre, Hospital der Königin von Jerusalem, 1293–1295

Delft, St. Joris Gasthuis, 1407
Beaune, Hôtel-Dieu des Kanzlers von Burgund, 1443–1451

Utrecht, Gasthuis Leeuwenberch, 1562
Amsterdam, Doll-Huys, 1562 und 1592
Dijon, Hôpital du St. Esprit, Grande Salle, 1595
Paris, Hôpital St. Louis, 1607–1612
Lyon, Hôpital Général de la Charité, 1619
Amsterdam, Pest-Huys (später Buiten Gast-Huys), 1630
Paris, Hôpital des Incurables, 1635–1649
Marseille, Hôpital Général de la Charité, 1641
Bayonne, Hôpital Militaire, 1644
Rouen, Hôpital St. Louis et St. Roch, 1654
Paris, Hôpital Général: Bicêtre et Salpêtrière, 1656
Leiden, Pest-Huys, 1658–1662
Den Haag, Hofje van Nieuwkoop, 1661
Paris, Hôtel Royal des Invalides, 1670–1676

Versailles, Hôtel-Dieu, 1720 und 1859
Lyon, Hôtel-Dieu, Rhône-Flügel, 1737–1751
Avignon, Hôtel-Dieu, 1754
Mâcon, Hôtel-Dieu, 1761–1770

Hoorn
Marssum
Amsterdam
Leiden
Utrecht
Den Haag
Delft
Zaltbommel
London
Antwerpen
Canterbury
Brügge
Geel
Hastings
Gent
Köln
Ypern
Aachen
Brüssel
Inden
Lille
Valenciennes
Cambrai
Laon
Cherbourg
Amiens
Charleville
La Hogue
Rouen
Ourscamp
Les Andelys
Verdun
Bayeux
Caen
Reims
Metz
Meaux
Falaise
Straßburg
Versailles
Paris
Nancy
Brest
Chartres
Troyes
Laval
Le Mans
Orléans
Villersexel
Langres
Angers
Basel
Tonnerre
Porrentruy
Dijon
Tours
Nantes
Beaune
Issoudun
Fribourg
Lausanne
Cluny
Mâcon
Genf
La Rochelle
Rochefort
Clermont-Ferrand
Lyon
Pons
Le Puy
Bordeaux
Cadillac
Pont St. Esprit
Avignon
Toulouse
Arles
Montpellier
Aix
Bayonne
Aigues-Mortes
Marseille
Toulon
Urdos
Perpignan
vor 1300
1300–1500
1500–1700
1700–1800

4. Hospitäler im deutschen Sprachgebiet

in der Reihenfolge ihrer Entstehung

Vetera bei Xanten, Valetudinarium im Römerlager, um 70
St. Gallen, Hospitäler im Klosterplan, um 820
Eberbach, Zisterzienser-Infirmarium, um 1220
Lübeck, Heiligen-Geist-Hospital der Hansestadt, vor 1287
Lübeck-Gronau, Leproserie St. Jürgen, vor 1300

Basel, Leproserie St. Jakob an der Birs, 1319
Goslar, Großes Heiliges Kreuz Hospital, 1326
Salzburg, Bürgerspital der Bischofsstadt, 1327–1350
Nürnberg, Heilig Geist Hospital, 1332
Braunau, Bürgerspital, 1417
Bernkastel-Kues, Nikolausspital des Kardinals, 1451–1458

Hofheim und Haina, Hohe Hessische Landeshospitäler, 1535
Nürnberg, Pesthaus St. Sebastian, 1554
Salzburg, Bürgerspital, Arkadenflügel, 1556–1562
Würzburg, Juliusspital, 1576–1580
München, Herzogsspital, um 1601 und 1625
Graz, Spital der Barmherzigen Brüder, 1614
Augsburg, Heilig Geist Spital, 1625–1630
Salzburg, Johannspital, 1692–1705
Wien, Großes Armenhaus, 1693
Berlin, Großes Friedrichs Hospital, 1697–1702

Würzburg, Juliusspital, Nordflügel, 1700–1714
Celle, Zucht-, Werk- und Tollhaus, 1710–1732
Berlin, Großes Lazareth (später *Charité* genannt), 1710
Budapest, Kaiserl. Invalidenhaus, 1716–1728
Bern, Inselspital, 1718–1724
Münster, Clemenshospital, 1745–1753
Berlin, Kgl. Invaliden-Haus, 1746–1748
Ludwigsburg, Doll-Hauss, 1746–1749
Frankfurt, Senckenbergisches Bürgerhospital, 1771

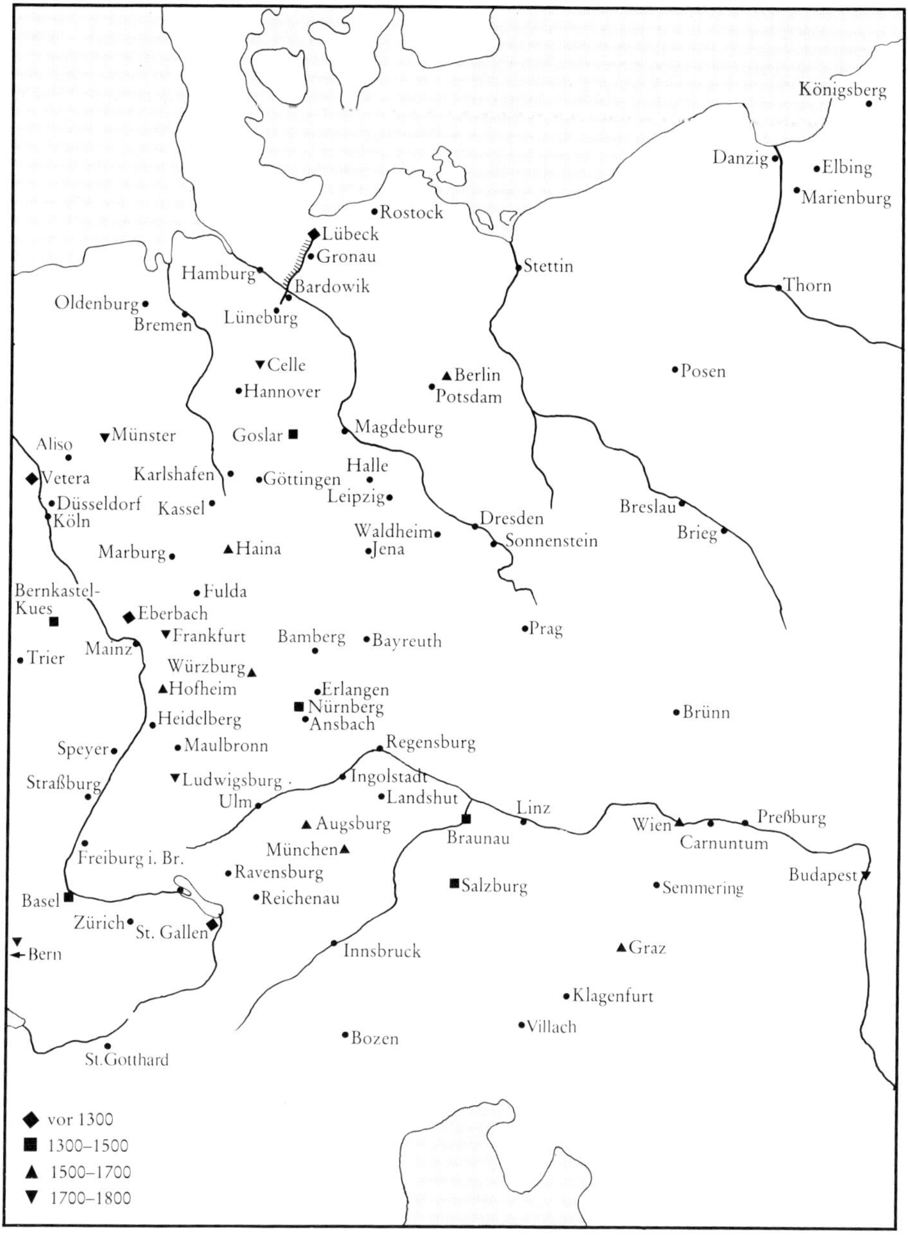
Königsberg
Danzig
Elbing
Marienburg
Rostock
Lübeck
Gronau
Stettin
Thorn
Hamburg
Bardowik
Oldenburg
Bremen
Lüneburg
Celle
Berlin
Potsdam
Posen
Hannover
Magdeburg
Aliso
Münster
Goslar
Halle
Vetera
Karlshafen
Göttingen
Leipzig
Düsseldorf
Kassel
Köln
Dresden
Breslau
Waldheim
Sonnenstein
Brieg
Marburg
Haina
Jena
Bernkastel-Kues
Fulda
Eberbach
Frankfurt
Bamberg
Bayreuth
Prag
Mainz
Trier
Würzburg
Hofheim
Erlangen
Nürnberg
Ansbach
Brünn
Heidelberg
Maulbronn
Regensburg
Speyer
Straßburg
Ludwigsburg
Ingolstadt
Landshut
Ulm
Augsburg
Braunau
Linz
Wien
Carnuntum
Preßburg
Freiburg i. Br.
München
Ravensburg
Salzburg
Semmering
Budapest
Basel
Reichenau
Zürich
St. Gallen
Bern
Innsbruck
Graz
Klagenfurt
Villach
Bozen
St.Gotthard
vor 1300
1300–1500
1500–1700
1700–1800

5. Hospitäler auf den Britischen Inseln und in Skandinavien

in der Reihenfolge ihrer Entstehung

Canterbury-Harbledown, Leproserie St. Nicholas, 1084
Fountains Abbey, Zisterzienser-Infirmarium, nach 1132
Torphichen, Johanniter-Hospital, vor 1153
Canterbury, Hospitäler des Kathedral-Klosters, 1165
Canterbury, Hospital of St. Thomas, um 1175
Visby auf Gotland, Helgeands-Kyrkan, um 1220
London, Hospital of St. Mary Roncevall, 1229
Chichester, St. Mary's Hospital, nach 1269–1290

Cobham in Kent, Cobham College,1362
Ålborg, Helligands-Klostret, 1431
Ewelme, Almshouse, 1437
Winchester, Hospital of St. Cross, 1445
Abingdon, Christ's Hospital, 1446 und 1553

London, Savoy-Hospital, vor 1517
Coventry, Ford's Hospital, 1529
London, Five Royal Hospitals, 1546 und 1553
East-Grinstead, Sackville College, 1616
London, Zweites Bethlem Hospital, 1675–1676
London, Chelsea Hospital, 1682–1692
London-Greenwich, Royal Hospital for Seamen, 1692–1717
London-Blackheath, Morden College, 1695

London, Guy's Hospital, 1722–1725
London, St. Bartholomew's Hospital, 1730–1769
Edinburgh, Royal Infirmary, 1738–1748
London, Foundling Hospital, vor 1742
Dublin, Rotunda Hospital, 1745
Portsmouth, Royal Naval Hospital at Haslar, 1746–1752
Stockholm, Serafimerlasarettet, 1749
Kopenhagen, Kgl. Frederiks Hospital, 1752–1758
Plymouth, Royal Naval Hospital, 1756–1765

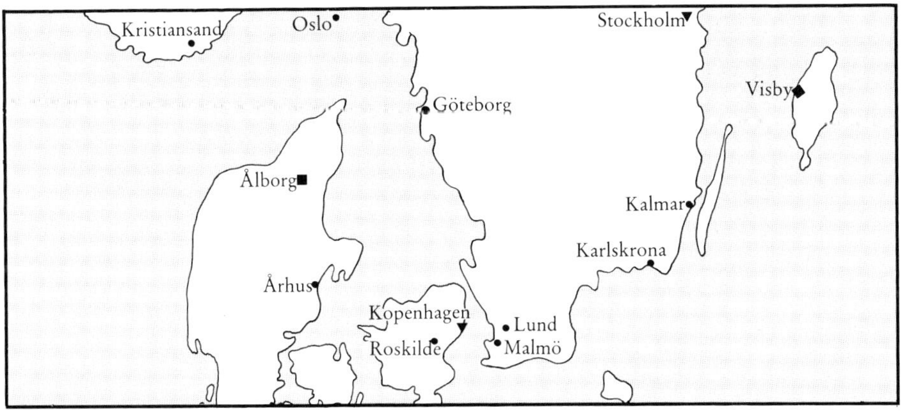
Kristiansand
Oslo
Stockholm
Göteborg
Visby
Ålborg
Kalmar
Karlskrona
Århus
Kopenhagen
Lund
Roskilde
Malmö

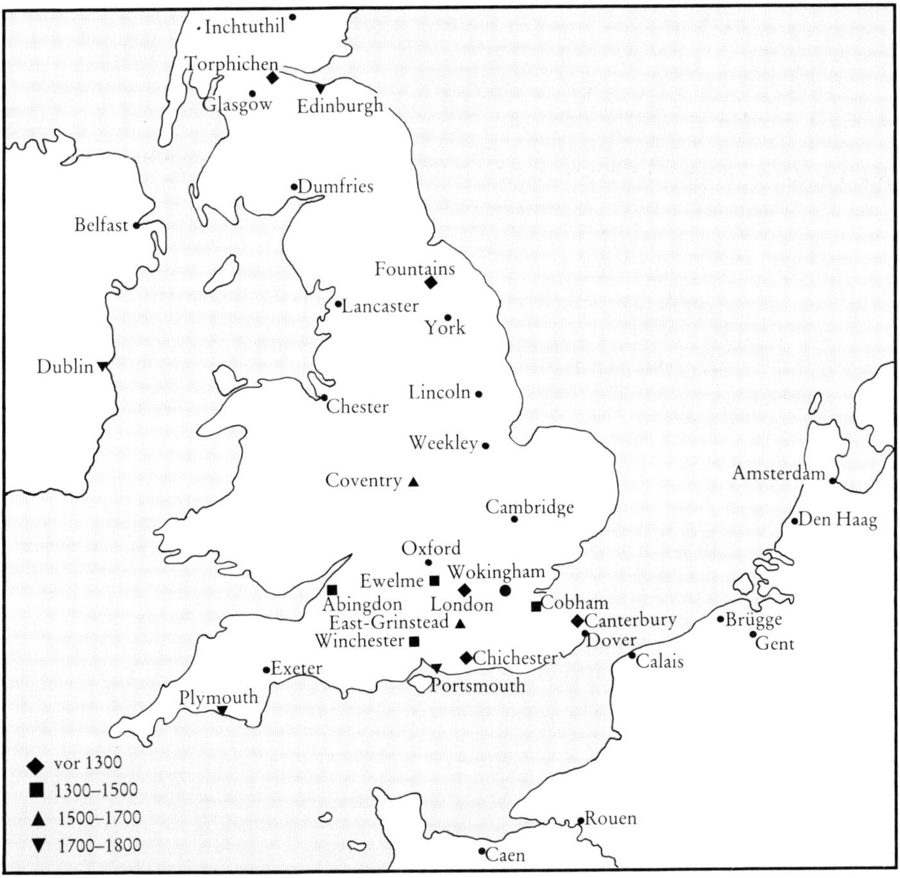
Inchtuthil
Torphichen
Glasgow
Edinburgh
Dumfries
Belfast
Fountains
Lancaster
York
Dublin
Lincoln
Chester
Weekley
Coventry
Amsterdam
Cambridge
Den Haag
Oxford
Ewelme
Wokingham
Abingdon
London
Cobham
East-Grinstead
Canterbury
Brügge
Winchester
Dover
Gent
Chichester
Calais
Exeter
Portsmouth
Plymouth
vor 1300
1300–1500
1500–1700
1700–1800
Rouen
Caen

6. Hospitäler in Osteuropa und im Orient

in der Reihenfolge ihrer Entstehung

Memphis, Herberge (?) am Imhotep-Tempel
Philae bei Assuan, Herberge am Imhotep-Tempel
Epidauros, Herberge am Asklepios-Tempel, um 500 v. Chr.
Troizen, Herberge am Asklepios-Tempel, um 400 v. Chr.
Pergamon, Herberge am Asklepios-Tempel, um 350 v. Chr.
Kos, Herberge am Asklepios-Tempel, um 300 v. Chr.

Caesarea, Ur-Hospital des Mönchsvaters Basilius, um 370
Antiochia, Hospital, vor 398
Edessa, Hospital des Nestorianer Bischofs, 460
Qalat Siman, Pilgerherbergen, um 479
Gondischapur, Hospital der Nestorianer, um 540
Jerusalem, Hospital des Kaisers Justinian, vor 565
Jerusalem, Spital des (späteren) Johanniter-Ordens, 1070
Jerusalem, Hospital des Deutschen Ordens, 1128, 1142
Byzanz, Kaiserl. Hospital des Pantokrator Klosters, um 1136
Pherai am Ebros, Hospital des Kosmosoteira-Klosters, 1152

Akkon, Johanniter-Spital, 1191
Rhodos, Ritter-Hospital des Johanniter-Ordens, 1440–1489

La Valetta auf Malta, Holy Infirmary, 1574
Athos, Pilgerherbergen der Klöster
Meteora, Infirmarium des Varlaam-Klosters, vor 1600
Zagorsk, Hospitäler des Klosters

Moskau, Generalspital für die Landtruppen, 1706
St. Petersburg, Marine Hospital, 1715
Astrachan, Marine Hospital, 1725
St. Petersburg, Kalinkin-Hospital, 1762–1778
St. Petersburg, Obuchow-Hospital, 1780–1784
Moskau, Golizyn-Hospital, vor 1800
Moskau, Kurakin-Hospital, vor 1800

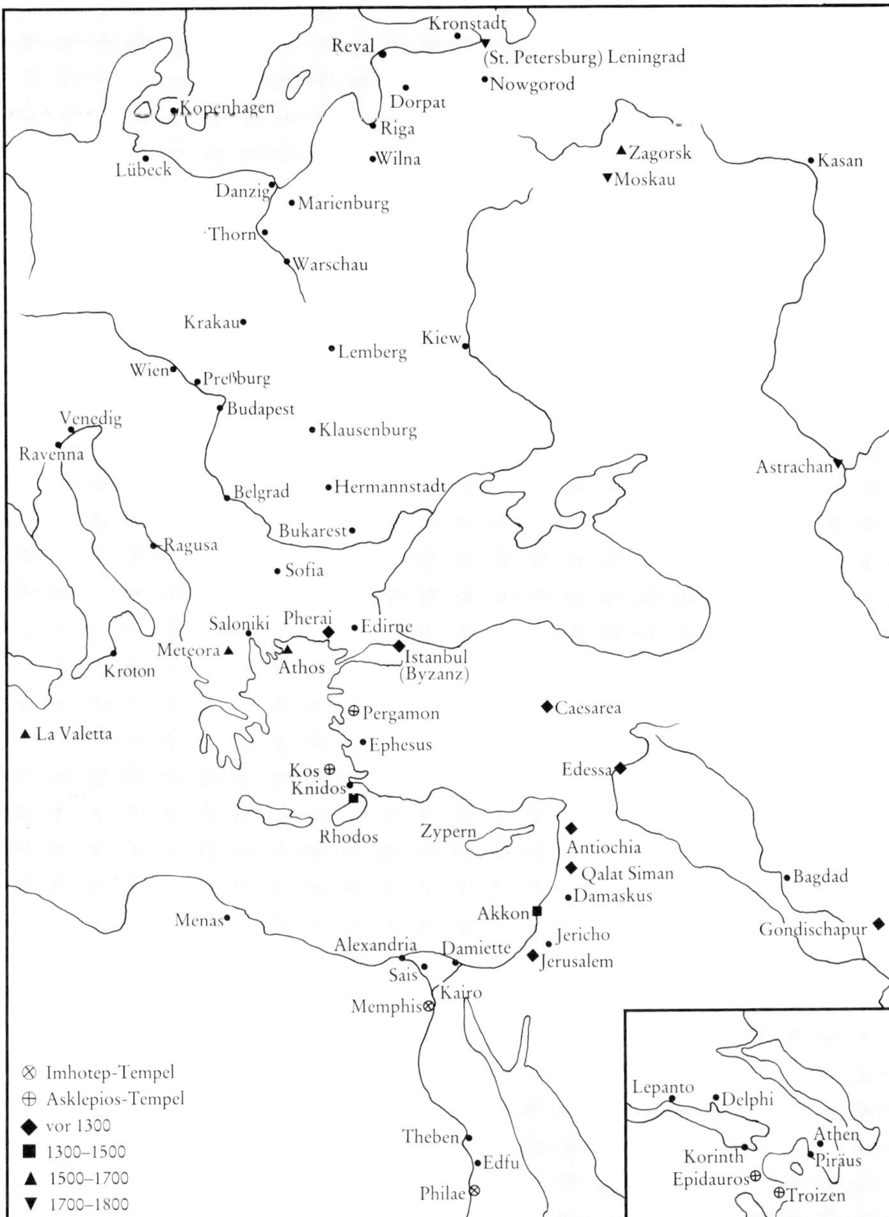
Kronstadt
Reval
(St. Petersburg) Leningrad
Nowgorod
Kopenhagen
Dorpat
Riga
Wilna
Lübeck
Zagorsk
Moskau
Kasan
Danzig
Marienburg
Thorn
Warschau
Krakau
Kiew
Lemberg
Wien
Preßburg
Budapest
Venedig
Ravenna
Klausenburg
Astrachan
Belgrad
Hermannstadt
Bukarest
Ragusa
Sofia
Saloniki
Pherai
Edirne
Meteora
Athos
Istanbul
(Byzanz)
Kroton
Caesarea
Pergamon
La Valetta
Ephesus
Kos
Knidos
Edessa
Rhodos
Zypern
Antiochia
Qalat Siman
Bagdad
Damaskus
Akkon
Menas
Jericho
Gondischapur
Alexandria
Damiette
Jerusalem
Sais
Kairo
Memphis
Imhotep-Tempel
Asklepios-Tempel
vor 1300
1300–1500
1500–1700
1700–1800
Lepanto
Delphi
Athen
Korinth
Piräus
Epidauros
Troizen
Theben
Edfu
Philae

Fußnoten zu Teil A:

1 Hiltbrunner 1968, S. 501
2 Wildung 1977
3 Brunner-Traut und Hell 1978, S. 541
4 Walton 1894; – Edelstein 1945; – Kerény 1956; – Schouten 1967
5 Kabbalia 1890; – Kirsten und Kraiker 1957
6 Welter 1941
7 Michler 1968
8 Herzog und Schatzmann 1932
9 Carpenter 1925; – Almagro 1951
10 Haberling 1909; – Meyer-Steineg 1912; – Harig und Kollesch 1973
11 Stieren 1928
12 Koenen 1904
13 Oelmann 1931
14 Simonett 1937
15 Lehner 1930; – Oelmann 1931; – Schultze 1934; – Scarborough 1969; – Harig und Kollesch 1973–1974
16 Anonym 1957
17 Braunfels 1969, S. 20
18 Hummel 1963; – Schöffler 1979
19 Butler 1929; – Tschalenko 1953–1958
20 Christern 1976
21 Gurlitt 1912; – Sudhoff 1929; – Temkin 1962; – Philipsborn 1962; – Birchler-Argyros 1981 und 1983; – Volk 1983
22 Bezobrazov 1887; – Orlandos 1941 und 1958; – Codellas 1942; – Schreiber 1948; – Gautier 1974
23 Schönfeld 1922
24 Schönfeld 1922
25 Jetter 1971
26 Jetter 1980
27 Grmek 1982
28 Braunfels 1969
29 Braunfels 1969, S. 28
30 Schlosser 1889; – Schipperges 1964; – Braunfels 1969, S. 35
31 Keller 1844; – Willis 1848; – Jung 1949; – Anonym 1952; – Horn 1958; – Duft 1962; – Anonym 1965; – Braunfels 1969, S. 52–65; Jetter 1978
32 Zum Südtyp gehören Bebenhausen, Westminster und Santes Creus
Zum Nordtyp gehören Eberbach, Canterbury und Poblet
33 Conant 1954 und 1956; – Braunfels 1969, S. 66–110; – Jetter 1978
34 Clay 1909; – Godfrey 1955; – Cook 1961; – Chazin 1966; – Talbot 1961 und 1967; – Braunfels 1969, S. 111–152
35 Reicke 1961; – Craemer 1963
36 Peigne-Delacourt um 1860?
37 Leistikow 1967
38 Chazin 1966
39 Zwehl 1928; – Hume 1938; – Wienand 1970; – Grunsky 1970
40 Schwake 1983
41 Goldmann 1963
42 Sinclair 1980
43 Gabriel 1921 und 1923; – Herrlinger 1963
44 Lezine 1956; – Creswell 1958
45 Probst 1969
46 Jetter 1966, S. 101
47 Moritz 1983
48 Philipsborn 1954
49 Philipsborn 1952
50 Coury 1969
51 Candille 1964
52 Willis 1869; – Thompson and Goldin 1975
53 Cook 1961, S. 64
54 Morant 1964; – Leistikow 1967; – Huchard 1981
55 Quénée 1979
56 Baader und Keil 1982; – Grmek 1982
57 Virchow 1879; – Baader 1971
58 Craemer 1963; – Leistikow 1967; – Steynitz 1969 und 1970; – Teuchert 1971; – Jetter 1985
59 Stadler 1966 und 1979
60 Tietze 1912; – Grunsky 1970; – Wienand 1970
61 Bavard 1881; – Bolotte 1964, S. 103; – Oursel 1968
62 Anonym 1968, S. 1
63 Oursel 1968, S. 1

64 Bauer 1973; – Mischlewski 1976; – Leistikow 1978
65 Vogts 1927
66 Virchow 1860; – Mac Kinney 1937; – Anonym 1982
67 Jetter 1971
68 Busse 1974
69 Frohn 1933; – Schmitz-Cliever 1954 und 1972; – Klövekorn 1929 und 1966
70 Le Grand 1897 und 1901
71 Grmek 1959
72 Rodenwaldt 1953
73 Beek 1969
74 Ullersperger 1871; – Dieckhöfer 1984, S. 74
75 Vázquez de Parga 1948
76 Galloway 1913
77 Jetter 1980
78 Quaglia 1955
79 Jetter 1980
80 Baas 1913; – Markus 1947; – Philipsborn 1959; – Jetter 1970

Fußnoten zu Teil B:

1 Averlino 1890; – Spencer 1958 und 1965; – Grassi 1958 und 1972; – Foster 1973; – Quadflieg 1981 und 1983
2 Bascapè 1960
3 Angelis 1947 und 1960; – Heinz 1977
4 Virchow 1879
5 Castelli 1941
6 Ellul 1967
7 Gautier de Claubry 1859
8 Premuda und Bertolaso 1960/1961; – Fichtner und Siefert 1978, S. 124
9 Vázquez de Parga 1948; – Garcia Guerra 1976 und 1983; – Jetter 1984
10 Valverde Lopez 1968; – Félez Lubelza 1973
11 Zuazo Ugalde 1948
12 Wilkinson 1968
13 Carmona 1954
14 Dulieu 1953
15 Imbert 1958 und 1982
16 Delorme 1626
17 Bolotte 1964, S. 32
18 Greenbaum 1971; 1975; 1976; – Rosenau 1958; 1959; 1964
19 Querido 1960
20 Moulin 1921; – Hellinga 1930
21 Luyendijk 1972
22 Oosterbaan 1954
23 Winkelmann
24 Jetter 1966
25 Siefert 1971
26 Heinemeyer und Pünder 1983
27 Schenk 1953; – Herrlinger 1960; – Wendehorst 1976; – Merzbacher 1979
28 Fatt 1953, S. 8; – Wendehorst 1976, S. 40
29 Herrlinger 1960
30 Kerschensteiner 1939; – Wolf 1970
31 Baum 1908
32 Furttenbach 1628 und 1635; – Stollenwerk 1969 und 1971
33 Furttenbach 1655; – Herrlinger 1959
34 Jetter 1980
35 Mann 1977
36 Murken 1981 und 1982
37 Hintzsche 1954, nach S. 400
38 Dainton 1961; – Poynter 1964
39 Godfrey 1955
40 Langdon-Davies 1952
41 Richardson 1969; – Handler 1976
42 Mc Innes 1963
43 Moore 1918; – Kerling 1970
44 Anonym 1778; – Turner 1937
45 Kock 1952
46 Gotfredsen 1957; – Herrlinger 1964
47 Kelchen 1786; – Grabar 1970; – Müller-Dietz 1976, S. 204
48 Hallström 1963; – Anonym 1976, S. 71

Fußnoten zu Teil C:

1 Siefert 1971; – Rothmann 1971
2 Seidler 1971, S. 79 und 82
3 Henry 1922; – Bru 1975
4 Jetter 1982
5 Brandenburg 1974, S. 16
6 Jetter 1971, Tafel 14
7 Jetter 1971, S. 97 und 100
8 Jetter 1971, S. 104 und 107
9 Hittorf und Zanth 1835
10 Lindgren 1980
11 Pérez de Herrera 1598
12 Leistikow 1967, S. 109
13 Schubert 1908, S. 183
14 Schubert 1908, S. 363
15 Bolton 1929; – Sekler 1954; – Fürst 1956; – Anonym 1961; – Lloyd 1969; – Stollenwerk 1969 und 1971
16 Stollenwerk 1969
17 Anonym 1961
18 Schoen 1930
19 Ladendorf 1935, Tafel 27, 28, 29
20 Ollech 1885; – Brandenburg 1974
21 Grabar 1970, S. 206
22 Jetter 1970
23 Garrison 1922
24 Riera 1975
25 Pringle 1752 (1812)
26 Gondoin 1780
27 Baedeker 1929, S. 382
28 Clavijo y Clavijo 1925 und 1944
29 Müller-Dietz 1975
30 Pugh 1976
31 Summerson 1948, Plate 22
32 Pugh 1972
33 Thompson and Goldin 1975, S. 133
34 Clavijo y Clavijo 1925 und 1944
35 Grabar 1970, S. 188
36 Grabar 1970, S. 177
37 Herrlinger 1958; – Jetter 1963
38 Howard 1789
39 Jetter 1966 und 1967; – Seidler 1971, S. 67
40 Rodegra 1977
41 Hellinga 1928
42 Mieris 1762
43 Oosterbaan 1954
44 Eller 1730; – Scheibe 1910; – Brandenburg 1974, S. 19
45 Furttenbach 1628; – Herrlinger 1954 und 1962
46 Geiger 1649
47 Jetter 1966, S. 253 und 1970
48 Howard 1789
49 Rodenwaldt 1953; – Stefanutti 1956; – Anonym 1980
50 Meyer 1962; – Püschel 1983
51 Howard 1789
52 Bussolin 1881; – Schadewaldt 1973
53 Anonym 1980
54 Domingo Simo u. a. . . . 1959
55 Dörner 1969, S. 48
56 O'Donaghue 1914
57 French 1951
58 Parry–Jones 1972
59 Jetter 1971
60 Ullersperger 1871; – Dieckhöfer 1984
61 Jetter 1982

Literatur-Verzeichnis

Almagro, Martín *Ampurias; historia de la ciudad y guía ...* Barcelona 1951
Angelis, Pietro de *L'Arcispedale di Santo Spirito in Sassia e sue Filiali nel Mondo.* Roma 1947
Angelis, Pietro de *L'Ospedale di Santo Spirito in Saxia (in Rom).* Rom 1960 u. 1962
Artelt, Walter *Das Bauprogramm unserer Fakultäten geschichtlich gesehen.* Frankfurter Univ. Reden. Heft 30. Frankfurt 1963
Averlino (genannt ›Filarete‹), Antonio *Traktat über die Baukunst.* Hrsg. v. W. v. Oettingen. In: *Quellschriften zur Kunstgeschichte.* N. F. Bd. 3. Wien 1890
Baader, Gerhard *Die Entwicklung der Heiliggeisthospitäler in Deutschland.* In: *Der Krankenhausarzt 44* (1971), S. 268–276
Baader, G. und W. Keil (Hrsg.) *Medizin im mittelalterlichen Abendland.* Darmstadt 1982
Baas, Karl *Jüdische Hospitäler im Mittelalter.* Moschr. f. Gesch. u. Wiss. d. Judentums 57 (1913), S. 452–460
Baedeker, Karl *Spanien und Portugal.* 5. Aufl. Leipzig 1929
Bascapè, G. C. *Il progresso dell'assistenza ospedaliera nel secolo 15 e gli ospedali ›a crociera‹.* In: *Tecnica Ospedaliera 1* (1936), und: *Attualità ospedaliera italiana* (1960), S. 67–74
Bauer, Veit Harald *Das Antonius-Feuer in Kunst und Medizin.* Basel 1973
Baum, Julius *Die Bauwerke des Elias Holl (in Augsburg).* Straßburg 1908
Bavard, E. B. (Abbé) *L'Hôtel-Dieu de Beaune (1443–1880).* Beaune 1881
Beek, Henri Hubert *De geestesgestoorde in de middeleeuwen.* Haarlem 1969
Bezobrazov, P. *(Unveröffentlichte Klosterregeln;* griech.-russ.). In: *Journal d. Minist. f. Volksaufklärung 254* (Nov. 1887), S. 65–78
Binding, Günther *Köln – Aachen – Reichenau; Bemerkungen zum St. Galler Klosterplan.* In: *Kölner Universitätsreden 58.* Köln 1981
Birchler-Argyros, Urs Benno *Quellen zur Spitalgeschichte im Byzantinischen Reich.* Ms. Bern 1981
Birchler-Argyros, Urs Benno *Byzantinische Hospitalgeschichte.* In: *Historia Hospitalium 15* (1983–1984), S. 51–80
Bolotte, Marcel *Les Hôpitaux et l'Assistance dans la Province de Bourgogne ...* Dijon 1964
Bolton, Arthur T. u. a. *The Royal Hospital for Seamen at Greenwich 1694–1728.* Wren Society 6 (1929)
Brandenburg, Dietrich *Berlins alte Krankenhäuser.* Berlin 1974
Braunfels, Wolfgang *Abendländische Klosterbaukunst.* Köln 1969
Bru, Paul *Histoire de Bicêtre (à Paris).* Paris 1890
Brunner-Traut, Emma und Hell, Vera *Ägypten.* Stuttgart 1978
Burdett, Sir Henry *Hospitals and Asylums of the World.* 5 Bde. London 1891–1893
Busse, Ingrid *Der Siechkobel St. Johannis vor Nürnberg (1234–1807).* Nürnberg 1974
Bussolin, G. *Delle istituzioni di sanità marittima nel bacino del Mediterraneo.* Triest 1881
Butler, H. C. *Early Churches in Syria.* Princetown 1929
Candille, Marcel *Etude du livre de vie active de l'Hôtel-Dieu de Paris de Jehan Henry.* Paris 1964
Candille, Marcel *L'Hôpital des origines au XIe siècle.* In: *Bull. de la Soc. Franc. Hist. Hôp. 20* (1968), S. 11–41
Candille, Marcel *Les Soins à l'hôpital en France au XIXe siècle.* In: *Bull. de la Soc. Franc. Hist. Hôp. 28* (1974)

Canezza, A. *Gli arcispedali di Roma.* Roma 1933
Carmona, Mario *O Hospital Real de Todos-os-Santos da Cidade de Lisboa.* Lissabon 1954
Carpenter, Rhys *The Greeks in Spain* (z. B. Ampurias). London 1925
Castelli, G. *Gli ospedali d'Italia.* Mailand 1941
Castelli, G. *Gli ospedali a crociera. Ospedale Maggiore 7* (1941)
Chazin, Carol Anne *The Planing of English Monastic Infirmary Halls in the 12. and 13. centuries.* Thesis. Berkeley/Calif. 1966
Christern, Jürgen *Das frühchristliche Pilgerheiligtum von Tebessa.* Wiesbaden 1976
Clavijo y Clavijo, Salvador *Historia de sanidad de la armada.* San Fernando 1925
Clavijo y Clavijo, Salvador *La trayectoria Hospitalaria de la Armada Española.* Madrid 1944
Clay, Rotha Mary *The mediaeval hospitals of England.* London 1909, Neudr. London 1966
Codellas, Pan S. *The Pantokrator; the Imperial Byzantine Medical Center of the 12. century in Constantinople.* In: *Bull. Hist. Med. 12* (1942), S. 392–410
Comparetti, Andrea *Riscontro clinico nel nuovo spedale in Padova.* Padua 1799
Conant, Kenneth John *Mediaeval Academy Excavations at Cluny.* In: *Speculum 29* (1954), S. 1–43
Conant, Kenneth John *Cluniac Buildings during the abbacy of Peter the Venerable.* In: *Petrus Venerabilis.* Hrsg. v. Giles Constable und J. Kritzeck. Rom 1956
Cook, G. H. *English monasteries in the Middle Ages.* London 1961
Coury, Charles *L'Hôtel-Dieu de Paris.* Paris 1969
Craemer, Ulrich *Das Hospital als Bautyp des Mittelalters.* Köln 1963
Creswell, K. A. C. *Short account of early muslim architecture.* London 1958
Dainton, Courtney *The Story of England's Hospitals.* London 1961
Delorme, Philibert *Architecture de Ph. de l'Orme ...* Paris 1626 (Rouen 1648)
Dieckhöfer, Klemens *El Desarollo de la Psiquiatría en España.* Madrid 1984
Dörner Klaus *Bürger und Irre.* Frankfurt 1969
Domingo Simo, F. und Calatayud Baya, J. *El primer hospital psiquiatrico del mundo.* Valencia 1959
Duft, Johannes *Der karolinigische Klosterplan ...* St. Gallen 1952
Duft, Johannes (Hrsg.) *Studien zum St. Galler Klosterplan.* St. Gallen 1962
Dulieu, Louis *Essai historique sur l'Hôpital St. Elois de Montpellier (1183–1950).* Montpellier 1953
Dunaj, Leon *Der Hospitalgedanke im Mittelalter.* Diss. T. H. Hannover 1911
Edelstein, Emma und Ludwig *Asclepios.* Baltimore 1945
Egger, H. *Römische Veduten ... 15.–18 Jh.* 2. Aufl. 2 Bde. Wien 1931
Eller, Johann Theodor *Nützliche ... Anmerkungen (aus) der Charité zu Berlin.* Berlin 1730
Ellul, Michael *The Valetta Holy Infirmary.* Thesis der Faculty of Architecture der Univ. of Rome. Masch. Schr. Malta 1967
Ersch, J. S. und Gruber, J. B. *Hospital.* In: *Allg. Encyklopädie der Wiss. u. Künste.* Sektion 2, Teil 2. Leipzig 1834
Evans, Joan (Hrsg.) *Blüte des Mittelalters (z. B. Canterbury).* Zürich 1966
Fatt, Adolf *Entstehung und Aufgabe des Juliusspitals Würzburg.* In: Anonym: *Das Juliusspital Würzburg;* Festschr. Würzburg 1953
Félez Lubelza, Concepción *El Hospital Real de Granada.* Thesis. Dep. Hist. del Arte. Granada 1973
Fichtner, Gerhard und Siefert, Helmut *Medizinhistorische Reisen; Padua.* Stuttgart 1978
Foster, Philip *Per il disegno del Ospedale in Milano.* In: *Arte Lombarda 38/39* (1973), S. 1–22
Foucault, Michel *Histoire de la folie à l'âge classique.* Paris 1961, dtsch: Frankfurt 1969
French, C. N. *The Story of St. Luke's Hospital (at London).* London 1951
Frohn, Wilhelm *Der Aussatz im Rheinland.* Jena 1933
Fürst, Victor *The architecture of Sir Christopher Wren.* London 1956
Furttenbach, Joseph *Architectura civilis.* Ulm 1628, Neudr. Hildesheim 1971
Furttenbach, Joseph *Architectura Universalis.* Ulm 1635, Neudr. Hildesheim 1975
Furttenbach, Joseph *Hospittals-Gebäw.* Hrsg. v. J. B. Furttenbach. Augsburg 1655

Gabriel, Albert *La Cité de Rhodos.* 2 Bde. Paris 1921 u. 1923
Galloway, Sir James *The Hospital and Chapel of Saint Mary Roncevall ... (at London).* Proceedings of the Roy. Soc. of Med.; sect. of the Hist. of Med. 6 (1913), S. 191–232
Garcia Guerra, Delfin *El Hospital Real de Santiago en el siglo 18.* Thesis Med. Madrid 1976 und Madrid 1983
Garrison, Fielding H. *Notes on the History of Military Medicine.* Washington 1922
Gautier, Paul *Le Typikon du Christ Sauveur Pantocrator (Byzanz).* In: *Revue des Etudes Byzantines 32* (Paris 1974), S. 1–145
Gautier de Claubry, M. H. *Hôpital Saint-Louis à Turin.* In: *Annales d'Hygiène Publiques 2/12* (1859), S. 118–125
Geiger, Malachias *Kürzer Underricht ... Wie mann sich ... praeserviren ... solle.* München 1649
Godfrey, Walter H. *The English Almshouse.* London 1955
Goerke, Heinz *250 Jahre Berliner Charité.* In: *Ärztl. Mitteilungen – Dtsch. Ärztebl.* 45 (1960), S. 1716–1722
Goerke, Heinz *Arzt und Heilkunde ...* München 1984
Goldhahn, Richard *Spital und Arzt von einst bis jetzt.* Stuttgart 1941
Goldin, Grace *A walk through a ward of the 18. century (at Brügge).* In: *Journal Hist. Med. 22* (1967), S. 121–138
Goldin, Grace siehe Thompson 1975
Goldmann, Zeev *Das Haus der Johanniter in Akkon.* Johanniter-Orden Heft 2/3 (1963)
Goldmann, Zeev *The Hospice of the Knights of St. John in Akkon.* In: *Archaeology 19* (Washington 1966), S. 182–189
Gondoin, Jacques *Description des Ecoles de Chirurgie.* Paris 1780
Gotfredsen, Edvard *Det Kongelige Frederiks Hospital (in Kopenhagen).* Kopenhagen 1957
Grabar, L. E. u. a. *Geschichte der Russischen Kunst.* Dtsch. v. E. M. Pietsch. Dresden 1970
Grassi, Liliana *La Ca'Granda (in Milano).* Mailand 1958
Grassi, Liliana *Lo Spedale di Poveri del Filarete; Storia e restauro (dell'Ospedale Maggiore in Milano).* Mailand 1972
Greenbaum, L. S. *The commercial treaty of humanity; La Tournée des Hôpitaux anglais par Jacques Tenon ...* In: *Rev. Hist. Sciences 24* (1971), S. 317–350
Greenbaum, L. S. *Measure of civilization – the hospital thought of Jacques Tenon on the eve of the French revolution.* In: *Bull. Hist. Med. 49* (1975), S. 43–56
Greenbaum, L. S. *Health-care and hospital-building in 18. century France.* In: *Stud. Voltaire 18.* Cent. 52 (1976), S. 895–930
Griep, Hans-Günther *Südniedersachsen, eine med. histor. Topographie.* Hameln 1960
Grmek, Mirko D. *Quarantäne in Dubrovnik.* In: *Ciba-Symposium 7* (1959), S. 30–33
Grmek, Mirko D. *Le médecin au service de l'hôpital médiéval en Europe occidentale.* In: *History and Philosophy of the life siences 4* (Neapel 1982), S. 25–64
Gruber, Karl *Die Gestalt der deutschen Stadt.* 3. Aufl. München 1977
Grunsky, Eberhard *Doppelgeschossige Johanniterkirchen und verwandte Bauten.* Diss. phil. Tübingen 1970
Gurlitt, Cornelius *Die Bauten Konstantinopels.* Berlin 1912
Haberling, Wilhelm *Die Militärlazarette im Alten Rom.* Dtsch. in: *Militärärztl. Ztschr. 38* (1909), S. 441–467
Haeberl, Franz Xaver von *Abhandlung über die öffentliche Armen- und Krankenpflege.* München 1813
Haeser, Heinrich *Geschichte der christlichen Krankenpflege und Pflegerschaften.* Berlin 1857, Neudr. Bad Reichenhall 1966
Hallström, Björn H. *Russian architectural drawings in the National Museum.* Stockholm 1963
Handler, Clive E. (Hrsg.) *Guy's Hospital (at London) 250 years.* London 1976

Harig, Georg und Kollesch, Jutta *Arzt, Kranker und Krankenpflege in der griechisch-römischen Antike und im byzantinischen Mittelalter.* In: *Helikon 13–14* (Messina 1973–1974), S. 256–292
Haug, Werner *Das St. Katharinen-Hospital der Reichsstadt Esslingen.* Esslingen 1965
Heinemeyer, Walter und Pünder, Tilman *450 Jahre Psychiatrie in Hessen (z. B. Hofheim, Haina, Merxhausen).* Marburg 1983
Heinz, Marianne *San Giacomo in Augusta in Rom und der Hospitalbau in der Renaissance.* Diss. phil. Bonn 1977
Hellinga, G. *De Amsterdamsche Pesthuizen. Bijdragen tot de geschiedenis der geneeskunde 8* (1928)
Hellinga, G. *Geschiedenis van het St. Pieters of Binnengasthuis (in Amsterdam).* Amsterdam 1930
Henry, Marthe *La Salpêtrière (à Paris) sous l'Ancien Régime.* Paris 1922
Herrlinger, Robert *Die Lazarette der beiden Furttenbach.* Atti 14. Congr. Internat. Storia d. Med. Roma 1954
Herrlinger, Robert *Das Seuchenlazarett St. Sebastian in Nürnberg.* Mitt. des Instituts f. Geschichte d. Medizin. Würzburg 1958
Herrlinger, Robert *Joseph Furttenbach; Hospittals-Gebäw 1655.* In: *Neue Ztschr. f. ärztl. Fortbildung 2* (1959), S. 252–253
Herrlinger, Robert *Der mediterrane Einfluß bei der Gründung des Würzburger Juliusspitals 1576.* Atti del 1. Congr. Europ. di Storia Ospitaliera. Reggio Emilia 1960
Herrlinger, Robert *Utopische Krankenhauspläne aus früheren Jahrhunderten.* In: *Das Krankenhaus 54* (1962), S. 344–350, und: *Krankenhausumschau 31* (1962), S. 345–351
Herrlinger, Robert *Das Johanniter-Hospital zu Rhodos.* In: *Die Therapie des Monats 13* (Mannheim 1963), S. 97–100
Herrlinger, Robert *Medizinhistorisches aus Dänemark.* In: *Materia Medica Nordmark,* 4 Sonderheft. Hamburg 1964
Herzog, Rudolf und Schatzmann, Paul *Das Asklepios-Heiligtum auf Kos.* In: *Ergebnisse der dtsch. Ausgrabungen . . .* Berlin 1932
Herzog, Theo *Krankenhäuser und medizinische Unterrichtsanstalten in Landshut.* (= 91. u. 92. Bd. der Verhandlungen des Histor. Vereins für Niederbayern). Landshut 1965/1966
Heusinger, C. *Geschichte des Hospitals St. Elisabeth (in Marburg).* Marburg 1968
Hiltbrunner, Otto *Die ältesten Krankenhäuser.* In: *Hippokrates 39* (1968), S. 501–506
Hintzsche, Erich *600 Jahre Inselspital in Bern 1354–1954.* In: Anonym: (= Rennefahrt, H.): *600 Jahre Inselspital.* Bern 1954
Hittorf, Jakob Ignaz und Zanth, Ludwig *Architecture moderne de la Sicilie* (z. B. Palermo) . . . Paris 1835
Horn, Walter *On the origins of the mediaeval bay system* (z. B. St. Gallen). In: *Journal Soc. Archit. Historians 17* (1958), S. 2–23
Horn, Walter und Born, Ernest *The Plan of St. Gall.* 3 Bde. Berkeley 1979
Howard, John *An account of the principal lazarettos in Europe.* London 1789, 2. Aufl. London 1791–1792, dtsch: Leipzig um 1800
Huard, Pierre und Grmek, M. D. *Sciences, Médecine, Pharmacie de la Révolution à l'Empire* (z. B. Paris, Invalides). Paris 1970
Huchard, Viviane *Ancien Hôpital Saint-Jean (Angers).* Angers 1981
Hume, Edgar E. *Medical Work of the Knights Hospitallers of St. John of Jerusalem.* In: *Bull. Hist. Med. 6* (1938), S. 399; 495;677
Hummel, Karl *Die Anfänge der iranischen Hochschule Gondischapur in der Spätantike.* In: *Tübinger Forschungen 9* (1963), S. 1–4
Hunger, Karl-Heinz *Die Namen der Krankenhäuser – einst und jetzt.* Veska (Vereinigung Schweizerischer Krankenhäuser) – Zeitschrift 7 und 9 (Aarau 1962), S. 1–16
Husson, Armand *Etude sur les hôpitaux . . .* Paris 1862
Imbert, Jean *Les hôpitaux en droit canonique.* Paris 1947

Imbert, Jean *Les hôpitaux en France.* Paris 1958

Imbert, Jean (Hrsg.) *Histoire des hôpitaux en France.* Toulouse 1982

Jetter, Dieter *Zur Typologie des Pesthauses.* In: *Sudhoffs Archiv 47* (1963), S. 291–300

Jetter, Dieter *Geschichte des Hospitals.* Bd 1: *Westdeutschland.* Wiesbaden 1966

Jetter, Dieter *Erwagungen beim Bau französischer Pesthäuser.* In: *Arch. internat. d'histoire des sciences 19* (1966), S. 247–262

Jetter, Dieter *Betrachtungsmöglichkeiten historischer Krankenhäuser – gezeigt am Hôpital St. Louis in Paris.* In: *Das Krankenhaus 59* (1967), S. 108–110

Jetter, Dieter *Ein fast vergessenes Krankenhausprojekt: Das Marinehospital des Benjamin Henry Latrobe (1812).* In: *Clio Medica 5* (1970), S. 133–144

Jetter, Dieter *Das Isolierungsprinzip in der Pestbekämpfung des 17. Jh.* In: *Med. Histor. Journal 5* (1970), S. 115–124

Jetter, Dieter *Zur Geschichte der jüdischen Krankenhäuser.* In: *Historia Hospitalium,* Sonderheft (1970), S. 28–59, und: *Der Krankenhausarzt 45* (1972), S. 1–11

Jetter, Dieter *Geschichte des Hospitals.* Bd. 2: *Zur Typologie des Irrenhauses in Frankreich und Deutschland (1780–1840).* Wiesbaden 1971

Jetter, Dieter *Die ersten Einrichtungen für Arme und Kranke in Westeuropa: Hospitäler aus der Zeit der Merowinger und Karolinger (481–751–987).* In: *Sudhoffs Archiv 55* (1971), S. 225–246

Jetter, Dieter *Klosterhospitäler; St. Gallen, Cluny, Escorial.* In: *Sudhoffs Archiv 62* (1978), S. 313–338

Jetter, Dieter *Hospitäler in Salzburg.* In: *Sudhoffs Archiv 64* (1980), S. 163–186

Jetter, Dieter *Geschichte des Hospitals.* Bd. 4: *Spanien* ... Wiesbaden 1980

Jetter, Dieter *Geschichte des Hospitals.* Bd. 5: *Wien* ... Wiesbaden 1982

Jetter, Dieter *Neue Funde zur Geschichte der alten Pilgerherberge in Santiago d. C.* In: *Festschr. f. Heinrich Schipperges.* Hrsg. v. Eduard Seidler und Heinz Schott. Stuttgart 1984

Jetter, Dieter *Das Heiligen-Geist-Hospital in Lübeck* ... In: *FOCUS MHL*; Ztschr. f. Wiss. an der Med. Hochschule Lübeck 2 (1985), S. 118–130

Jung, J. *Das Infirmarium im Bauriß des Klosters von St. Gallen* ... In: *Gesnerus 6* (1949), S. 1–8

Kabbalia, P. *(Das Asklepieion in Epidauros*; griechisch). Athen 1890

Kelchen, Johann Heinrich von *Grundriß der Einrichtung der Kaiserl. Med.-Chir. Schule ... in St. Petersburg.* St. Petersburg 1786

Keller, F. *Bauriß des Klosters St. Gallen vom Jahre 820.* Zürich 1844

Keller, Harald *Das barocke Rom in Kupferstich-Veduten.* Dortmund 1979

Kerény, Karl *Der göttliche Arzt.* Darmstadt 1956, 3. Aufl. Darmstadt 1975

Kerling, Nellie J. *St. Bartholomew's the less before its rebuilding by Dance.* In: *St. Bartholomew's Hosp. Journal 74* (1970), S. 17–21

Kerscheinsteiner, Hermann *Geschichte der Münchner Krankenanstalten.* 2. Aufl. München 1939

Kirsten, Ernst und Kraiker, Wilhelm *Griechenlandkunde.* 3. Aufl. Heidelberg 1957

Kleiner, Salomon *Das florierende Wien, 1724–1737;* mit einem Nachwort von Elisabeth Herget. Dortmund 1979

Klövekorn, Gregor Heinrich *Der Aussatz im Rheinland.* In: *Rheinische Heimatblätter 6* (1929), S. 411–414

Klövekorn, Gregor Heinrich *Der Aussatz in Köln.* München (1966?)

Knoblauch, G. und H. G. *Über den Kranken-Raum.* In: *Krankenhausarzt 47* (1974), S. 224–264

Kock, Wolfram *Kungl. Serafimerlasarettet (in Stockholm) 1752–1952.* Jönköping 1952

Koenen, Constantin *Beschreibung von Novaesium.* In: *Bonner Jahrbücher 3/112* (1904), S. 98–242

Krünitz, Johann Georg *Krankenhaus.* In: *Oekonom.-technol. Encyklopädie.* Teil 47. Berlin 1789

Kuhn, Oswald *Krankenhäuser.* In: *Handbuch der Architektur.* 4. Theil, 5. Halbbd., 1. Heft. Stuttgart 1897

Ladendorf, Heinz *Andreas Schlüter.* Berlin 1935

Lallemand, Leon *Histoire de la Charité.* Paris 1902–1912

Langdon-Davies, John *Westminster Hospital (at London).* London 1952
Le Grand, Léon *Les Maisons-Dieu et léproseries du diocèse de Paris au milieu du XIVe siècle.* In: *Mem. de la Soc. de l'Hist. de Paris et de l'Ile-de-France* (1897), S. 61–365
Le Grand, Léon *Statuts d'Hôtels-Dieu et des Léproseries.* Paris 1901
Lehner, Hans *Vetera.* In: *Röm.-Germ. Forschungen 4* (1930)
Leistikow, Dankwart *Hospitalbauten in Europa aus zehn Jahrhunderten.* Ingelheim a. R. 1967
Leistikow, Dankwart *Die hochmittelalterliche Spitalhalle.* Bericht der 24. Tagung der Koldewey-Ges. Lübeck 1967
Leistikow, Dankwart *Hospitalbauten des Antoniterordens.* Berichte der Koldewey-Ges. Colmar 1978
Leistikow, Dankwart *Mittelalterliche Hospitalbauten Norddeutschlands.* Katalog zur Landesausstellung *Stadt im Wandel.* Braunschweig 1985
Lesky, Erna *Hospitalismus – historisch gesehen.* Hexagon-Roche 5 (1977), S. 1–10
Lesky, Erna *Meilensteine der Wiener Medizin.* Wien 1981
Lezine, Alexandre *Le Ribat de Sousse.* Tunis 1956
Liese, Wilhelm *Geschichte der Caritas.* 2 Bde. Freiburg 1922
Lindgren, Uta *Bedürftigkeit, Armut, Not (in Barcelona).* Münster 1980
Lloyd, Christopher C. *Greenwich; Palace – College – Hospital.* London 1969
Luyendijk, A. M. *The Caecilia Hospital in Leiden (1600–1972).* Proceedings 23. Congr. Hist. Med. London 1972
Mac Kinney, Loren C. *Early medieval Medicine.* Baltimore 1937
Mann, Gunter u. a. (Hrsg.) *Medizin im alten Mainz.* Hildesheim 1977
Marcus, Jacob R. *Communal Sick Care in the German Ghetto.* Cincinnati 1947
Mc Innes, E. M. *St. Thomas's Hospital (at London).* London 1963
Meffert, Franz *Caritas und Krankenwesen bis zum Ausgang des Mittelalters.* 2 Bde. Freiburg 1925–1927
Merzbacher, Friedrich *Das Juliusspital in Würzburg ...* Würzburg 1979
Meyer, K. F. *Disinfected mail.* Holton/Kansas 1962
Meyer-Steineg, Theodor *Krankenanstalten im griech.-röm. Altertum.* Jenaer med. histor. Beiträge 3 (1912)
Michler, Markwart *Die alexandrinischen Chirurgen.* Wiesbaden 1968
Mieris, Frans van *Beschryving der Stad Leiden.* Leiden 1762
Miller, T. S. *The knights of Saint John and the hospitals of the Latin West.* In: *Speculum 53* (1978), S. 709–733
Mischlewski, Adalbert *Grundzüge der Geschichte des Antoniterordens ...* (= Bonner Beiträge zur Kirchengeschichte). Köln 1976
Moore, Sir Norman *The History of St. Bartholomew's Hospital.* 2 Bde. London 1918
Morant, Henry de *L'ancien hôpital Saint-Jean d'Angers.* Angers 1964
Moritz, Werner *Die bürgerlichen Fürsorgeanstalten in der Reichsstadt Frankfurt a. M. im späten Mittelalter* (= Bd. 14 der Studien zur Frankfurter Geschichte). Frankfurt 1981
Moritz, Werner (Hrsg.) *Das Hospital im späten Mittelalter;* Ausst. im Staatsarchiv. Marburg 1983
Moulin, Daniel de (Hrsg) *Vier eeuwen Amsterdams Binnengasthuis.* Wormer 1921
Müller-Dietz, H. E. *Zur Geschichte des Marine- und Landtruppen-Hospitals in St. Petersburg.* In: *Proceedings of the 23. Internat. Congr. of the Hist. of Med.* London 1974
Müller-Dietz, H. E. *Zur Ikonographie des Marine- und Landtruppen-Hospitals in St. Petersburg.* Nord. med. hist. Arsb. (1975), S. 100–109
Müller-Dietz, H. E. *Sankt Petersburger Krankenhäuser ...* In: *Studien zur Krankenhausgeschichte im 19. Jh.* Hrsg. v. Hans Schadewaldt. Göttingen 1976
Müller-Dietz, H. E. *Zur Einführung der Krankengeschichte an russischen Hospitälern.* In: Historia Hospitalium 12 (1977–1978), S. 111–119

Müller-Einsiedel, Reinhold F. G. *Über Krankenhäuser aus Indiens älteren Zeiten.* In: *Sudhoffs Archiv 23* (1930), S. 135–151
Murken, Axel Hinrich *Die bauliche Entwicklung des deutschen Allg. Krankenhauses im 19. Jh.* Göttingen 1979
Murken, Axel Hinrich *Die Charité in Berlin von 1780 bis 1830; Ein 650 Betten umfassendes Krankenhaus der Biedermeierzeit.* In: *Arzt und Krankenhaus 5* (1980), S. 20–36
Murken, Axel Hinrich *Grundzüge des deutschen Krankenhauswesens von 1780–1930 unter Berücksichtigung von Schweizer Vorbildern.* In: *Gesnerus 38* (1981)
Murken, Axel Hinrich *Geschichte des Hospital- und Krankenhauswesens im deutschsprachigen Raum.* In: *Illustrierte Geschichte der Medizin.* Hrsg. v. Sournia u. a. Salzburg 1982
Nasalli Roca, Emilio *Il Diritto Ospedaliero nei suoi lineamenti storici.* Verona 1956
O'Donaghue, Edward G. *The Story of Bethlem Hospital (at London).* London 1914
Oelmann, Franz *Ausgrabungen in Vetera 1930.* In: *Germania 15* (1931), S. 221–229
Ollech, (General) von *Geschichte des Berliner Invalidenhauses (1748–1884).* Beihefte zum *Militär-Wochenblatt* (1885), S. 305–435
Oosterbaan, D. P. *Geschiedenis van het oude en nieuwe Gasthuis te Delft.* Delft 1954
Orlandos, Anastasios K. *(Zur Geschichte des Pantokrator-Hospitals in Konstantinopel).* In: (Ztschr.) *Epeteris Etaerias Byzantinon Spoudon 17* (1941), S. 199–201
Orlandos, Anastasios K. *Klosterarchitektur* (griech.). 2. Aufl. Athen 1958
Oursel, Raymond *Hostel-Dieu de Beaune 1443.* Dtsch. v. B. Boissière. Lyon 1968
Paracelsus (= Theophrastus von Hohenheim) *Spittal-Buoch;* Hrsg. v. Adam von Bodenstein. Mülhausen 1562
Parry-Jones, William L. *The Trade in Lunacy; A Study of Private Madhouses in England.* London 1972
Pazzini, Adalberto *L'Ospedale nei secoli.* Roma 1958
Peigne-Delacourt, M. *Histoire de l'Abbaye Cistercienne d'Ourscamp.* Paris um 1860
Pérez de Herrera, Christoval *Discurso del Amparo de los legitimos pobres.* Madrid 1598 u. 1975
Pevsner, Nikolaus *A History of Building Types.* Washington 1976
Philipsborn, Alexander *Die sogenannten Krankenhäuser Asoka's.* In: *Annuaire de l'Institut de Philol. et d'Hist. Orient. et Slaves 12* (1952), S. 373–379
Philipsborn, Alexander *Les premiers hôpitaux au Moyen Age.* In: *La Nouvelle Clio 6* (1954), S. 137–163
Philipsborn, Alexander *The Jewish Hospitals in Germany.* In: *Year Book 4;* Leo Baeck-Institute. London 1959
Philipsborn, Alexander *Der Fortschritt in der Entwicklung des byzantinischen Krankenhauswesens.* In: *Byzantin. Zeitung 54* (1962), S. 338–365
Piranesi, G. B. *Magnificenze di Roma.* Roma 1751
Poynter, F. N. L. (Hrsg.) *The Evolution of Hospitals in Britain.* London 1964
Premuda, Loris und Bertolaso, B. *La prima sede dell' insegnamento clinico nel mondo: L'Ospedale di San Francesco Grande in Padova.* In: *Acta Medical Historiae Patavina 7* (1960–1961), S. 61–92
Pringle, Sir John *Observations on the Diseases of the Army.* o. O. 1752, neue Aufl. Philadelphia 1812
Probst, Christian *Das Hospitalwesen im hohen und späten Mittelalter.* In: *Sudhoffs Archiv 50* (1966), S. 246–258
Probst, Christian *Das deutsche Feldspital vor Akkon (1190)*...In: *Wehrmed. Moschr. 11* (1967), S. 167–169
Probst, Christian *Der Deutsche Orden und sein Medizinalwesen in Preußen*...Bad Godesberg 1969
Püschel, Erich *Die Quarantäne auf Malta.* In: *Festschr. f. Hans Schadewaldt.* Hrsg. v. W. Göpfert u. a. Düsseldorf 1983
Pugh, Gordon P. D. *History of the Royal Naval Hospital, Plymouth.* In: *Journal Roy. Nav. Med. Service 58* (1972), S. 78–94

Pugh, Gordon P. D. *The planing of (Portsmouth-) Haslar.* In: *Journal Roy. Nav. Med. Service 62* (1976), S. 103–120
Pugh, Gordon P. D. *Die Planung des Marinelazaretts von (Portsmouth-) Haslar.* In: *Historia Hospitalium 11* (1976), S. 87–102
Quadflieg, Ralph *Filaretes Ospedale Maggiore in Mailand...* Diss. phil. Köln 1981
Quadflieg, Ralph *Die oberitalienische Hospitalreform des 15. Jh. und ihre Bauten.* In: *Sudhoffs Archiv 67* (1983), S. 25–38
Quaglia, L. *La Maison du Grand-Saint-Bernard des origines aux temps actuels.* Aosta 1955
Quénée, Noël *L'Hôpital...à Tonnerre.* Tonnerre 1979
Querido, A. *Godshuizen en Gasthuizen.* Amsterdam 1960
Ratzinger, Georg *Geschichte der kirchlichen Armenpflege.* Freiburg 1868, 2. Aufl. Freiburg 1884
Reicke, Siegfried *Das deutsche Spital und sein Recht im Mittelalter.* Stuttgart 1932, Neudr. Amsterdam 1961
Richardson, Robert G. *Der Stock mit dem goldenen Knauf (London).* In: *Abbottempo 2* (1969), S. 29
Riera, Juan *Planos dos Hospitales Españoles del siglo 18 existentes en el Arch. Gen. de Simancas* (= *Acta Historico-Medica Vallisoletana No. 5*). Valladolid 1975
Riquet, R. P. Michel *La Charité du Christ en action.* Paris 1961
Rodegra, Heinz *Vom Pesthof zum Allgemeinen Krankenhaus (in Hamburg).* (= Studien zur Geschichte des Krankenhauses, Bd. 7). Münster 1977
Rodenwaldt, Ernst *Pest in Venedig (1575–1577).* Heidelberg 1953
Rosenau, Helen *Zum Sozialproblem in der Architekturtheorie... (16.–19. Jh.).* In: *Festschr. f. M. Wackernagel.* Köln 1958
Rosenau, Helen *The Ideal City in its Architectural Evolution.* London 1959
Rosenau, Helen *Antoine Petit und sein Zentralplan für das Hôtel-Dieu in Paris.* In: *Ztschr. f. Kunstgeschichte 27* (1964), S. 228
Rothman, D. J. *The Discovery of the Asylum.* Boston 1971
Scarborough, John *Roman Medicine.* Ithaca/N. Y. 1969
Schadewaldt, Hans *Das Quarantänelazarett in Mahón.* In: *Schiff und Zeit 1* (1973), S. 22–28
Schadewaldt, Hans und Müller, Irmgard *Düsseldorf und seine Krankenanstalten* (= *Historia Hospitalium.* Sonderheft). Düsseldorf 1969
Scheibe, O. *200 Jahre des Charité-Krankenhaus zu Berlin; Mitteilungen aus der Geschichte.* In: *Charité-Ann. 34* (1910), S. 1–178
Schenk, Clemens *Das Würzburger Juliusspital...*In der Festschrift: *Das Juliusspital in Würzburg.* Würzburg 1953
Schipperges, Heinrich *Die Benediktiner in der Medizin des frühen Mittelalters.* Leipzig 1964
Schipperges, Heinrich *Perspektiven des Krankenhauses im Horizont der Zukunft.* In: *Der Krankenhausarzt 42* (1969), S. 1–9
Schipperges, Heinrich *Zur Bibliographie einer Krankenhauswissenschaft.* In: *Der Krankenhausarzt 43* (1970), S. 48–53
Schlosser, Julius von *Abendländische Klosteranlagen des frühen Mittelalters.* Wien 1889
Schmitz-Cliever, Egon *Pest und pestilenzialische Krankheiten in...Aachen.* In: *Ztschr. des Aachener Geschichtsvereins 66/67* (1954/1955), S. 108–168
Schmitz-Cliever, Egon *Das mittelalterliche Leprosorium Melaten bei Aachen...(1230–1550).* In: *Clio Medica 7*(1972), S. 13–33
Schöffler, Heinz Herbert *Die Akademie von Gondischapur.* Stuttgart 1979
Schoen, Arnold *A Budapesti Központi Városháza* (= Das Zentralstadthaus in Budapest im ehem. Invalidenhaus). Budapest 1930
Schönfeld, Walther *Die Xenodochien in Italien und Frankreich im frühen Mittelalter.* In: Ztschr. d. Savigny-Stiftung f. Rechtsgeschichte 43 (1922), S. 1–54
Schouten, Jan *The Rod and Serpent of Asklepios.* Amsterdam 1967

Schreiber, Georg *Gemeinschaften des Mittelalters.* Regensburg 1948
Schubert, Otto *Geschichte des Barock in Spanien.* Esslingen 1908
Schultze, Rudolf *Die römischen Legionslazarette in Vetera...* In: *Bonner Jahrbücher 139* (1934), S. 54–63
Schwake, Norbert *Die Entwicklung des Krankenhauswesens der Stadt Jerusalem...* (= Bd. 8 der Studien zur Geschichte des Krankenhauswesens). Herzogenrath 1983
Seidler, Eduard *Geschichte der Pflege des kranken Menschen.* Stuttgart 1966, 4. Aufl. Stuttgart 1977
Seidler, Eduard (Hrsg.) *Medizinhistorische Reisen; Paris.* Stuttgart 1971
Sekler, Eduard F. *Wren and his place in European Architecture.* London 1954
Siefert, Helmut *Kloster und Hospital Haina.* In: *Hess. Ärzteblatt 32* (1971), S. 963–983
Sigerist, Henry, E. *An outline of the development of the hospital.* In: *Bull. Hist. Med. 4* (1936), S. 573–581
Sinclair, K. V. *The hospital, hospice and church of... the knights of St. John... on Cyprus.* In: *Medium Aevum 49* (1980), S. 254–257
Spencer, J. R. *Filarete and Central-Plan Architecture.* In: *Journal Soc. of Archit. Historians 17* (1958, S. 10
Spencer, J. R. (Hrsg.) *Filarete's Treatise on Architecture.* New Haven 1965
Stadler, Georg *St. Blasius in Salzburg* (= Christl. Kunststätten Österreichs Nr. 13). 2. Aufl. Salzburg 1966
Stadler, Georg *Das alte Salzburger Bürgerspital.* In: *Jahrbuch des Salzburger Museums C. A. 25/26* (1979/1980), S. 1–142
Stahnke, J. *Anfänge der Hebammen-Ausbildung und der Geburtshilfe in Rußland.* Diss. med. Berlin 1975
Stefanutti, U. *Gli ospedali di Venezia nella storia e nell'arte.* In: *Atti 1. Congr. Italiano di Storia Osped.* Reggio Emilia 1956
Steinacker, Karl *Die Kapelle der Infirmeria des Zisterzienserklosters Walkenried.* In: *Ztschr. f. Gesch. der Architektur 7* (1914–1919), S. 7–14
Steynitz, Jesko von *Hospitäler und ärztlicher Stand im Mittelalter.* In: *Dtsch. Ärzteblatt 66* (1969), S. 2055; 2110; 2153
Steynitz, Jesko von *Mittelalterliche Hospitäler der Orden und Städte als Einrichtungen der sozialen Sicherung.* Berlin 1970
Stollenwerk, Manfred *Utopische Krankenhausentwürfe früherer Zeiten.* In: *Hippokrates 40* (1969), S. 558–564
Stollenwerk, Manfred *Krankenhausentwürfe, die nicht verwirklicht wurden.* Diss. TH. Aachen 1971
Stroppiana, L. *The hospital crisis of the 16. century...* In: *Med. Sec. 1* (1973), S. 3–10
Sturm, Leonhard Christoph *Vollständig Anweisung, allerhand öffentliche Zucht- und Liebesgebäude als... Spitäler vor Alte und Krancke wohl anzugeben.* Augsburg 1720
Sudhoff, Karl *Aus der Geschichte des Krankenhauswesens im frühen Mittelalter.* In: *Sudhoffs Archiv 21* (1929), S. 164–203
Summerson, John *Georgian London.* London 1948
Talbot, C. H. *Monastic Infirmaries.* In: *St. Mary's Hospital Gaz. 67* (1961), S. 14–18
Talbot, C. H. *Medicine in mediaeval England.* London 1967
Temkin, Owsei *Byzantine Medicine.* In: *Dumbarton Oaks Papers 16* (1962), S. 97–115
Tenon, Jacques René *Mémoires sur les hôpitaux de Paris.* Paris 1788
Teuchert, Wolfgang *Überlegungen zur Baugeschichte und Gestalt des Heilig-Geist-Hospitals zu Lübeck.* Nordelbingen 40 (1971), S. 22–37
Thompson, John D. und Goldin, Grace *The Hospital; a social and architectural History.* New Haven 1975
Tollet, Casimir *De l'Assistance Publique et des Hôpitaux...* Paris 1889
Tollet, Casimir *Les édifices hospitaliers depuis leur origine jusqu'à nos jours.* 2. Aufl. Paris 1892

Turner, A. Logan *The Story of a great Hospital (at Edinburgh).* Edinburgh 1937
Uhlhorn, Gerhard *Die christliche Liebestätigkeit*...3 Bde. Stuttgart 1882–1890, 2. Aufl. 1895, Neudr. Darmstadt 1959
Ullersperger, Johann Baptist *Die Geschichte der Psychologie und Psychiatrik in Spanien*... Würzburg 1871, Span.: Madrid 1954
Ulshöfer, Kuno *Spital und Krankenpflege im späten Mittelalter.* In: *Jahrbuch des Histor. Vereins f. Württemberg-Franken 62* (1978), S. 49–68
Valverde López, José Luis *Los Servicios Farmacéuticos del Hospital de los Reyes, de Granada.* Thesis. Fac. de Farmacia. Granada 1968
Vázquez de Parga, Luis u. a. *Las Peregrinaciones a Santiago d. C.* Madrid 1948
Viollet-le-Duc, Eugène Emmanuel *Dictionaire raisonné de l'architecture française.* Bd. 6. Paris 1863
Virchow, Rudolf *Zur Geschichte des Aussatzes und der Spitäler*...Archiv für Patholog. Anatomie 19 (1860), S. 43–93 und 20 (1861), S. 166–198, S. 459–512
Virchow, Rudolf *Über Hospitäler und Lazarette.* Berlin 1872
Virchow, Rudolf *Der Hospitaliter-Orden vom Heiligen Geist*... Gesammelte Abhandlungen aus dem Gebiete der öffentl. Med. Berlin 1879
Vogts, Hans *Hospital St. Nikolaus zu Cues.* Augsburg 1927, 2. Aufl. Trier 1958
Volk, R. *Gesundheitswesen und Wohltätigkeit im Spiegel der byzantinischen Klostertypika.* In: *Miscellanea Byzantina Monacensia 28* (München 1983)
Wagnitz, Heinrich Baltasar *Historische Nachrichten*...*über die merkwürdigsten Zuchthäuser in Deutschland.* Halle 1791–1794
Walton, Alice *Asklepios; The Cult of the Greek God of Medicine.* Chicago 1894, Neudr. Chicago 1979
Welter, Gabriel *Troizen und Kalaureia; Ausgrabungsbericht.* Berlin 1941
Wendehorst, Alfred *Das Juliusspital in Würzburg.* Würzburg 1976
Wickersheimer, Ernest *Médecins et chirurgiens dans les hôpitaux du Moyen Age.* In: *Janus 32* (1828), S. 1–11
Wickersheimer, Ernest *Les édifices hospitaliers à travers les âges. Arch. iberoamer.* In: *Hist. Med. 8* (1956), S. 87–108
Wienand, Adam *Der Johanniter-Orden.* Köln 1970, 2. Aufl. Köln 1977
Wildung, Dietrich *Imhotep und Amenhotep; Gottwerdung im alten Ägypten.* Habil. Schr. München 1977
Wilkinson, Catherine *The Hospital of Cardinal Tavera in Toledo.* Thesis. Phil. Fac. Yale. New Haven 1968
Willis, Robert *Description of the Ancient Plan of the Monasterey of St. Gall.* In: *The Archaeological Journal 5* (1848), S. 85–116
Willis, Robert *The Conventual Buildings of the Monastery of Christ Church in Canterbury (1165).* London 1869
Wolf, Jörn Henning *Zur Geschichte der Medizin in München; Krankenhäuser in den vergangenen Jahrhunderten.* In: *Med. Handbuch für München.* München 1970
Zuazo Ugalde, Secundino de *Los origines arquitectonicos del Real Monasterio de San Lorenzo del Escorial* (z. B. Sevilla). Madrid 1948
Zwehl, Hans Karl von *Über die Caritas im Johanniter-Malteser-Orden seit seiner Gründung.* Essen 1928
Anonym *The History and Statutes of the Royal Infirmary of Edinburgh.* Edinburgh 1778
Anonym (oder Johannes Duft) *Der Klosterplan von St. Gallen, um 820.* Hrsg. v. Histor. Verein von St. Gallen. St. Gallen 1952
Anonym (?) *Inchtuthil.* In: *Journal of Roman Studies 47* (1957), S. 198
Anonym (= Christopher C. Lloyd) *Greenwich; Place, Hospital, College.* o. O. 1961
Anonym *Die Ausstellung Karl der Große – Werk und Wirkung* (z. B. St. Gallen). Aachen 1965
Anonym (= Jacques Ravel) *Hostel-Dieu de Beaune.* Lyon 1968

Anonym *Sint-Jans-Hospital in Brügge 1188–1976.* 2 Bde. Brügge 1976
Anonym *Geschichte der russischen Kunst.* Bd. 6. Dresden 1976
Anonym *Venezia e la Peste 1348/1797.* Venedig 1980
Anonym *Il Lazzaretto di Luigi Vanvitelli (in Ancona).* Ancona 1980
Anonym (= C. Habrich, J. C. Wilmanns, J. H. Wolf) *Aussatz, Lepra, Hansen-Krankheit, Ein Menschheitsproblem im Wandel.* 1. Teil Katalog (des Dtsch. Med. Histor. Museums). Ingolstadt 1982

Abbildungsnachweis

Bernard Anciant, Chenove Abb. 43 a
Archiv des Autors Umschlagrückseite, vordere Umschlagklappe, Innenklappen, Abb. 2, 6b, 9a, 12, 13, 16, 17b, 18, 19a, 20, 25, 26, 27, 37, 38, 40a, 45, 49, 52, 57, 58, 60a, 65, 66a, 67, 68, 69a, 70, 72a, 73a, 74, 76a, 77, 81, 82, 86, 87a, 88, 90
Archiv DuMont Buchverlag Abb. 6a
Biblioteca Nacional, Madrid Abb. 39a
Bibliothèque Nationale, Paris Abb. 36
Bildarchiv Preußischer Kulturbesitz, Berlin (West) Abb. 3a
Aus: Burdett, *Hospitals and Asylums of the world* Abb. 56
Burgerbibliothek Bern Abb. 53
Caisse Nationale des Monuments et des Sites, Paris Abb. 61
Carolino-Augusteum, Salzburg Abb. 51
Aus: Christern, *Das frühchristliche Pilgerheiligtum von Tebessa.* Franz Steiner Verlag Wiesbaden, Stuttgart Abb. 5
Aus: Comparetti *Rincontro clinico nel nuovo spedale in Padova* Abb. 35b
Aus: Ersch u. Gruber, *Hospital* Abb. 3b, 72b, 80b
Aus: Evans, *Blüte des Mittelalters* Abb. 14a
Aus: Fürst, *The architecture of Chr. Wren* Abb. 73b
Aus: Furttenbach, *Architectura Universalis* Frontispiz
Aus: Gabriel, *La Cité de Rhodos* Abb. 10
Aus: Galloway, *The Hospital and Chapel of Saint Mary Roncevall* Abb. 31
Gemeentearchief Amsterdam Abb. 87
Aus: *Gentleman's Magazine* von 1751 Abb. 78
Photographie Giraudon, Paris Abb. 21, 22, 23, 71
Aus: Gruber, *Die Gestalt der deutschen Stadt* Abb. 7a
Guy's Hospital, London Abb. 54, 55
Aus: Hittorf u. Zanth, *Architecture moderne de la Sicilie* Abb. 66b
Aus: Howard, *An account of principal lazarettos in Europe* Abb. 79, 80a, 85
Aus: Husson, *Etudes sur les hôpitaux* Abb. 11, 33, 62, 63

Julius-Spital-Stiftung, Würzburg Abb. 46, 47, 48
Aus: Kleiner, *Das florierende Wien* Abb. 64a
Aus: Kuhn, *Krankenhäuser* Abb. 34
Landesarchiv Berlin Abb. 76b
Landesarchiv Salzburg Abb. 52
Aus: Leistikow, *Hospitalbauten in Europa aus zehn Jahrhunderten* Abb. 32
Gunther Lothert, Lübeck Abb. 17a
H. Maertens, Brügge Umschlagvorderseite, Abb. 89
MAS, Barcelona Abb. 30, 41
Aus: Mieris, *Beschryving der Stadt Leiden* Abb. 83
Museo Civico, Padua Abb. 35a
Nationalmuseum Stockholm Abb. 59
Rhein. Landesarchiv, Bonn Abb. 4
Sankt Nikolaus-Hospital, Bernkastel-Kues Abb. 24
Aus: Schubert, *Geschichte des Barock in Spanien* Abb. 40b, 69b
Staatsarchiv, Basel, Sammlung Wackernagel Abb. 28
Stadtbauamt Wien Abb. 64b
Stadtarchiv Ulm Abb. 50
Stiftsbibliothek, St. Gallen Abb. 7b
Aus: Thompson u. Goldin, *The Hospital; a social and architectural History* Abb. 8, 29
Történeti Muzeum, Budapest Abb. 75
Aus: Tollet, *Les édifices hospitaliers depuis leur origine jusqu'à nos jours* Abb. 15, 42, 43b, 44, 81b, 84
Aus: Viollet-le-Duc, *Dictionnaire raisonné de l'architecture française* Abb. 9b, 19b
Aus: Vogts, *Hospital St. Nikolaus zu Cues* Abb. 24b
Aus: Welter, *Troizen + Kalaureia* Abb. 1
Aus: Willis, *The Conventual Buildings of the Monastery of Christ Church in Canterbury* Abb. 14b
Aus: Zuazo-Ugalde, *Los origines arquitectonicos del Real Monasterio de San Lorenzo del Escorial* Abb. 39b

Register

Orte

Personen

DIETER JETTER

GESCHICHTE DES HOSPITALS

„Diese ‚Geschichte des Hospitals' ließe sich in mancher Hinsicht mit einem ähnlich schwierigen Erstunternehmen im Bereich der Medizingeschichte vergleichen. Ich meine die ‚Geschichte des deutschen Gesundheitswesens' von Alfons Fischer. Als Ganzes sind beide Werke von der Art, daß sie seit ihrem Erscheinen Standardliteratur sind, die jeder benützen muß." *Clio Medica*

1. **Westdeutschland von den Anfängen bis 1850** (Sudhoffs Archiv, Beiheft 5)
   1966. VIII, 264 Seiten mit 104 Abbildungen, kt. DM 78,--, Ln. DM 88,--

2. **Zur Typologie des Irrenhauses in Frankreich und Deutschland (1780–1840)**
   1971. X, 206 Seiten mit 30 Abbildungen, 16 Tafeln, kt. DM 68,--

„Übersichtliche Tabellen und schematische Abbildungen illustrieren den Text, ein Tafelteil bringt im Anhang Originalpläne mit erläuternder Beschriftung. Das Literaturverzeichnis (654 Nummern!) ist eine Fundgrube für weitere Studien. Das Ziel, das historische Bewußtsein des heutigen Psychiaters zu schulen, ist mit dieser gründlichen Studie voll erreicht." *Deutsches Ärzteblatt*

3. **Nordamerika (Kolonialzeit 1600–1776)**
   1972. VIII, 134 Seiten mit 30 Abbildungen, kt. DM 42,--, Ln. DM 50,--

„Das vorliegende Buch gibt eine interessante und ausgezeichnete Kombination von politischer (Kolonial)-Geschichte, Architekturgeschichte und Medizingeschichte. Es geht ins Detail, ohne auf diesem Weg auszuarten. Ein enormer Fleiß und großer Scharfsinn stehen dahinter." *Gesnerus*

4. **Spanien von den Anfängen bis um 1500**
   1980. VIII, 239 Seiten mit 81 Abbildungen, kt. DM 74,--

„This exhaustive survey lives up to the high standards of its predecessors, and its maps and plans will be extremely valuable. Prof. Jetter has amply fulfilled his aim, and there is no longer any excuse for scholars to remain in ignorance of the variety and magnificence of the hospitals of medieval Spain." *Medical History*

5. **Wien von den Anfängen bis um 1900**
   1982. VIII, 159 Seiten mit 63 Abbildungen, kt. DM 64,--

„Plans of the sites, a large number of layouts and sketches, engravings and photographs, which to a large extent come from Jetter's own collection, illustrate the text magnificently and show the medical and art historian in him. His conscientiousness and his minute description of the Vienna hospitals are demonstrated in other ways by the extensive and valuable references to the literature. This book belongs in every medico-historical library. *Bulletin of the History of Medicine*

6. **Santiago, Toledo, Granada**
   Drei spanische Kreuzhallenspitäler und ihr Nachhall in aller Welt
   1986. 368 Seiten, 142 Abbildungen, kt.ca. DM 110,--

FRANZ STEINER VERLAG WIESBADEN GMBH – STUTTGART